建設会社の成績表が全てわかる

# 新経審Q&A 第10版

一般社団法人全国建行協 編著

日刊建設通信新聞社

# はじめに

　国内景気の停滞や、数百年に一度の感染症蔓延、ロシアのウクライナ侵攻に伴う急激な物価上昇による世情不安を背景に、我々を取り巻く生活環境が経験したことのない速度で変化と進化が同時に起こっています。公共工事に参入する建設会社に求められる資質も、近年多様性を求められるようになりました。特に、「その他の審査項目（社会性等）」については基幹産業としての正しい立ち位置を求められています。昨今の法令順守と人材育成についてです。前者は社会保険未加入会社の公共工事市場からの排除、後者は「継続教育」と「建設キャリアアップシステム（CCUS）」の推進と導入です。建設産業を支える人材が、少子高齢化と業界魅力度の陳腐化により、急速に縮小しています。この状況を改善する対策として、建設業に従事する技能労働者がその能力や経験に応じた賃金設定などにより労働環境の整備と魅力度の向上に寄与するための国土交通省の施策が盛り込まれています。

　「衣食住」の３分野の一角である「住」の部分を支えるのが建設産業であり、私たちの安全で快適な暮らしに、公共投資を中心とする社会基盤の整備や、建設産業の目覚ましい技術の進歩が大きく寄与していることは、誰もが認めるところです。今後国民の安寧な生活環境を構築するために、国、建設産業、国民の三者が相互理解、納得したうえで、新しい「住」を創造維持していく時代になっていきます。そのためにも担い手の確保は喫緊の課題で解決しなければなりません。

　さて、本書は、1994年の初版発行以来、経営事項審査制度に関する実務書として、国、地方自治体などの発注行政担当者、ゼネコンや地域を支える建設会社などの許可事務担当者の双方の読者に支持され、この度の第10版発行を迎えました。経営事項審査制度の理解の一助に、本書が寄与していると自負しています。本書を広く建設業を営む方や建設業務に従事している方に向けて、使いやすくて理解しやすい実務書としてご活用いただければ幸いです。

　最後になりましたが、本書の編集に際し多くのご助言をいただきました日刊建設通信新聞社編集部のご担当者に感謝申し上げます。

　2023年４月

一般社団法人全国建行協

代表理事　大野　月也司

はじめに

一般社団法人全国建行協　代表理事　大野　月也司

# 第1章　経審の基本

# 第2章　評点XからWまで

## CONTENTS

# 第3章　困ったときのヒント

# 第4章　資料

※（＊改正）は、近年の改正部分（2021年4月および2023年1月の改正など）を示しています。

# 第1章

## 経審の基本

# 近年の改正のポイントは

　2012年に社会保険未加入企業の減点処置が厳格化され、以降、若年者雇用の評価（2015年）、防災協定の加点幅の拡大や建設機械の配点テーブル改正、社会保険未加入企業に対するさらなる厳格化（2018年）などを経て、2021年には、改正建設業法（2020年10月施行）において「建設工事に従事する者は、建設工事を適正に実施するために必要な知識及び技術又は技能の向上に努めなければならない」（法第25条の27）とされたことをふまえ、継続的な教育意欲を促進させていく観点から、建設業者による技術者および技能者の技術または技能の向上の取組みの状況等を評価することになりました。さらに2023年には、その他の審査項目（社会性等）Wが再編されるとともに、新たにワーク・ライフ・バランス（WLB）に関する取組みと、建設キャリアアップシステム（CCUS）の活用状況を評価することになりました。

　2021年4月および2023年1月の改正ポイントは以下の5点です。

## ⑴　技術職員数（$Z_1$）に係る改正

　2020年10月の建設業法改正により新設された監理技術者補佐が加点対象となりました。具体的には、①主任技術者要件となる資格を有し、1級技士補（＊1）である者、②監理技術者要件を満たす者です（Q30参照）。

## ⑵　建設工事の担い手の育成及び確保に関する取組の状況（$W_1$）に係る改正

　法定労災の上乗せとして、要件を満たす任意の補償制度に加入している場合、加点となりますが、中小企業等協同組合法に基づき共済事業を営む者との間の契約についても同様に加点することになりました（Q38参照）。

　また、次の⑶にもいえることですが、2021年4月の改正では、継続的な知識や技術・技能の向上に係る取組み状況を評価対象に加えました。技術者および技能者については、従来から実施されている継続教育（CPD、＊2）と、CCUSの能力評価制度（Q43参照）を評価対象とし、要件を満たす技術者および技能者を評価することになりました（Q40参照）。なお、同項目と「若年の技術者及び技能労働者の育成及び確保の状況」（Q39参照）は、2023年1月の改正にともない、$W_1$の評価項目となりました。

　さらに、WLBの実現への取組みとして、女性活躍推進企業を認定する「えるぼし認定」や子育てサポート企業を認定する「くるみん認定」、若者の採用・育成に積極的で、若者の雇用管理の状況などが優良な中小企業を認定する「ユースエール認定」の取得状況（Q41参照）と、建設工事の担い手の育成・確保に向けた、技能者の労働条件を改善する取組みとしてCCUSの活用状況（Q42参照）が評価対象になりました。

(3) **建設業の経理の状況（W₅）に係る改正**

　企業会計基準が頻繁に変化する中で、継続的な研修の受講等によって最新の会計情報等に関する知識を習得することが重要になっていることをふまえ、公認会計士等の数および2級登録経理試験合格者等の数の算出にあたって対象となる者を改正しました（Q47参照）。

(4) **建設機械の保有状況（W₇）に係る改正**

　対象機種が拡大され、土砂の運搬が可能なすべてのダンプ、締固め用機械、解体用機械、高所作業車（作業床の高さ2m以上）が追加されました。（Q51参照）

(5) **国又は国際標準化機構が定めた規格による認証又は登録の状況（W₈）に係る改正**

　エコアクション21認証が加点対象に追加されました（Q52参照）。

＊1　1級技士補とは、2021年度から改編された技術検定制度において、第1次試験に合格した者に与えられる称号です（2021年度以降の検定が対象）。

＊2　継続教育（Continuing Professional Development、略称CPD）とは、技術者一人ひとりが自らの意志に基づき、自らの力量（Competencies）の維持向上を図るために行う能力開発活動のことです。

【公認会計士等の対象となる者（イ）及び2級登録経理試験合格者等の対象となる者（ロ）】

| | 従来 | 改正後 |
|---|---|---|
| イ | 公認会計士となる資格を有する者（公認会計士となるための登録を受けていることを要しない） | 公認会計士であって、公認会計士法第28条の規定による研修を受講した者（公認会計士として登録されていることが前提） |
| | 税理士となる資格を有する者（税理士となるための登録を受けていることを要しない） | 税理士であって、所属税理士会が認定する研修を受講した者（税理士として登録されていることが前提） |
| | 1級登録経理試験に合格した者（一度合格すれば、以降継続して経審で評価） | 1級登録経理試験に合格した年度の翌年度の開始の日から5年経過していない者<br>1級登録経理講習を受講した年度の翌年度の開始の日から5年経過していない者 |
| ロ | 2級登録経理試験に合格した者（一度合格すれば、以降継続して経審で評価） | 2級登録経理試験に合格した年度の翌年度の開始の日から5年経過していない者<br>2級登録経理講習を受講した年度の翌年度の開始の日から5年経過していない者 |

## 【2023年1月の改正におけるW点の変更点】

改正前

| 項目 | 評点 |
|---|---|
| W₁　労働福祉の状況 | 最大 |
|  | (45) |
| 　①雇用保険の加入状況 | −40 |
| 　②健康保険の加入状況 | −40 |
| 　③厚生年金保険の加入状況 | −40 |
| 　④建退共の加入状況 | 15 |
| 　⑤退職一時金もしくは企業年金制度の導入 | 15 |
| 　⑥法定外労災制度の加入状況 | 15 |
| W₂　建設業の営業年数 | 60 |
| W₃　防災活動への貢献の状況 | 20 |
| W₄　法令順守の状況 | −30 |
| W₅　建設業の経理の状況 | 30 |
| W₆　研究開発の状況 | 25 |
| W₇　建設機械の保有状況 | 15 |
| 　（災害復旧工事で活用される代表的な6機種について加点） |  |
| W₈　国際標準化機構が定めた規格による登録状況 | 最大 |
|  | (10) |
| 　①ISO9001 | 5 |
| 　②ISO14001 | 5 |
| W₉　若齢技術者及び技能者の育成及び確保の状況 | 2 |
| W₁₀　知識及び技術又は技能の向上に関する取組の状況 | 10 |
| 合計（最高点） | 217 |

改正後

| 項目 | 評点 |
|---|---|
| W₁　建設工事の担い手の育成及び確保に関する取組の状況 | 最大 |
|  | (77) |
| 　①雇用保険の加入状況 | −40 |
| 　②健康保険の加入状況 | −40 |
| 　③厚生年金保険の加入状況 | −40 |
| 　④建退共の加入状況 | 15 |
| 　⑤退職一時金もしくは企業年金制度の導入 | 15 |
| 　⑥法定外労災制度の加入状況 | 15 |
| 　⑦若齢技術者及び技能者の育成及び確保の状況 | 2 |
| 　⑧知識及び技術又は技能の向上に関する取組の状況 | 10 |
| 　⑨ワーク・ライフ・バランスに関する取組の状況 | 5 |
| 　⑩建設工事に従事する者の就業履歴を蓄積するために必要な措置の実施状況 | 15 |
| W₂　建設業の営業年数 | 60 |
| W₃　防災活動への貢献の状況 | 20 |
| W₄　法令順守の状況 | −30 |
| W₅　建設業の経理の状況 | 30 |
| W₆　研究開発の状況 | 25 |
| W₇　建設機械の保有状況 | 15 |
| 　（6機種の他に加点対象を拡大） |  |
| W₈　国又は国際標準化機構が定めた規格による登録状況 | 最大 |
|  | (10) |
| 　①品質管理に関する取組（ISO9001） | 5 |
| 　②環境配慮に関する取組（SO14001、エコアクション21） | 5 または3 |
| 合計（最高点） | 237 |

W₁に再編

新設

拡大

追加

Wの素点が大きく増加することから、総合評定値P点への換算式を変更（Q34参照）

## Q 02 総合評定値Pの計算の仕方は (*改正)

　総合評定値Pは、土木一式や防水などの申請業種ごとに算出されます。その理由は、Pを算出するために使われる経営規模Xと技術力Zが、申請業種ごとに異なるからです。

　総合評定値Pは、総合評点とも呼ばれ、以下の方法で算出されます。

$$P = X_1 \times 0.25 + X_2 \times 0.15 + Y \times 0.2 + Z \times 0.25 + W \times 0.15$$

　X、Y、Z、Wの詳細は、それぞれのQを見ればわかりますので、ここでは簡単に計算方法だけを記載します。

　料理のレシピだと思って、計算してみましょう。

　料理の材料に該当するのが、必要な数値です。

　作り方に該当するのが、計算方法です。

　計算時に評点テーブルと呼ばれる表を使いますが、これは秤のようなものです。

　では、㈱日本一郎建設を例にして土木一式工事の総合評定値Pを算出してみましょう。

(資料A参照)

### I　X₁（工事種類別年間平均完成工事高、Q16参照）

【用意するもの（必要な数値）】

　完成工事高は、激変緩和措置（Q14参照）により、2年平均か3年平均を選択することができます。

　2年平均→審査対象事業年度とその前年度の完成工事高（税抜き：単位千円）

　3年平均→審査対象事業年度とその前年度と前々年度の完成工事高（税抜き：単位千円）

表1　㈱日本一郎建設の3年間の各業種ごとの完成工事高（単位千円）

| コード | 工事業種名 | 完成工事高 前々年度 | 前年度 | 審査対象事業年度 |
|---|---|---|---|---|
| 010 | 土木一式 | 80,230 | 98,566 | 102,352 |
| 011 | プレストレストコンクリート | 0 | 0 | 0 |
| 020 | 建築一式 | 0 | 0 | 0 |
| 050 | とび・土工・コンクリート | 10,213 | 29,111 | 18,426 |
| 051 | 法面処理 | 0 | 0 | 0 |
| 130 | 舗装 | 55,905 | 40,582 | 42,246 |
| 260 | 水道施設 | 30,000 | 20,043 | 38,863 |
| その他 |  | 0 | 0 | 0 |
| 合計 |  | 176,348 | 188,302 | 201,887 |

【算出方法】

表1により、㈱日本一郎建設の土木一式工事の完成工事高（単位千円）は、

| 審査対象事業年度 | 102,352 |
|---|---|
| 前年度 | 98,566 |
| 前々年度 | 80,230 |

| 2年平均 | 100,459 | 小数点以下第1位四捨五入 |
|---|---|---|
| 3年平均 | 93,716 | 小数点以下第1位四捨五入 |

3年平均よりも2年平均のほうが高いため、2年平均の100,459千円を採用します。

$X_1$の評点テーブル（24ページ参照）を使用して計算します。

＊「1億円以上　1億2,000万円未満」の計算式を使用

$$\frac{19 \times 100,459}{20,000} + 616 = 711.44 \text{（小数点以下第1位四捨五入）}$$

$X_1 = 711$

## Ⅱ　$X_2$（自己資本額および平均利益額、Q18参照）

$$X_2 = \frac{(X_{2\text{-}1} + X_{2\text{-}2})}{2}$$

### ①　$X_{2\text{-}1}$（自己資本額または平均資本額、Q19参照）

【用意するもの（必要な数値）】

自己資本額は、激変緩和措置により審査基準日の決算（基準決算）のみか、または前年の基準決算との2年平均のいずれかを選択することができます。

基準決算の自己資本額（単位千円）

2年平均→基準決算と前基準決算の自己資本額の平均（単位千円）

（ただし、自己資本額が0円に満たない場合は0円とみなして計算）

表2　㈱日本一郎建設の自己資本額（単位千円）

| 基準決算 | 47,049 |
|---|---|
| 前基準決算 | 45,840 |
| 2年平均 | 46,444 |

【算出方法】

表2により、㈱日本一郎建設の自己資本額は基準決算のほうが高いため、基準決算の47,049千円を採用します。

$X_{2\text{-}1}$の評点テーブル（25ページ参照）を使用して計算します。

＊「4,000万円以上　5,000万円未満」の計算式を使用

$$\frac{14 \times 47,049}{10,000} + 599 = 664.87 \text{(小数点以下切捨)}$$

$X_{2\text{-}1} = 664$

② **$X_{2\text{-}2}$（平均利益額、Q20参照）**

【用意するもの（必要な数値）】

審査対象事業年度とその前年度の営業利益（単位千円）

審査対象事業年度とその前年度の減価償却実施額（単位千円）

（ただし、営業利益＋減価償却実施額の2年平均が0円に満たない場合は0円とみなして計算）

表3　㈱日本一郎建設の営業利益と減価償却実施額（単位千円）

| | 前年度 | 審査対象事業年度 |
|---|---|---|
| 営業利益 | 1,751 | 1,617 |
| 減価償却実施額 | 2,785 | 2,235 |

【算出方法】

平均利益額を算出する式は、以下のとおりです。

平均利益額＝（審査対象事業年度の営業利益＋前年度の営業利益＋審査対象事業年度の減価償却実施額＋前年度の減価償却実施額）÷2

$4,194 = (1,617 + 1,751 + 2,235 + 2,785) \div 2$

$X_{2\text{-}2}$の評点テーブル（26ページ参照）を使用して計算します。

＊「1,000万円未満」の計算式を使用

$$\frac{78 \times 4,194}{10,000} + 547 = 579.71 \text{（小数点以下切捨）}$$

$X_{2\text{-}2} = 579$

①、②により算出された数値をあてはめて計算します。

$$\frac{664 + 579}{2} = 621$$

$X_2 = 621$

## Ⅲ　Y（経営状況分析、Q21参照）

　8つの指標（72～77ページ参照）にもとづいて、登録経営状況分析機関（Q28参照）により算出された数値を使用します。しかし、分析機関が算出した数値が必ずしも正しいとは限りませんので、8つの指標を使って検算しましょう。ここでは、分析機関の算出数値が検算して正しかったと仮定して使用します。

【用意するもの（必要な数値）】

　登録経営状況分析機関の分析結果通知（110ページ参照）

Y＝811

## Ⅳ　Z（技術力、Q29参照）

$$Z＝Z_1×0.8＋Z_2×0.2$$

### ①　$Z_1$（技術職員数、Q30参照）

【用意するもの（必要な数値）】

技術職員の資格証の写し（ただし、1人の職員が技術職員として申請できる業種は2業種まで）

| 技術職員の区分 | 数値 |
|---|---|
| 監理技術者資格者証保有かつ監理技術者講習者 | 6 |
| 1級技術者で上記以外の者 | 5 |
| 監理技術者を補佐するものとして配置可能な1級技士補　＊ | 4 |
| 基幹技能者、国土交通大臣が認定した建設技能者の能力評価基準により<br>レベル4と判定された者など | 3 |
| 2級技術者、1級技能士、国土交通大臣が認定した建設技能者の能力評価基準により<br>レベル3と判定された者など | 2 |
| その他の技術者（2級技能士＋実務経験など、指定学科卒業後実務経験3年又は5年など、<br>実務経験10年以上の主任技術者など） | 1 |

＊2級技士補はここには含まれないが、$W_{1-8}$での評価対象の技術者には含まれます。

【算出方法】

　㈱日本一郎建設の技術者数（216ページ参照）の数値をQ29の方法によって算出します。

日本一郎（1級監理受講者）　6＋

日本次郎（2級技術者）　　　2＋

日本三郎（2級技術者）　　　2＝計10

　$Z_1$の評点テーブル（27ページ参照）を使用して計算します。

　＊「10以上　15未満」の計算式を使用

$$\frac{62×10}{5}＋511＝635.00（小数点以下切捨）$$

$Z_1＝635$

### ②　$Z_2$（年間平均元請完成工事高）（Q29参照）

【用意するもの（必要な数値）】

2年平均→審査対象事業年度とその前年度の元請完成工事高（税抜：単位千円）

3年平均→審査対象事業年度とその前年度と前々年度の元請完成工事高（税抜：単位千円）

（$X_1$で選択した2年平均または3年平均で計算）

表4 ㈱日本一郎建設の３年間の各業種ごとの元請完成工事高（単位千円）

| コード | 工事業種名 | 完成工事高 | | |
| --- | --- | --- | --- | --- |
| | | 前々年度 | 前年度 | 審査対象事業年度 |
| 010 | 土木一式 | 80,230 | 98,566 | 102,352 |
| 011 | プレストレストコンクリート | 0 | 0 | 0 |
| 020 | 建築一式 | 0 | 0 | 0 |
| 050 | とび・土工・コンクリート | 10,213 | 29,111 | 10,230 |
| 051 | 法面処理 | 0 | 0 | 0 |
| 130 | 舗装 | 55,905 | 40,582 | 42,246 |
| 260 | 水道施設 | 30,000 | 20,043 | 38,863 |
| その他 | | 0 | 0 | 0 |
| 合計 | | 176,348 | 188,302 | 193,691 |

【算出方法】

　表4により、㈱日本一郎建設の土木一式工事の元請完成工事高（単位千円）は、

| 審査対象事業年度 | 102,352 |
| --- | --- |
| 前年度 | 98,566 |
| 前々年度 | 80,230 |

　ここでは、$X_1$を算出する際に2年平均を採用したため、2年平均の100,459千円で算出します。

　$Z_2$の評点テーブル（28ページ）を使用して計算します。

　＊「1億円以上　1億2,000万円未満」の計算式を使用

$$\frac{26 \times 100,459}{20000} + 702 = 832.60 （小数点以下切捨）$$

　$Z_2 = 832$

　①、②により算出された数値をあてはめて計算します。

$$635 \times 0.8 + 832 \times 0.2 = 674.4 （小数点以下切捨）$$

　$Z = 674$

# Ⅴ　W（社会性等、Q34参照）

　※$W_{1-10}$は、審査基準日が2023年8月14日以降の申請より適用されます。

　※W評点は、審査基準日が2023年8月13日以前の場合、22ページの計算式によります。

① 　**$W_1$（建設工事の担い手の育成及び確保に関する取組の状況）**（＊改正、**Q35** 参照）

　**$W_{1-1}$（雇用保険加入の有無）**

　**$W_{1-2}$（健康保険加入の有無）**

　**$W_{1-3}$（厚生年金保険加入の有無）**

【用意するもの（必要な数値）】

雇用保険に加入していれば、概算・確定申告書等（Q35参照）

健康保険・厚生年金保険に加入していれば、領収書等（Q35参照）

【算出方法】

$W_{1-1}$ ～$W_{1-3}$は、加入している場合0、未加入の場合－40

㈱日本一郎建設は、すべて加入しています（217ページ参照）。

$W_{1-1}＝0$

$W_{1-2}＝0$

$W_{1-3}＝0$


**$W_{1-4}$（建設業退職金共済制度加入の有無）**

**$W_{1-5}$（退職一時金制度若しくは企業年金制度導入の有無）**

**$W_{1-6}$（法定外労働災害補償制度加入の有無）**

【用意するもの（必要な数値）】

建設業退職金共済制度加入・履行証明書（Q36参照）

退職一時金制度もしくは企業年金制度の導入加入証明等（Q37参照）

法定外労働災害補償制度保険証券、加入証明証等（Q38参照）

【算出方法】

$W_{1-4}$ ～$W_{1-6}$は、加入・導入している場合＋15

㈱日本一郎建設は、すべて加入・導入しています（217ページ参照）。

$W_{1-4}＝15$

$W_{1-5}＝15$

$W_{1-6}＝15$


**$W_{1-7}$（若年の技術者及び技能労働者の育成及び確保の状況）（＊改正、Q39参照）**

$W_{1-7}＝W_{1-7-1}＋W_{1-7-2}$


**$W_{1-7-1}$（若年技術職員の継続的な育成及び確保の状況）**

【用意するもの（必要な数値）】

技術職員名簿（別紙2、216ページ参照）に記載された、審査基準日時点で満35歳未満の技術職員（若年技術職員）の人数、その者の生年月日、審査基準日の6カ月プラス1日以上前から在職していることを証明できる書類等

【算出方法】

| 若年技術職員の人数 | $W_{1-7-1}$ |
|---|---|
| 技術職員名簿の人数の15％以上 | 1点 |
| 技術職員名簿の人数の15％未満 | 0点 |

㈱日本一郎建設は、該当者が１人います（216ページ参照）。

技術職員名簿記載の３人のうち１人が該当するので約33％、よって15％以上。

$W_{1-7-1} = 1$

## $W_{1-7-2}$（新規若年技術職員の育成及び確保の状況）

【用意するもの（必要な数値）】

技術職員名簿（別紙２、216ページ参照）

前回の経審の技術職員名簿（申請書）等

【算出方法】

| 前回経審の技術職員名簿人数から増加した若年技術職員の人数 | $W_{1-7-2}$ |
|---|---|
| 技術職員名簿の人数の１％以上 | １点 |
| 技術職員名簿の人数の１％未満 | ０点 |

㈱日本一郎建設は、該当者（技術職員名簿の新規掲載者に〇）が１人います（216ページ参照）。

技術職員名簿記載の３人のうち１人が該当するので約33％、よって１％以上。

$W_{1-7-2} = 1$

$W_{1-7-1}$、$W_{1-7-2}$の数値をあてはめて計算します。

$W_{1-7} = 1 + 1$

$\quad = 2$

## $W_{1-8}$（知識及び技術又は技能の向上に関する取組の状況）（＊改正、Ｑ４０参照）

【用意するもの（必要な数値）】

技術職員名簿（別紙２、216ページ参照）

CPD単位を取得した技術者名簿（様式第４号、218ページ参照）、および記載された技術者の資格証、合格証等

技能者名簿（様式第５号、219ページ参照）、および記載された技能者が審査基準日以前３年間に建設工事の施工に従事しており、作業員名簿を作成する場合に従事する者として氏名が記載されていることを証明できる資料、能力評価（レベル判定）結果通知書等

【算出方法】

$$\left(\frac{技術者数a}{技術者数a＋技能者数b} \times \frac{CPD単位取得数}{技術者数a}\right) + \left(\frac{技能者数b}{技術者数a＋技能者数b} \times \frac{技能レベル向上者数}{技能者数b－控除対象者数}\right)$$

### ⑴　技術者点

$$\frac{技術者数a}{技術者数a＋技能者数b} \times \frac{CPD単位取得数}{技術者数a}$$

## 技術者数a

㈱日本一郎建設には、技術者が3名（技術職員名簿、216ページ参照）、そのほかに、CPD単位を取得した技術者が1名います（CPD単位を取得した技術者名簿、218ページ参照）。

$$a = 3 + 1 = 4$$

## 技能者数b

㈱日本一郎建設には、技能者が3名います（技能者名簿、219ページ参照）。

$$b = 3$$

$$\frac{\text{CPD単位取得数}}{\text{技術者数}a}$$ ←この部分を**c**とします。計算方法は下記のとおり。

$$\text{CPD単位取得数} = \frac{\text{審査対象年にCPD認定団体によって取得を認定された単位数}}{\text{CPD認定団体ごとに決められた数値（告示別表第18の右欄の数字）}} \times 30$$

（小数点以下切捨。各技術者のCPD単位の上限は30）

㈱日本一郎建設の日本一郎は、（一社）交通工学研究会から31単位を認定されたので、
31÷50（告示別表第18の右欄の数字、150ページ参照）×30＝18.6
小数点以下切捨により18となるので、技術職員名簿のCPD単位取得数には18の記載があります（216ページ参照）。

また、㈱日本一郎建設の日本四郎は、（公社）地盤工学会から80単位を認定されたので、
80÷50（告示別表第18の右欄の数字、150ページ参照）×30＝48
各技術者のCPD単位の上限は30なので、CPD単位を取得した技術者名簿のCPD単位数には30の記載があります（218ページ参照）。

$$\frac{\text{CPD単位取得数}}{\text{技術者数}a} = \frac{18+30}{3+1} = \frac{48}{4} = 12$$

| CPD単位取得数÷技術者数a | 数値 |
|---|---|
| 30 | 10 |
| 27以上　30未満 | 9 |
| 24以上　27未満 | 8 |
| 21以上　24未満 | 7 |
| 18以上　21未満 | 6 |
| 15以上　18未満 | 5 |

| | 数値 |
|---|---|
| 12以上　15未満 | 4 |
| 9以上　12未満 | 3 |
| 6以上　9未満 | 2 |
| 3以上　6未満 | 1 |
| 3未満 | 0 |
| | |

12以上15未満は4となります。

c = 4

　なお、㈱日本一郎建設の日本四郎は、基本的には技能者として建設工事の施工に従事しています が、管工事の主任技術者となる資格も有しています。この場合、日本四郎は、技術者としても、技能者としても評価の対象となります（ダブルカウントが可能）。ですが、㈱日本一郎建設は、管工事では経審を受審しないので、今回の経審ではダブルカウントはされていません。

$$\frac{技術者数 a}{技術者数 a + 技能者数 b} \times \frac{CPD単位取得数}{技術者数 a}$$

$$= \frac{4}{4 + 3} \times 4$$

$$= \frac{4}{7} \times 4$$

$$= 2.286 \cdots (1)$$

## ⑵　技能者点

$$\frac{技能者数 b}{技術者数 a + 技能者数 b} \times \frac{技能レベル向上者数}{技能者数 b - 控除対象者数}$$

$$\frac{技能レベル向上者数}{技能者数 b - 控除対象者数}$$ ←この部分を d とします。計算方法は下記のとおり。

　㈱日本一郎建設の日本四郎は、審査基準日の３年前はレベル１でしたが、３年間にレベルが向上していますので、技能レベル向上者となります（219ページ参照）。
　㈱日本一郎建設の日本五郎は、審査基準日の３年前の日以前にすでにレベル４でしたので、控除対象者となります（219ページ参照）。
　㈱日本一郎建設の日本六郎は、認定能力基準による評価を受けていないので、技能者名簿では評価日もレベル向上の有無も控除対象欄も空欄となりますが、この場合、レベル１として審査されます（219ページ参照）。

$$\frac{1}{3 - 1} = 50\%$$

| 技能レベル向上者数÷(技能者数b－控除対象者数) | 数値 |
|---|---|
| 15%以上 | 10 |
| 13.5%以上　15%未満 | 9 |
| 12%以上　13.5%未満 | 8 |
| 10.5%以上　12%未満 | 7 |
| 9%以上　10.5%未満 | 6 |
| 7.5%以上　9%未満 | 5 |

| | 数値 |
|---|---|
| 6%以上　7.5%未満 | 4 |
| 4.5%以上　6%未満 | 3 |
| 3%以上　4.5%未満 | 2 |
| 1.5%以上　3%未満 | 1 |
| 1.5%未満 | 0 |

15%以上なので10となります。

d＝10

$$\frac{技能者数b}{技術者数a＋技能者数b} \times \frac{技能レベル向上者数}{技能者数b－控除対象者数}$$

$$=\frac{3}{4＋3}\times10$$

$$=\frac{3}{7}\times10$$

$$=4.286\cdots(2)$$

(1)、(2)をW$_{1-8}$の計算式にあてはめて計算します。

$$\left(\frac{技術者数a}{技術者数a＋技能者数b}\times\frac{CPD単位取得数}{技術者数a}\right)+\left(\frac{技能者数b}{技術者数a＋技能者数b}\times\frac{技能レベル向上者数}{技能者数b－控除対象者数}\right)$$

$$=(1)+(2)$$

$$=2.286+4.286$$

$$=6.572$$

| 知識・技術・技能の向上に関する取組み | W$_{1-8}$ |
|---|---|
| 10 | 10点 |
| 9以上　10未満 | 9点 |
| 8以上　9未満 | 8点 |
| 7以上　8未満 | 7点 |
| 6以上　7未満 | 6点 |
| 5以上　6未満 | 5点 |

| | |
|---|---|
| 4以上　5未満 | 4点 |
| 3以上　4未満 | 3点 |
| 2以上　3未満 | 2点 |
| 1以上　2未満 | 1点 |
| 1未満 | 0点 |

6以上7未満は6となります。

W$_{1-8}$＝6

## W$_{1-9}$（ワーク・ライフ・バランスに関する取組）（＊改正、Q41参照）

【用意するもの（必要な数値）】

基準適合事業主認定通知書、基準適合一般事業主認定通知書等、認定取得が証明できる書類

【算出方法】

| 認定の区分 | | 配点 |
|---|---|---|
| 女性活躍推進法に基づく認定 | プラチナえるぼし | 5点 |
| | えるぼし（第3段階） | 4点 |
| | えるぼし（第2段階） | 3点 |
| | えるぼし（第1段階） | 2点 |
| 次世代法に基づく認定 | プラチナくるみん | 5点 |
| | くるみん | 3点 |
| | トライくるみん | 3点 |
| 若年雇用促進法に基づく認定 | ユースエール | 4点 |

　複数の認定を取得している場合、配点の高い認定が評価されます（最大5点）。

　㈱日本一郎建設は、えるぼし（第2段階）とユースエールを取得しています（217ページ参照）。

　このうち、配点の高いユースエールが評価されます。

$W_{1-9} = 4$

　なお、審査基準日において、認定取消または辞退が行われている場合は、加点対象にはなりません。

## $W_{1-10}$（建設工事に従事する者の就業履歴を蓄積するために必要な措置の実施状況）（＊改正、Q42参照）

※$W_{1-10}$は、審査基準日が2023年8月14日以降の申請より適用されます。

【用意するもの（必要な数値）】

　建設キャリアアップシステム（CCUS）上での現場・契約情報の登録が確認できる書類等

　建設工事に従事する者が就業履歴データ登録基準API連携認定システム等により、入退場履歴を記録できる措置を実施していることが確認できる書類等

　経営事項審査申請時に提出する様式第6号に掲げる誓約書（259ページ参照）

＊具体的な書類等については申請先に確認してください。

【算出方法】

　下記の審査対象工事において、Q42の当該措置①〜③を実施した場合のみ加点対象となります（157〜158ページ参照）。

| 審査対象工事 | 対象とならない工事 |
|---|---|
| 審査基準日以前1年以内に発注者から直接請負った建設工事 | 日本国内以外の工事<br>建設業法施行令で定める軽微な工事<br>災害応急工事 |

| 加点要件 | $W_{1-10}$ |
|---|---|
| 審査対象工事のうち、民間工事を含むすべての建設工事で該当措置を実施 | 15点 |
| 審査対象工事のうち、すべての公共工事で該当措置を実施 | 10点 |
| 非該当 | 0点 |

＊審査基準日以前1年のうちに、審査対象工事を1件も発注者から直接請け負っていない場合には、加点されません。

＊審査基準日が2023年8月14日以降のものが対象となりますが、審査対象期間外に加点要件を満たしていても、加点されません。

㈱日本一郎建設は、非該当のため、0となります（217ページ参照）。

$W_{1-10}＝0$

② **$W_2$（建設業の営業継続の状況、Q44参照）**

$W_2＝W_{2-1}＋W_{2-2}$

$W_{2-1}$（建設業の営業年数）

【用意するもの（必要な数値）】

建設業の許可通知書等

【算出方法】

$W_{2-1}＝$（審査基準日までの満許可営業年数－5（年））×2

ただし、民事再生（会社更生）期間終了後は、0年からスタートします。

㈱日本一郎建設の営業年数は47年で、休業期間はありません（217ページ参照）。

（47－5）×2＝84

$W_{2-1}＝60$（最高点が60点のため）

$W_{2-2}$（民事再生法または会社更生法の適用の有無）

【用意するもの（必要な数値）】

裁判所から送付される手続開始決定通知書と手続終結決定を受けたことを証する書面等（40ページの⑪、⑫参照）

【算出方法】

| 民事再生法または会社更生法の適用 | $W_{2-2}$ |
|---|---|
| 有 | －60点 |
| 無 | 0点 |

㈱日本一郎建設は、民事再生法または会社更生法の適用はありません（217ページ参照）。

$W_{2-2}＝0$

$W_{2-1}$、$W_{2-2}$により算出された数値をあてはめて計算します。

$60＋0＝60$

$W_2＝60$


③　**W₃（防災活動への貢献の状況、Q45参照）**

【用意するもの（必要な数値）】

　防災協定証明書等

【算出方法】

| 防災協定締結の有無 | W₃ |
|---|---|
| 有 | 20点 |
| 無 | 0点 |

　㈱日本一郎建設は、防災協定を締結しています（217ページ参照）。

$W_3＝20$


④　**W₄（法令遵守の状況、Q46参照）**

【用意するもの（必要な数値）】

　営業停止処分や指示処分があった場合は、その書類など

【算出方法】

| 法令遵守 | W₄ |
|---|---|
| 営業停止処分も指示処分も受けていない | 0点 |
| 指示処分あり | −15点 |
| 営業の全部停止・一部停止処分あり | −30点 |

　両方とも受けている場合でも上限は−30点です。

　㈱日本一郎建設はどちらの処分も受けていません（217ページ参照）。

$W_4＝0$


⑤　**W₅（建設業の経理の状況）（＊改正、Q47参照）**

$W_5＝W_{5-1}＋W_{5-2}$

$W_{5-1}$（監査の受審状況）

【用意するもの（必要な数値）】

　会計参与報告書等

【算出方法】

| 監査の受審 | $W_{5-1}$ |
|---|---|
| 会計監査人の設置あり | 20点 |
| 会計参与の設置あり | 10点 |
| 経理処理の適正を確認した旨の書類提出<br>（経理処理の適正を確認できる者の署名） | 2点 |
| 無 | 0点 |

㈱日本一郎建設は、該当がありません（217ページ参照）。

$W_{5-1}＝0$

$W_{5-2}$（公認会計士等の数）

【用意するもの（必要な数値）】

公認会計士、2級登録経理試験合格証および講習修了証等

【算出方法】

公認会計士等の数値（公認会計士等の数×1＋登録経理士講習実施機関に登録された2級建設業経理士等の数×0.4）

を$W_{5-2}$の評点テーブル（29ページ）にあてはめて求めます。

㈱日本一郎建設の場合（217ページ参照）

常勤の公認会計士等の数　0人

常勤の登録経理士講習実施機関に登録された2級建設業経理士の数　2人（217ページ参照）

$0×1＋2×0.4＝0.8$

$W_{5-2}$の評点テーブルを参照します。

公認会計士等数値は0.8、年間平均完成工事高は1億円以上10億円未満ですので、

$W_{5-2}＝8$

$W_{5-1}$、$W_{5-2}$により算出された数値をあてはめて計算します。

$0＋8＝8$

$W_5＝8$

⑥　$W_6$（研究開発の状況、Q50参照）

$W_6$（研究開発の状況）は、審査対象事業年度と前年度の研究開発費の平均額（原則）を$W_6$の評点テーブル（29ページ）にあてはめます。

【用意するもの（必要な数値）】

研究開発費の額のわかる有価証券報告書等

【算出方法】

　㈱日本一郎建設の研究開発費の平均額は０円です（217ページ参照）。

　W₆の評点テーブルにあてはめて求めます。

$W_6 = 0$

⑦　**W₇（建設機械の保有状況）**（＊改正、**Q51参照**）

【用意するもの（必要な数値）】

　ショベル系掘削機等の保有状況を確認する書類、リース契約書等

【算出方法】

| 保有またはリース台数 | W₇ |
|---|---|
| 15台以上 | 15点 |
| 14台 | 15点 |
| 13台 | 14点 |
| 12台 | 14点 |
| 11台 | 13点 |
| 10台 | 13点 |
| 9台 | 12点 |
| 8台 | 12点 |

| | |
|---|---|
| 7台 | 11点 |
| 6台 | 10点 |
| 5台 | 9点 |
| 4台 | 8点 |
| 3台 | 7点 |
| 2台 | 6点 |
| 1台 | 5点 |
| 保有もリースもなし | 0点 |

　15台以上保有またはリースしていても最高15点になります。また、2018年４月の改正により台数が少なくても点数が高くなるよう変更されました。

　㈱日本一郎建設は建設機械を３台保有しています（176、217ページ参照）。

$W_7 = 7$

⑧　**W₈（国又は国際標準化機構が定めた規格による認証又は登録状況）**（＊改正、**Q52参照**）

【用意するもの（必要な数値）】

　ISO認証やエコアクション21認証を証明する書類等

【算出方法】

| 登録状況 | W₈ |
|---|---|
| ISO9001とISO14001 | 10点 |
| ISO9001とエコアクション21 | 8点 |
| ISO9001のみ | 5点 |
| ISO14001とエコアクション21 | 5点 |
| ISO14001のみ | 5点 |
| エコアクション21のみ | 3点 |
| 無 | 0点 |

　㈱日本一郎建設はISO9001認証とエコアクション21を取得しています（217ページ参照）。

$W_8 = 8$

審査基準日が2023年8月14日以降の場合、W点は以下のように計算します。

$$W = (W_1 + W_2 + W_3 + W_4 + W_5 + W_6 + W_7 + W_8) \times 10 \times 175 \div 200$$

（※審査基準日が2023年8月13日までの場合は、22ページの計算方法をご覧ください）

㈱日本一郎建設のW点は以下のとおり（まとめ）。

① **$W_1$（建設工事の担い手の育成及び確保に関する取組の状況、9ページ参照）**

$$W_1 = W_{1-1} + W_{1-2} + W_{1-3} + W_{1-4} + W_{1-5} + W_{1-6} + W_{1-7} + W_{1-8} + W_{1-9} + W_{1-10}$$

$W_{1-1}$（雇用保険加入の有無）＝0
$W_{1-2}$（健康保険加入の有無）＝0
$W_{1-3}$（厚生年金保険加入の有無）＝0
$W_{1-4}$（建設業退職金共済制度加入の有無）＝15
$W_{1-5}$（退職一時金制度若しくは企業年金制度導入の有無）＝15
$W_{1-6}$（法定外労働災害補償制度加入の有無）＝15
$W_{1-7}$（若年の技術者及び技能労働者の育成及び確保の状況）＝2
$W_{1-8}$（知識及び技術又は技能の向上に関する取組の状況）＝6
$W_{1-9}$（ワーク・ライフ・バランスに関する取組の状況）＝4
$W_{1-10}$（建設工事に従事する者の就業履歴を蓄積するために必要な措置の実施状況）＝0
＊$W_{1-1}$～$W_{1-10}$の詳細は、当該各ページを参照してください。

$$W_1 = 0 + 0 + 0 + 15 + 15 + 15 + 2 + 6 + 4 + 0 = 57$$

② **$W_2$（建設業の営業継続の状況、16ページ参照）**

$$W_2 = W_{2-1} + W_{2-2}$$

$W_{2-1}$（建設業の営業年数）＝60
$W_{2-2}$（民事再生法または会社更生法の適用の有無）＝0

$$W_2 = 60 + 0 = 60$$

③ **$W_3$（防災活動への貢献の状況、17ページ参照）**

$$W_3 = 20$$

④ **$W_4$（法令順守の状況、17ページ参照）**

$$W_4 = 0$$

⑤　**W₅（建設業の経理の状況、17ページ参照）**

$W_5 = W_{5\text{-}1} + W_{5\text{-}2}$

$W_{5\text{-}1}$（監査の受審状況）＝0
$W_{5\text{-}2}$（公認会計士等の数）＝8

$W_5 = 0 + 8 = 8$

⑥　**W₆（研究開発の状況、18ページ参照）**

$W_6 = 0$

⑦　**W₇（建設機械の保有状況、19ページ参照）**

$W_7 = 7$

⑧　**W₈（国又は国際標準化機構が定めた規格による認証又は登録の状況、19ページ参照）**

$W_8 = 8$

①～⑧の数値をあてはめて計算します。

$W = (W_1 + W_2 + W_3 + W_4 + W_5 + W_6 + W_7 + W_8) \times 10 \times 175 \div 200$

$(57 + 60 + 20 + 0 + 8 + 0 + 7 + 8) \times 10 \times 175 \div 200 = 1{,}400$

（小数点以下切捨）

$W = 1{,}400$

Ⅰ～Ⅴをもとに、㈱日本一郎建設の土木一式工事の総合評定値Pを算出します。

$P = X_1 \times 0.25 + X_2 \times 0.15 + Y \times 0.2 + Z \times 0.25 + W \times 0.15$

$711 \times 0.25 + 621 \times 0.15 + 811 \times 0.2 + 674 \times 0.25 + 1{,}400 \times 0.15 = 811.6$

（小数点以下四捨五入）

$P = 812$

審査基準日が2023年8月13日までの場合、W点は以下のように計算します。

$$W = (W_1 + W_2 + W_3 + W_4 + W_5 + W_6 + W_7 + W_8) \times 10 \times 190 \div 200$$

㈱日本一郎建設のW点は以下のとおり（まとめ）。

① **$W_1$（建設工事の担い手の育成及び確保に関する取組の状況、9ページ参照）**

$$W_1 = W_{1\text{-}1} + W_{1\text{-}2} + W_{1\text{-}3} + W_{1\text{-}4} + W_{1\text{-}5} + W_{1\text{-}6} + W_{1\text{-}7} + W_{1\text{-}8} + W_{1\text{-}9}$$

$W_{1\text{-}1}$（雇用保険加入の有無）＝0

$W_{1\text{-}2}$（健康保険加入の有無）＝0

$W_{1\text{-}3}$（厚生年金保険加入の有無）＝0

$W_{1\text{-}4}$（建設業退職金共済制度加入の有無）＝15

$W_{1\text{-}5}$（退職一時金制度若しくは企業年金制度導入の有無）＝15

$W_{1\text{-}6}$（法定外労働災害補償制度加入の有無）＝15

$W_{1\text{-}7}$（若年の技術者及び技能労働者の育成及び確保の状況）＝2

$W_{1\text{-}8}$（知識及び技術又は技能の向上に関する取組の状況）＝6

$W_{1\text{-}9}$（ワーク・ライフ・バランスに関する取組の状況）＝4

＊$W_{1\text{-}1}$〜$W_{1\text{-}9}$の詳細は、当該各ページを参照してください。

$$W_1 = 0 + 0 + 0 + 15 + 15 + 15 + 2 + 6 + 4 = 57$$

② **$W_2$（建設業の営業継続の状況、16ページ参照）**

$$W_2 = W_{2\text{-}1} + W_{2\text{-}2}$$

$W_{2\text{-}1}$（建設業の営業年数）＝60

$W_{2\text{-}2}$（民事再生法または会社更生法の適用の有無）＝0

$$W_2 = 60 + 0 = 60$$

③ **$W_3$（防災活動への貢献の状況、17ページ参照）**

$$W_3 = 20$$

④ **$W_4$（法令順守の状況、17ページ参照）**

$$W_4 = 0$$

⑤ **$W_5$（建設業の経理の状況、17ページ参照）**

$$W_5 = W_{5\text{-}1} + W_{5\text{-}2}$$

W5-1（監査の受審状況）＝0

W5-2（公認会計士等の数）＝8

W5＝0＋8＝8

⑥　**W6（研究開発の状況、18ページ参照）**

W6＝0

⑦　**W7（建設機械の保有状況、19ページ参照）**

W7＝7

⑧　**W8（国又は国際標準化機構が定めた規格による認証又は登録の状況、19ページ参照）**

W8＝8

①～⑧の数値をあてはめて計算します。

W＝（W1＋W2＋W3＋W4＋W5＋W6＋W7＋W8）×10×190÷200

（57＋60＋20＋0＋8＋0＋7＋8）×10×190÷200＝1,520

（小数点以下切捨）

W＝1,520

Ⅰ～Ⅴをもとに、㈱日本一郎建設の土木一式工事の総合評定値Ｐを算出します。

P＝X1×0.25＋X2×0.15＋Y×0.2＋Z×0.25＋W×0.15

711×0.25＋621×0.15＋811×0.2＋674×0.25＋1,520×0.15＝829.6

（小数点以下四捨五入）

P＝830

## 工事種類別年間平均完成工事高評点 X₁

| 建設工事の種類別年間平均完成工事高 | | X₁評点 |
|---|---|---|
| 1,000億円以上 | | 2,309 |
| 800億円以上 | 1,000億円未満 | 114×(年間平均完成工事高)÷20,000,000+1,739 |
| 600億円以上 | 800億円未満 | 101×(年間平均完成工事高)÷20,000,000+1,791 |
| 500億円以上 | 600億円未満 | 88×(年間平均完成工事高)÷10,000,000+1,566 |
| 400億円以上 | 500億円未満 | 89×(年間平均完成工事高)÷10,000,000+1,561 |
| 300億円以上 | 400億円未満 | 89×(年間平均完成工事高)÷10,000,000+1,561 |
| 250億円以上 | 300億円未満 | 75×(年間平均完成工事高)÷ 5,000,000+1,378 |
| 200億円以上 | 250億円未満 | 76×(年間平均完成工事高)÷ 5,000,000+1,373 |
| 150億円以上 | 200億円未満 | 76×(年間平均完成工事高)÷ 5,000,000+1,373 |
| 120億円以上 | 150億円未満 | 64×(年間平均完成工事高)÷ 3,000,000+1,281 |
| 100億円以上 | 120億円未満 | 62×(年間平均完成工事高)÷ 2,000,000+1,165 |
| 80億円以上 | 100億円未満 | 64×(年間平均完成工事高)÷ 2,000,000+1,155 |
| 60億円以上 | 80億円未満 | 50×(年間平均完成工事高)÷ 2,000,000+1,211 |
| 50億円以上 | 60億円未満 | 51×(年間平均完成工事高)÷ 1,000,000+1,055 |
| 40億円以上 | 50億円未満 | 51×(年間平均完成工事高)÷ 1,000,000+1,055 |
| 30億円以上 | 40億円未満 | 50×(年間平均完成工事高)÷ 1,000,000+1,059 |
| 25億円以上 | 30億円未満 | 51×(年間平均完成工事高)÷ 500,000+ 903 |
| 20億円以上 | 25億円未満 | 39×(年間平均完成工事高)÷ 500,000+ 963 |
| 15億円以上 | 20億円未満 | 36×(年間平均完成工事高)÷ 500,000+ 975 |
| 12億円以上 | 15億円未満 | 38×(年間平均完成工事高)÷ 300,000+ 893 |
| 10億円以上 | 12億円未満 | 39×(年間平均完成工事高)÷ 200,000+ 811 |
| 8億円以上 | 10億円未満 | 38×(年間平均完成工事高)÷ 200,000+ 816 |
| 6億円以上 | 8億円未満 | 25×(年間平均完成工事高)÷ 200,000+ 868 |
| 5億円以上 | 6億円未満 | 25×(年間平均完成工事高)÷ 100,000+ 793 |
| 4億円以上 | 5億円未満 | 34×(年間平均完成工事高)÷ 100,000+ 748 |
| 3億円以上 | 4億円未満 | 42×(年間平均完成工事高)÷ 100,000+ 716 |
| 2億5,000万円以上 | 3億円未満 | 24×(年間平均完成工事高)÷ 50,000+ 698 |
| 2億円以上 | 2億5,000万円未満 | 28×(年間平均完成工事高)÷ 50,000+ 678 |
| 1億5,000万円以上 | 2億円未満 | 34×(年間平均完成工事高)÷ 50,000+ 654 |
| 1億2,000万円以上 | 1億5,000万円未満 | 26×(年間平均完成工事高)÷ 30,000+ 626 |
| 1億円以上 | 1億2,000万円未満 | 19×(年間平均完成工事高)÷ 20,000+ 616 |
| 8,000万円以上 | 1億円未満 | 22×(年間平均完成工事高)÷ 20,000+ 601 |
| 6,000万円以上 | 8,000万円未満 | 28×(年間平均完成工事高)÷ 20,000+ 577 |
| 5,000万円以上 | 6,000万円未満 | 16×(年間平均完成工事高)÷ 10,000+ 565 |
| 4,000万円以上 | 5,000万円未満 | 19×(年間平均完成工事高)÷ 10,000+ 550 |
| 3,000万円以上 | 4,000万円未満 | 24×(年間平均完成工事高)÷ 10,000+ 530 |
| 2,500万円以上 | 3,000万円未満 | 13×(年間平均完成工事高)÷ 5,000+ 524 |
| 2,000万円以上 | 2,500万円未満 | 16×(年間平均完成工事高)÷ 5,000+ 509 |
| 1,500万円以上 | 2,000万円未満 | 20×(年間平均完成工事高)÷ 5,000+ 493 |
| 1,200万円以上 | 1,500万円未満 | 14×(年間平均完成工事高)÷ 3,000+ 483 |
| 1,000万円以上 | 1,200万円未満 | 11×(年間平均完成工事高)÷ 2,000+ 473 |
| | 1,000万円未満 | 131×(年間平均完成工事高)÷ 10,000+ 397 |

## 自己資本の額又は平均自己資本の額 X$_{2-1}$

| 自己資本の額又は平均自己資本の額 | | X$_{2-1}$評点 |
|---|---|---|
| 3,000億円以上 | | 2,114 |
| 2,500億円以上 | 3,000億円未満 | 63×(自己資本額)÷50,000,000+1,736 |
| 2,000億円以上 | 2,500億円未満 | 73×(自己資本額)÷50,000,000+1,686 |
| 1,500億円以上 | 2,000億円未満 | 91×(自己資本額)÷50,000,000+1,614 |
| 1,200億円以上 | 1,500億円未満 | 66×(自己資本額)÷30,000,000+1,557 |
| 1,000億円以上 | 1,200億円未満 | 53×(自己資本額)÷20,000,000+1,503 |
| 800億円以上 | 1,000億円未満 | 61×(自己資本額)÷20,000,000+1,463 |
| 600億円以上 | 800億円未満 | 75×(自己資本額)÷20,000,000+1,407 |
| 500億円以上 | 600億円未満 | 46×(自己資本額)÷10,000,000+1,356 |
| 400億円以上 | 500億円未満 | 53×(自己資本額)÷10,000,000+1,321 |
| 300億円以上 | 400億円未満 | 66×(自己資本額)÷10,000,000+1,269 |
| 250億円以上 | 300億円未満 | 39×(自己資本額)÷ 5,000,000+1,233 |
| 200億円以上 | 250億円未満 | 47×(自己資本額)÷ 5,000,000+1,193 |
| 150億円以上 | 200億円未満 | 57×(自己資本額)÷ 5,000,000+1,153 |
| 120億円以上 | 150億円未満 | 42×(自己資本額)÷ 3,000,000+1,114 |
| 100億円以上 | 120億円未満 | 33×(自己資本額)÷ 2,000,000+1,084 |
| 80億円以上 | 100億円未満 | 39×(自己資本額)÷ 2,000,000+1,054 |
| 60億円以上 | 80億円未満 | 47×(自己資本額)÷ 2,000,000+1,022 |
| 50億円以上 | 60億円未満 | 29×(自己資本額)÷ 1,000,000+ 989 |
| 40億円以上 | 50億円未満 | 34×(自己資本額)÷ 1,000,000+ 964 |
| 30億円以上 | 40億円未満 | 41×(自己資本額)÷ 1,000,000+ 936 |
| 25億円以上 | 30億円未満 | 25×(自己資本額)÷ 500,000+ 909 |
| 20億円以上 | 25億円未満 | 29×(自己資本額)÷ 500,000+ 889 |
| 15億円以上 | 20億円未満 | 36×(自己資本額)÷ 500,000+ 861 |
| 12億円以上 | 15億円未満 | 27×(自己資本額)÷ 300,000+ 834 |
| 10億円以上 | 12億円未満 | 21×(自己資本額)÷ 200,000+ 816 |
| 8億円以上 | 10億円未満 | 24×(自己資本額)÷ 200,000+ 801 |
| 6億円以上 | 8億円未満 | 30×(自己資本額)÷ 200,000+ 777 |
| 5億円以上 | 6億円未満 | 18×(自己資本額)÷ 100,000+ 759 |
| 4億円以上 | 5億円未満 | 21×(自己資本額)÷ 100,000+ 744 |
| 3億円以上 | 4億円未満 | 27×(自己資本額)÷ 100,000+ 720 |
| 2億5,000万円以上 | 3億円未満 | 15×(自己資本額)÷ 50,000+ 711 |
| 2億円以上 | 2億5,000万円未満 | 19×(自己資本額)÷ 50,000+ 691 |
| 1億5,000万円以上 | 2億円未満 | 23×(自己資本額)÷ 50,000+ 675 |
| 1億2,000万円以上 | 1億5,000万円未満 | 16×(自己資本額)÷ 30,000+ 664 |
| 1億円以上 | 1億2,000万円未満 | 13×(自己資本額)÷ 20,000+ 650 |
| 8,000万円以上 | 1億円未満 | 16×(自己資本額)÷ 20,000+ 635 |
| 6,000万円以上 | 8,000万円未満 | 19×(自己資本額)÷ 20,000+ 623 |
| 5,000万円以上 | 6,000万円未満 | 11×(自己資本額)÷ 10,000+ 614 |
| 4,000万円以上 | 5,000万円未満 | 14×(自己資本額)÷ 10,000+ 599 |
| 3,000万円以上 | 4,000万円未満 | 16×(自己資本額)÷ 10,000+ 591 |
| 2,500万円以上 | 3,000万円未満 | 10×(自己資本額)÷ 5,000+ 579 |
| 2,000万円以上 | 2,500万円未満 | 12×(自己資本額)÷ 5,000+ 569 |
| 1,500万円以上 | 2,000万円未満 | 14×(自己資本額)÷ 5,000+ 561 |
| 1,200万円以上 | 1,500万円未満 | 11×(自己資本額)÷ 3,000+ 548 |
| 1,000万円以上 | 1,200万円未満 | 8×(自己資本額)÷ 2,000+ 544 |
| | 1,000万円未満 | 223×(自己資本額)÷ 10,000+ 361 |

## 平均利益額 X 2-2

| 平均利益額 | | X₂-₂評点 |
|---|---|---|
| 300億円以上 | | 2,447 |
| 250億円以上 | 300億円未満 | 134×（平均利益額）÷5,000,000＋1,643 |
| 200億円以上 | 250億円未満 | 151×（平均利益額）÷5,000,000＋1,558 |
| 150億円以上 | 200億円未満 | 175×（平均利益額）÷5,000,000＋1,462 |
| 120億円以上 | 150億円未満 | 123×（平均利益額）÷3,000,000＋1,372 |
| 100億円以上 | 120億円未満 | 93×（平均利益額）÷2,000,000＋1,306 |
| 80億円以上 | 100億円未満 | 104×（平均利益額）÷2,000,000＋1,251 |
| 60億円以上 | 80億円未満 | 122×（平均利益額）÷2,000,000＋1,179 |
| 50億円以上 | 60億円未満 | 70×（平均利益額）÷1,000,000＋1,125 |
| 40億円以上 | 50億円未満 | 79×（平均利益額）÷1,000,000＋1,080 |
| 30億円以上 | 40億円未満 | 92×（平均利益額）÷1,000,000＋1,028 |
| 25億円以上 | 30億円未満 | 54×（平均利益額）÷ 500,000＋ 980 |
| 20億円以上 | 25億円未満 | 60×（平均利益額）÷ 500,000＋ 950 |
| 15億円以上 | 20億円未満 | 70×（平均利益額）÷ 500,000＋ 910 |
| 12億円以上 | 15億円未満 | 48×（平均利益額）÷ 300,000＋ 880 |
| 10億円以上 | 12億円未満 | 37×（平均利益額）÷ 200,000＋ 850 |
| 8億円以上 | 10億円未満 | 42×（平均利益額）÷ 200,000＋ 825 |
| 6億円以上 | 8億円未満 | 48×（平均利益額）÷ 200,000＋ 801 |
| 5億円以上 | 6億円未満 | 28×（平均利益額）÷ 100,000＋ 777 |
| 4億円以上 | 5億円未満 | 32×（平均利益額）÷ 100,000＋ 757 |
| 3億円以上 | 4億円未満 | 37×（平均利益額）÷ 100,000＋ 737 |
| 2億5,000万円以上 | 3億円未満 | 21×（平均利益額）÷ 50,000＋ 722 |
| 2億円以上 | 2億5,000万円未満 | 24×（平均利益額）÷ 50,000＋ 707 |
| 1億5,000万円以上 | 2億円未満 | 27×（平均利益額）÷ 50,000＋ 695 |
| 1億2,000万円以上 | 1億5,000万円未満 | 20×（平均利益額）÷ 30,000＋ 676 |
| 1億円以上 | 1億2,000万円未満 | 15×（平均利益額）÷ 20,000＋ 666 |
| 8,000万円以上 | 1億円未満 | 16×（平均利益額）÷ 20,000＋ 661 |
| 6,000万円以上 | 8,000万円未満 | 19×（平均利益額）÷ 20,000＋ 649 |
| 5,000万円以上 | 6,000万円未満 | 12×（平均利益額）÷ 10,000＋ 634 |
| 4,000万円以上 | 5,000万円未満 | 12×（平均利益額）÷ 10,000＋ 634 |
| 3,000万円以上 | 4,000万円未満 | 15×（平均利益額）÷ 10,000＋ 622 |
| 2,500万円以上 | 3,000万円未満 | 8×（平均利益額）÷ 5,000＋ 619 |
| 2,000万円以上 | 2,500万円未満 | 10×（平均利益額）÷ 5,000＋ 609 |
| 1,500万円以上 | 2,000万円未満 | 11×（平均利益額）÷ 5,000＋ 605 |
| 1,200万円以上 | 1,500万円未満 | 7×（平均利益額）÷ 3,000＋ 603 |
| 1,000万円以上 | 1,200万円未満 | 6×（平均利益額）÷ 2,000＋ 595 |
| | 1,000万円未満 | 78×（平均利益額）÷ 10,000＋ 547 |

技術職員数 $Z_1$

| 技術職員数値 | | $Z_1$評点 |
|---|---|---|
| 15,500以上 | | 2,335 |
| 11,930以上 | 15,500未満 | 62×(技術職員数値)÷3,570＋2,065 |
| 9,180以上 | 11,930未満 | 63×(技術職員数値)÷2,750＋1,998 |
| 7,060以上 | 9,180未満 | 62×(技術職員数値)÷2,120＋1,939 |
| 5,430以上 | 7,060未満 | 62×(技術職員数値)÷1,630＋1,876 |
| 4,180以上 | 5,430未満 | 63×(技術職員数値)÷1,250＋1,808 |
| 3,210以上 | 4,180未満 | 63×(技術職員数値)÷ 970＋1,747 |
| 2,470以上 | 3,210未満 | 62×(技術職員数値)÷ 740＋1,686 |
| 1,900以上 | 2,470未満 | 62×(技術職員数値)÷ 570＋1,624 |
| 1,460以上 | 1,900未満 | 63×(技術職員数値)÷ 440＋1,558 |
| 1,130以上 | 1,460未満 | 63×(技術職員数値)÷ 330＋1,488 |
| 870以上 | 1,130未満 | 62×(技術職員数値)÷ 260＋1,434 |
| 670以上 | 870未満 | 63×(技術職員数値)÷ 200＋1,367 |
| 510以上 | 670未満 | 62×(技術職員数値)÷ 160＋1,318 |
| 390以上 | 510未満 | 63×(技術職員数値)÷ 120＋1,247 |
| 300以上 | 390未満 | 62×(技術職員数値)÷ 90＋1,183 |
| 230以上 | 300未満 | 63×(技術職員数値)÷ 70＋1,119 |
| 180以上 | 230未満 | 62×(技術職員数値)÷ 50＋1,040 |
| 140以上 | 180未満 | 62×(技術職員数値)÷ 40＋ 984 |
| 110以上 | 140未満 | 63×(技術職員数値)÷ 30＋ 907 |
| 85以上 | 110未満 | 63×(技術職員数値)÷ 25＋ 860 |
| 65以上 | 85未満 | 62×(技術職員数値)÷ 20＋ 810 |
| 50以上 | 65未満 | 62×(技術職員数値)÷ 15＋ 742 |
| 40以上 | 50未満 | 63×(技術職員数値)÷ 10＋ 633 |
| 30以上 | 40未満 | 63×(技術職員数値)÷ 10＋ 633 |
| 20以上 | 30未満 | 62×(技術職員数値)÷ 10＋ 636 |
| 15以上 | 20未満 | 63×(技術職員数値)÷ 5＋ 508 |
| 10以上 | 15未満 | 62×(技術職員数値)÷ 5＋ 511 |
| 5以上 | 10未満 | 63×(技術職員数値)÷ 5＋ 509 |
| | 5未満 | 62×(技術職員数値)÷ 5＋ 510 |

## 建設工事の種類別年間平均元請完成工事高 $Z_2$

| 許可を受けた建設業に係る<br>建設工事の種類別年間平均元請完成工事高 | | $Z_2$評点 |
|---|---|---|
| 1,000億円以上 | | 2,865 |
| 800億円以上 | 1,000億円未満 | 119×（年間平均元請完成工事高）÷20,000,000＋2,270 |
| 600億円以上 | 800億円未満 | 145×（年間平均元請完成工事高）÷20,000,000＋2,166 |
| 500億円以上 | 600億円未満 | 87×（年間平均元請完成工事高）÷10,000,000＋2,079 |
| 400億円以上 | 500億円未満 | 104×（年間平均元請完成工事高）÷10,000,000＋1,994 |
| 300億円以上 | 400億円未満 | 126×（年間平均元請完成工事高）÷10,000,000＋1,906 |
| 250億円以上 | 300億円未満 | 76×（年間平均元請完成工事高）÷ 5,000,000＋1,828 |
| 200億円以上 | 250億円未満 | 90×（年間平均元請完成工事高）÷ 5,000,000＋1,758 |
| 150億円以上 | 200億円未満 | 110×（年間平均元請完成工事高）÷ 5,000,000＋1,678 |
| 120億円以上 | 150億円未満 | 81×（年間平均元請完成工事高）÷ 3,000,000＋1,603 |
| 100億円以上 | 120億円未満 | 63×（年間平均元請完成工事高）÷ 2,000,000＋1,549 |
| 80億円以上 | 100億円未満 | 75×（年間平均元請完成工事高）÷ 2,000,000＋1,489 |
| 60億円以上 | 80億円未満 | 92×（年間平均元請完成工事高）÷ 2,000,000＋1,421 |
| 50億円以上 | 60億円未満 | 55×（年間平均元請完成工事高）÷ 1,000,000＋1,367 |
| 40億円以上 | 50億円未満 | 66×（年間平均元請完成工事高）÷ 1,000,000＋1,312 |
| 30億円以上 | 40億円未満 | 79×（年間平均元請完成工事高）÷ 1,000,000＋1,260 |
| 25億円以上 | 30億円未満 | 48×（年間平均元請完成工事高）÷ 500,000＋1,209 |
| 20億円以上 | 25億円未満 | 57×（年間平均元請完成工事高）÷ 500,000＋1,164 |
| 15億円以上 | 20億円未満 | 70×（年間平均元請完成工事高）÷ 500,000＋1,112 |
| 12億円以上 | 15億円未満 | 50×（年間平均元請完成工事高）÷ 300,000＋1,072 |
| 10億円以上 | 12億円未満 | 41×（年間平均元請完成工事高）÷ 200,000＋1,026 |
| 8億円以上 | 10億円未満 | 47×（年間平均元請完成工事高）÷ 200,000＋ 996 |
| 6億円以上 | 8億円未満 | 57×（年間平均元請完成工事高）÷ 200,000＋ 956 |
| 5億円以上 | 6億円未満 | 36×（年間平均元請完成工事高）÷ 100,000＋ 911 |
| 4億円以上 | 5億円未満 | 40×（年間平均元請完成工事高）÷ 100,000＋ 891 |
| 3億円以上 | 4億円未満 | 51×（年間平均元請完成工事高）÷ 100,000＋ 847 |
| 2億5,000万円以上 | 3億円未満 | 30×（年間平均元請完成工事高）÷ 50,000＋ 820 |
| 2億円以上 | 2億5,000万円未満 | 35×（年間平均元請完成工事高）÷ 50,000＋ 795 |
| 1億5,000万円以上 | 2億円未満 | 45×（年間平均元請完成工事高）÷ 50,000＋ 755 |
| 1億2,000万円以上 | 1億5,000万円未満 | 32×（年間平均元請完成工事高）÷ 30,000＋ 730 |
| 1億円以上 | 1億2,000万円未満 | 26×（年間平均元請完成工事高）÷ 20,000＋ 702 |
| 8,000万円以上 | 1億円未満 | 29×（年間平均元請完成工事高）÷ 20,000＋ 687 |
| 6,000万円以上 | 8,000万円未満 | 36×（年間平均元請完成工事高）÷ 20,000＋ 659 |
| 5,000万円以上 | 6,000万円未満 | 22×（年間平均元請完成工事高）÷ 10,000＋ 635 |
| 4,000万円以上 | 5,000万円未満 | 27×（年間平均元請完成工事高）÷ 10,000＋ 610 |
| 3,000万円以上 | 4,000万円未満 | 31×（年間平均元請完成工事高）÷ 10,000＋ 594 |
| 2,500万円以上 | 3,000万円未満 | 19×（年間平均元請完成工事高）÷ 5,000＋ 573 |
| 2,000万円以上 | 2,500万円未満 | 23×（年間平均元請完成工事高）÷ 5,000＋ 553 |
| 1,500万円以上 | 2,000万円未満 | 28×（年間平均元請完成工事高）÷ 5,000＋ 533 |
| 1,200万円以上 | 1,500万円未満 | 19×（年間平均元請完成工事高）÷ 3,000＋ 522 |
| 1,000万円以上 | 1,200万円未満 | 16×（年間平均元請完成工事高）÷ 2,000＋ 502 |
| | 1,000万円未満 | 341×（年間平均元請完成工事高）÷ 10,000＋ 241 |

## 公認会計士等数W5-2

| 年間平均完成工事高 | | 公認会計士、税理士、建設業経理士等の数の数値（W5-2） | | | | |
|---|---|---|---|---|---|---|
| 600億円以上 | 13.6以上 | 10.8以上 13.6未満 | 7.2以上 10.8未満 | 5.2以上 7.2未満 | 2.8以上 5.2未満 | 2.8未満 |
| 150億円以上 600億円未満 | 8.8以上 | 6.8以上 8.8未満 | 4.8以上 6.8未満 | 2.8以上 4.8未満 | 1.6以上 2.8未満 | 1.6未満 |
| 40億円以上 150億円未満 | 4.4以上 | 3.2以上 4.4未満 | 2.4以上 3.2未満 | 1.2以上 2.4未満 | 0.8以上 1.2未満 | 0.8未満 |
| 10億円以上 40億円未満 | 2.4以上 | 1.6以上 2.4未満 | 1.2以上 1.6未満 | 0.8以上 1.2未満 | 0.4以上 0.8未満 | 0.4未満 |
| 1億円以上 10億円未満 | 1.2以上 | 0.8以上 1.2未満 | 0.4以上 0.8未満 | − | − | 0 |
| 1億円未満 | 0.4以上 | − | − | − | − | 0 |
| 点数 | 10 | 8 | 6 | 4 | 2 | 0 |

## 研究開発の状況W6

| 平均研究開発費の額 | | 点数 | 平均研究開発費の額 | | 点数 | 平均研究開発費の額 | | 点数 |
|---|---|---|---|---|---|---|---|---|
| 100億円以上 | | 25 | 15億円以上 | 16億円未満 | 16 | 6億円以上 | 7億円未満 | 7 |
| 75億円以上 | 100億円未満 | 24 | 14億円以上 | 15億円未満 | 15 | 5億円以上 | 6億円未満 | 6 |
| 50億円以上 | 75億円未満 | 23 | 13億円以上 | 14億円未満 | 14 | 4億円以上 | 5億円未満 | 5 |
| 30億円以上 | 50億円未満 | 22 | 12億円以上 | 13億円未満 | 13 | 3億円以上 | 4億円未満 | 4 |
| 20億円以上 | 30億円未満 | 21 | 11億円以上 | 12億円未満 | 12 | 2億円以上 | 3億円未満 | 3 |
| 19億円以上 | 20億円未満 | 20 | 10億円以上 | 11億円未満 | 11 | 1億円以上 | 2億円未満 | 2 |
| 18億円以上 | 19億円未満 | 19 | 9億円以上 | 10億円未満 | 10 | 5000万以上 | 1億円未満 | 1 |
| 17億円以上 | 18億円未満 | 18 | 8億円以上 | 9億円未満 | 9 | | 5000万円未満 | 0 |
| 16億円以上 | 17億円未満 | 17 | 7億円以上 | 8億円未満 | 8 | | | |

# Q 03 「ケイシン」とは

「ケイシン」とは、経営事項審査の略称で、公共工事の入札に参加する建設業者の企業力（企業規模など）を審査する制度です。全国一律の基準によって審査され、項目別に点数化された客観的な評点は、公共工事の発注者が業者選定を行う際の重要な資料として利用されています。

　　経営事項審査は、1950年から実施された「工事施工能力審査」を前身とし、1961年の建設業法改正の際に法制化され、1973年10月の改正で現在の名称に改められました。審査項目や評点の数値化についても制定以来、数多くの改正がありました。特に1988年、1994年、1998年、1999年、2008年の改正は大改正といえるものです。

　　また、1994年の改正によって、公共工事の入札に参加しようとする建設業者は「その経営に関する客観的事項について審査を受けなければならない」（法第27条の23第1項）と定められました。この経審の規定については、1995年6月29日から施行されました。

　　なお、公共工事の入札参加資格を得るためには、「入札参加資格要件」「客観的事項」「主観的事項」などの項目による資格審査を受けることになります。

　　入札参加資格要件に合致した建設業者は客観的事項と主観的事項の審査を受けます。この客観的事項の審査が経審で、経営規模、経営状況、技術力、社会性など企業の総合力を客観的な基準で審査するものです。

　　近年は社会情勢の急激な変化に伴い、毎年のように改正が行われました。特に社会性等Wにおける見直しが多く、社会保険未加入に関する減点措置の厳格化、防災活動への加点拡大、建設機械の加点方法の見直しや種類の拡大、技術者の技術向上および技能者の技能向上の取組みなど、多岐にわたります。

　　なお、2021年4月および2023年1月の改正については、Q1を参照してください。

【建設業者と経審との関係】

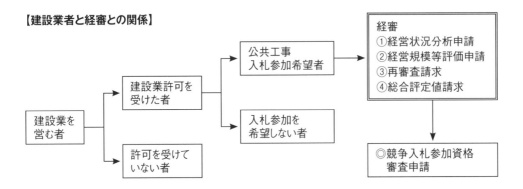

# Q
## 04 何のために経審を受審するのか

公共工事の入札に参加しようとするためです。1994年の法改正にともなう政令改正で、公共工事の入札に参加しようとする者は経審を受けることが義務付けられ、公共性のある施設または工作物に関する建設工事の範囲が定められました。これらの工事の入札に参加するためには、経審を受けなければなりません。

公共性のある施設または工作物に関する建設工事とは、国、地方自治体、独立行政法人、国立大学法人および政府関係機関等が発注する工事で、工事1件の請負代金が、建築一式工事の場合は1,500万円以上、その他の工事では500万円以上の工事をいいます。

ただし、以下の工事は除外されます。

① 堤防の決壊、道路の埋没、電気設備の故障など、施設または工作物の破壊、埋没などで、緊急を要する建設工事

② 経審を受けていない建設業者が施工することが、緊急の必要その他やむを得ない事情があるものとして国土交通大臣が指定する建設工事

なお、民間発注者でも東日本高速道路株式会社、中日本高速道路株式会社、西日本高速道路株式会社、首都高速道路株式会社、阪神高速道路株式会社、本州四国連絡高速道路株式会社などは、経審を受審していなければ入札に参加できません。また、公共工事の元請業者だけでなく、下請業者にも経審の受審を勧める発注者も多いようです。

2011年6月、国土交通省の建設産業戦略会議が「建設産業の再生と発展のための方策2011」を発表しました。この中で、入札・契約制度について、災害発生時の建設業の対応、地元企業等を活用する元請企業の評価、下請企業等の技術力の適正な評価、専門工事の施工内容の重要性等が指摘されています。また、1件あたりの入札参加者が増加しており、入札に関する受発注者双方のコスト削減も求められています。このような状況を背景にして、経審を活用することがますます期待されるのです。

さらに、「東日本大震災を受けた特別の対応」では、建設業が担う役割と責任はきわめて重いとされています。建設業は技術力、施工力、経営力にいっそう磨きをかけ、国民の期待に応えられるよう努力することが望まれ、適切で迅速な入札や契約が行われるためにも、建設業者選定の指標としての経審の活用が拡大することも考えられます。

このように経審の重要性が高まるほど、虚偽申請の防止、より客観的かつ公正な企業評価が不可欠となります。今後も経審の審査方法や審査項目は、建設業を取り巻くさまざまな要素をふまえつつ、随時改正されるものと考えられます。建設業が国民の信頼を得るために経審の果たす役割は、ますます大きくなるでしょう。

# Q 05 いつ、どこに経審を申請するのか

　経審は、申請者の決算が終了した後、許可行政庁、つまり国土交通大臣許可業者は各地方整備局等に、都道府県知事許可業者は都道府県に申請します。実務的には確定申告の終了後、経営状況分析の申請をするとともに、決算日から4カ月以内に建設業法にもとづく決算の「変更届」を提出した後になります。

　経営規模等評価申請および総合評定値請求の受付時期と方法については、国土交通大臣または都道府県知事が公示し、経営状況分析の受付方法については、各登録経営状況分析機関が公表することになります。

　なお、経営規模等評価申請、総合評定値請求にあたり、都道府県によっては、窓口の混乱を避け、審査の待ち時間を少なくするなどの理由から、申請の時期、場所を振分けているところもありますので、詳しくは都道府県の担当窓口に問合わせてください。

　また、大臣許可業者については都道府県経由事務が廃止となりましたので、各地方整備局、北海道開発局、沖縄総合事務局の担当窓口に問合わせてください。

　紙申請の場合、経審の具体的な申請手続としては、

① 　まず初めに、経営規模等評価申請および総合評定値請求については申請用紙を用意（購入またはダウンロード）し（資料A参照）、経営状況分析の申請書類は登録経営状況分析機関（Q28参照）に請求します

② 　経営状況分析の手数料（Q8参照）を金融機関に払込み

③ 　その振込み票を添えて登録経営状況分析機関へ、経営状況分析に必要な書類（Q22参照）を郵送または電子申請により提出し

④ 　経営状況分析の結果通知書を添えて

　　（上記の間に、予約が必要な場合は、予約が可能になったら（経営状況分析結果が出てからなど）経審申請の予約をします）

⑤ 　（予約または通知された指定日などに）審査手数料の収入印紙（または都道府県証紙、東京都は現金で納入）を貼付した申請用紙などにより、行政庁に経営規模等評価申請および総合評定値請求を行い（総合評定値請求については任意ですが、公共工事発注者は総合評定値結果通知書の提出を義務付けています）

⑥ 　経営規模等評価結果通知書および総合評定値通知書が郵送されるのを待つ

——という手順になります。


　「経審を受ける」とは、上記のように、経営状況分析の申請、経営規模等評価申請、総合評定値請求の3つで1セットになっています。

　なお、経審審査日までに、対象となる基準決算の変更届出が終了していることも必要で

す。この変更届出が受付けされた後でないと、予約ができない場合もあります。

　また、建設業許可を新規に取得したときは、決算変更届出前であっても経審が受審可能な場合もありますので、審査行政庁または行政書士に問合わせてください。

## 審査基準日

　1994年の改正からは「申請者の審査対象事業年度の決算日」が経審の審査基準日になりました。法人、個人を問わず、すべての建設業者は年に1回決算書を作成しますから、その決算日現在の状況で各種制度加入の有無や技術者数などが審査されることになります。

　なお、勘違いしやすいところですが、一部の地方自治体では、入札参加資格申請で経審の基準日とは別の基準日を設定しています。その入札参加資格での基準日以後に生じた変更事項については、認められません。したがって、入札参加資格申請では、その基準日現在の状況で書類を作成する必要があります。

　また、1994年の基準日の改正にともない、経審結果の有効期間（基準日から1年7カ月）が定められ、かつ公共工事の受注者は発注者と契約する際、有効な総合評定値通知書がないと契約できないことになりましたので、毎年遅滞なく経審を受ける必要があります。

【経審の申請手続】

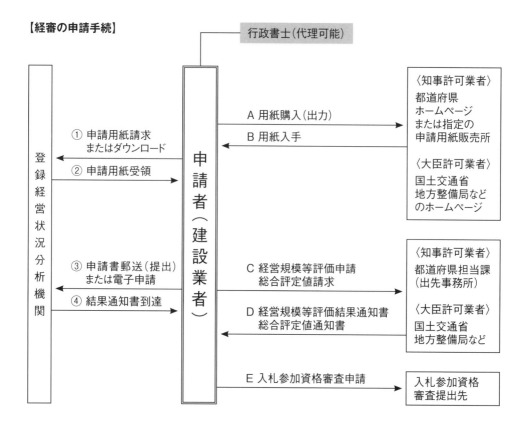

申請の順序は審査行政庁により違いがある。まず、経営状況分析（①～④）を済ませてからでないと、Ｃの申請を受付けないところがある。一方、Ｃの申請の後に、経営状況分析（①～④）を終え、その結果通知を後から提出させるところがある。このように、審査行政庁により受付の手順が異なるので、申請の際は注意が必要。

# 建設業許可・経営事項審査電子申請システムの解説

　2023年1月から、建設業許可・経営事項審査電子申請システム（Japan Construction Industry electronic application Portal、略称JCIP）による手続が開始されました。国土交通省は、働き方改革推進の一環として、各行政庁の事務負担を軽減し、生産性の向上を図るとともに、新型コロナウイルス感染症の拡大等を踏まえ、非対面での申請手続を行うことができる環境の整備を目的としてJCIPを導入しました。

## JCIPの特徴

　JCIPには次のような利点や必須事項があります。

* ＊会社や自宅のパソコンから、WEBブラウザを使用して申請・届出書類の作成、提出ができるので、新たなアプリケーションソフトが不要。
* ＊法務省の登記事項証明書、国税庁の納税証明書、技術者資格情報および経審の経営状況分析結果などがデータ連携されるので、当該書類の取得・添付が不要（いわゆるバックヤード連携）。
* ＊一部の建設業許可ソフトや経審申請ソフトで作成されたデータの取込みや、前回申請したデータの参照などができるので、データ入力が簡略化される。
* ＊JCIP内におけるエラーチェックや自動計算機能により、作成時のケアレスミスを防ぐことができる。
* ＊様式のない書類についても、PDFなどのファイルをアップロードすることができるので、郵送・窓口提出などの手間が省ける。
* ＊登録免許税・手数料の納付は、Pay-easy（ペイジー）、F–REGIなどのオンライン決済が可能（各行政庁により異なる）。
* ＊申請・届出時の本人確認として、gBizID（GビズID）による認証が必要。

### 【JCIPでの可能な手続】

| | |
|---|---|
| 建設業許可 | 許可申請（新規許可、許可換え、般特許可、業種追加、更新） |
| | 変更等の届出（事業者の基本情報、経営業務管理責任者、営業所の専任技術者、営業所の代表者等） |
| | 廃業等の届出 |
| | 決算報告 |
| | 許可通知書等の電子送付 |
| 経審 | 経営事項審査申請（経営規模等評価、総合評定値） |
| | 再審査申請（経営規模等評価、総合評定値） |
| | 結果通知書等の電子送付 |

（注）2023年1月時点の機能

なお、JCIP自体は各行政庁共通のシステムですが、運用開始時期やそれぞれの手続に関する確認資料などは、行政庁ごとに異なる場合があります。詳細は各行政庁に問合わせてください。

## GビズIDについて

gBizID（GビズID）は、デジタル庁提供の認証サービスです。申請者は、GビズIDを取得することによってJCIPへのログインが可能となります。

GビズIDには、gBizIDプライム／メンバー／エントリーの3種類がありますが、ログイン可能なのはgBizIDプライム、gBizIDメンバーの2種類です。

申請者は、法人代表者または個人事業主の位置付けであるgBizIDプライムが必要です。また、gBizIDメンバーについては、gBizIDプライムによって作成され、申請可能なサービスを設定することで可能となります。つまり、gBizIDプライムは代表者、gBizIDメンバーは申請担当の社員といった関係となります。

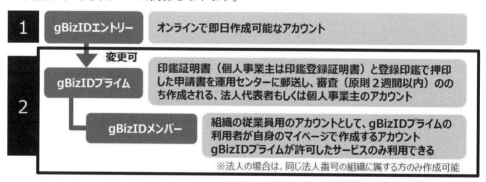

＊出典：国土交通省ホームページ

GビズIDに関する問合わせ先

デジタル庁のホームページ　https://gbiz-id.go.jp　　TEL 0570-023-797

## GビズIDを使用した代理申請について

申請者本人からの委任による行政書士等の代理申請については、申請者のほかに委任された行政書士等もgBizIDプライムを取得していることが必要です。

申請書と代理人の委任関係を結ぶためには、次の2段階の手続をします。

① GビズIDのサイト上で、申請者が代理人のgBizIDプライムアカウントを指定し、委任する申請サービス（今回はJCIP）を選択して委任関係を結ぶ。

② 代理人がJCIPにログインし、委任関係ができている委任者一覧の中から当該委任者を選択し、「委任状作成画面」（以下、画面を一部抜粋）にて、委任される項目を選択する（複数選択可）。

☑ 建設業許可に関する一切の件

☐ 建設業許可通知書の受領に関する一切の件　※申請先の行政庁により代理受領できない場合があります。

☐ 建設業法第11条の規定に基づく変更等の届出に関する一切の件

☐ 建設業法第12条の規定に基づく廃業等の届出に関する一切の件

☐ 経営事項審査申請に関する一切の件

☐ 経営事項審査通知書の受領に関する一切の件　※申請先の行政庁により代理受領できない場合があります。

申請者に当該の委任状承認依頼が届くので、申請者はJCIPにログインし、当該の委任状を承認する。

①と②は、いずれも委任期間の設定が可能ですが、期間未設定にすることもできます。その場合は、どちらかが委任解除の操作をするまで委任関係が続きますので、都度委任状を作成し、承認してもらうといった手間を省くこともできます。

### JCIPでの手続について

申請・届出手続の詳細な手順については、『建設業許可・経営事項審査電子申請システム（JCIP）操作マニュアル』を参照してください（「ログイン画面」右上の「操作マニュアル」からダウンロードできます）。

JCIPのログイン画面　https://prod.jcip.mlit.go.jp/TO/TO00001

JICPに関する問合わせ先

国土交通省のホームページ（JCIPの説明動画などを掲載）

https://www1.mlit.go.jp/tochi_fudousan_kensetsugyo/const/tochi_fudousan_kensetsugyo_const_tk1_000001_00019.html

ヘルプデスク　TEL 0570-033-730

＊メールによる照会は、JCIPの「お問い合わせ画面」にて入力の上、送信。

なお、2023年3月時点での都道府県のシステム参加状況は42道県（東京都、京都府は2023年度内の参加を予定。大阪府、兵庫県、福岡県は未定）となっています。

## Q 06 経審に必要な書類は （＊改正）

　経審を申請する際に準備しなければならない書類としては、提出書類、確認書類の２種類があります。

　　大臣許可業者については、2023年１月１日以降、提出書類と確認書類は原則として、以下のようになりました（ただし、確認書類の㉓は、2023年８月14日以降を審査基準日とする申請から必要となります）。
　　知事許可業者については、審査をする都道府県が個別に定めていますので、全国一律ではありません。申請書作成にあたって、不明な点は都道府県の担当窓口に問合わせるか、申請案内手引書やホームページなどで確認してください。

### 提出書類

　① 　申請書
- 　規則別記様式第25号の11　経営規模等評価申請書、経営規模等評価再審査申立書、総合評定値請求書【20001帳票】
- 　別紙１　工事種類別完成工事高、工事種類別元請完成工事高【20002帳票】
- 　別紙２　技術職員名簿【20005帳票】
- 　別紙３　その他の審査項目（社会性等）【20004帳票】
- 　審査手数料証紙（印紙）貼付用紙（提出先へ要確認）

　② 　添付書類
- 　規則別記様式第２号　工事経歴書（Ｑ７参照、決算変更届で提出済みの場合は不要）
- 　規則別記様式第25号の10　経営状況分析結果通知書【10006帳票】

### 確認書類

　（告知では「写し」で確認するとなっているが、原本の提出を求められることもあるので、提出先へ要確認）

　① 　審査対象年度の消費税確定申告書の控え、および添付書類（付表２など）の写し、ならびに消費税納税証明書（その１）の写し
　② 　工事経歴書に記載されている工事の契約書の写し、または注文書および請書（セット）の写し
　　　ただし、実際の運用上は各審査対象建設業の種類ごとに工事経歴書の上位それぞれ５件（申請先によっては10件の場合などもありますので、各申請先に確認が必要です）の

工事請負契約書の写し、または注文書かつ請書（セット）の写しなどが求められています。

③ 法人税申告書別表【別表16（1）（2）など減価償却費として計上した金額を証明する書類】の写し、ならびに貸借対照表、損益計算書の写し（規則別記様式第15号、第16号）

ただし、経営状況分析結果通知書に減価償却と営業利益の2年分の記載があるときは省略も可。

④ 健康保険および厚生年金保険に係る標準報酬の決定を通知する書面の写し、または住民税等特別徴収税額決定通知の写し

⑤ 規則別記様式第25号の11別紙2による技術職員名簿に記載されている職員に係る次の書類

  (1) 検定、もしくは試験の合格証その他の当該職員が有する資格を証明する書面などの写し

  (2) 事業所の名称が記載された健康保険被保険者証の写し、または雇用保険被保険者資格取得確認通知書の写し（審査基準日以前に6カ月を超える恒常的な雇用関係があったことを確認されます。また、実際の運用上は、源泉徴収簿や所得証明など、都道府県により対応が異なる場合もありますので、申請先へ確認してください）

  (3) 継続雇用制度の適用を受けている職員については、それを証明する書面、および継続雇用制度について定めた労働基準監督署長の印のある就業規則、または労働協約の写し

⑥ 労働保険概算・確定保険料申告書の控え、およびこれにより申告した保険料の納入に関する領収済通知書の写し

⑦ 健康保険および厚生年金保険の保険料の納入に関する領収証の写し、または納入証明書の写し

⑧ 建設業退職金共済事業加入・履行証明書（経審用）の写し

⑨ 中小企業退職金共済制度、もしくは特定退職金共済団体制度への加入を証明する書面、労働基準監督署長の印のある就業規則または労働協約の写し（退職一時金規定を含むもの）

厚生年金基金への加入を証明する書面、適格退職年金契約書、確定拠出年金運営管理機関の発行する確定拠出年金への加入を証明する書面、確定給付企業年金の企業年金基金の発行する企業年金基金への加入を証明する書面、または資産管理運用機関との間の契約書の写し

⑩ （公財）建設業福祉共済団、（一社）全国建設業労災互助会、全国中小企業共済協同組合連合会、中小企業等協同組合法の認可を受けて共済事業を行う者または（一社）全国労働保険事務組合連合会の労働災害補償制度への加入を証明する書面、あるいは労働災害総合保険、もしくは準記名式の普通傷害保険の保険証書の写し

ただし、実際の運用上は、保険証書では必要な要件が読取れないときなどは、上記に

加えて保険会社の発行する加入証明書（要件が記載されているもの）や、約款などをあわせて提示することもあります。

⑪　審査対象事業年度に再生手続開始または更生手続開始の決定を受けた場合は、その決定日を証明する書面の写し

⑫　審査対象事業年度に再生手続終結または更生手続終結の決定を受けた場合は、その決定日を証明する書面の写し

⑬　防災協定書の写し（申請者の所属する団体が防災協定を締結している場合は、当該団体への加入を証明する書類、および防災活動に対し一定の役割を果たすことを証明する書類）

⑭　有価証券報告書もしくは監査証明書の写し、会計参与報告書の写し、または社内の建設業経理実務の責任者のうち公認会計士、税理士およびこれらの資格を有する者、ならびに１級登録経理試験に合格した者のいずれかに該当する者（Q48参照）が、経理処理の適正を確認した旨の書類に自らの署名・押印を付したもの

⑮　公認会計士法第28条に規定する研修の受講を証明する書面、所属する税理士会が認定する研修の受講を証明する書面、登録経理試験に合格した年度の翌年度から５年を経過していない合格を証明する書面、登録経理講習を受講した年度の翌年度から５年を経過していない受講を証明する書面

⑯　建設機械の売買契約書の写しまたはリースの契約書の写し

⑰　建設機械に係る特定自主検査記録表や車検証の写し

⑱　国際標準化機構第9001号または第14001の規格により登録されていることを証明する書面の写し

⑲　エコアクション21取組み事業者として、（一財）持続性推進機構において認証されていることを証する書面の写し

⑳　技術者が審査対象年（審査基準日以前１年間）に取得したCPD単位数を証する書面（受講証明書）等の写し

㉑　審査基準日以前３年間に受けた評価が、審査基準日の３年前の日以前に受けた評価よりレベルが１以上向上（レベル１から２など）した技能者の能力評価結果通知の写し、および審査基準日時点で稼働しているすべての工事の施工体制台帳の作業員名簿（または、これに準ずるもの）

㉒　各えるぼし・各くるみん・ユースエールについて、基準適合一般事業主認定通知書、基準適合事業主認定通知書などの認定を受けていることを証する書面の写し

㉓　様式第６号　建設工事に従事する者の就業履歴を蓄積するために必要な措置を実施した旨の誓約書及び情報共有に関する同意書

なお、申請者が上記の書類を有しない場合は、準ずる書類を確認書類とします。
また、⑰〜㉒については原本を確認されることもありますので、申請先または行政書士に問合わせてください。

## Q 07 工事経歴書（様式第2号）は どう作成するのか

　経審を申請する建設業者も、建設業許可はもっているが経審は申請しない建設業者も同じように様式第2号を使用しますが、記載要領は少し異なります。様式第2号作成については、以下の点に注意が必要です。なお、記載方法は都道府県によって微妙に異なる場合もありますので、申請先の担当窓口や申請案内手引書などで確認してください。

### 経審を申請する場合の記載要領

①　まず、直前1年分の元請工事について、元請完成工事高の合計額のおおむね7割を超えるところまで、請負代金の大きい順に記載する

②　続けて、すでに記載した元請工事以外の元請工事および下請工事について、すべての完成工事高の約7割を超えるところまで、請負代金の大きい順に記載する

③　さらに、②に続けて主な未成工事について、請負代金の額の大きい順に記載する

### 経審を申請しない場合の記載要領

①　主な完成工事について、元請工事と下請工事を合わせて請負代金の大きい順に記載する

②　続けて、主な未成工事について、請負代金の大きい順に記載する

### 共通の注意事項

①　建設工事の種類ごとに記載する。ただし、記載した請負金額合計が1,000億円を超える部分、許可を受けなくてもいい軽微な工事（500万円（建築一式工事は1,500万円）未満の工事）の10件を超える部分は、記載する必要はない

②　工事場所については、都道府県および市区町村名を記載する

③　配置技術者を置いた場合は、その氏名および主任技術者または監理技術者の別（該当個所にレ印）を記載する

④　建設工事の種類ごとに、ページごとの完成工事の件数および請負代金額の合計を「小計欄」に記入、その最終ページにはすべての請負件数と金額の合計を「合計欄」に記載する

⑤　JV工事の場合は、「JVの別」欄に「JV」と記載。また、JVとして行った工事については、JV全体の請負代金の額に出資の割合を乗じた額または分担した工事額を記載する

⑥ 「税込・税抜」欄については、該当するものを選び、○を付す

⑦ 〈内訳表示する３業種の注意事項〉土木一式工事、とび・土木・コンクリート工事、鋼構造物工事では、それぞれPC工事、法面工事、鋼橋上部工事の請負をした場合は「請負代金の額」欄の右枠内に、内訳業種の請負金額を記載する

⑧ 工事進行基準を採用した場合は、「請負代金の額」欄に、当該工事進行基準が適用される完成工事について完成工事高を（　）書きで付記する

　①の工事経歴の記載については、当初から建設工事の種類ごとに、その合計額のおおむね７割以上記載することの事務量負担について関係諸団体から改善要望が出ていましたが、2001年３月30日の建設業法施行規則の改正で、許可を受けなくていい軽微な工事については10件を超えて記載する必要がなくなりました。

　経審を申請する場合、許可を受けなければならない工事については、７割になるまで記載することに変わりはありませんが、許可を受けなければならない工事で７割に達しない場合は、続けて軽微な工事を10件記載すればいいということになります。

　また、③の配置技術者の記載については、業界の一部から「規制強化」あるいは「過重負担」との声があるようですが、発注者の期待する質の高い工事施工を実現するためには「適正な技術者の配置」は必要絶対条件です。

　さらに元請業者であって、下請契約の総額が4,500万円（建築一式工事の場合は7,000万円）以上の工事は、監理技術者資格者証と監理技術者講習修了証を携帯し、発注者の請求に応じて提示できる専任技術者を配置するよう、法令の運用が厳しくなっています。

　工事経歴書は閲覧により公開されるものですから、「あの工事を施工した、あの会社のあの担当技術者に任せたい」といった注文も出てくる可能性があります。ですから、過重負担と思わず、自社の業績を広く知らせる格好のチャンスと考え、積極的な対応が望まれます。

　さらに、いわゆる「丸投げ」、すなわち一括下請発注は、発注者の承諾なしに行うと建設業法違反であるとともに、配置技術者が存在しないので記載のしようがありません。この「配置技術者の記載」が「丸投げ」の抑止力として働くことも考えられます。

　半面、簡素化という流れから考えれば、金額あるいは枚数の制限という配慮も望まれます。

## 経審を申請する場合の注意事項

① 元請工事に係る完成工事の合計額の７割を超えるまでに軽微な工事を10件記載した場合は、元請工事の残りの部分の完成工事や下請工事の完成工事に軽微な工事があったとしても、記載は不要

② 元請工事に係る完成工事の合計額の７割を超えるまでに記載した軽微な工事が10件未満であった場合は、元請工事の残りの部分の完成工事および下請工事の完成工事に軽微

な工事があるときは、先に記載した元請工事の軽微な工事件数と合わせて10件を超えて記載する必要はない

＊工事経歴書（様式第2号）の記載フロー（44ページ参照）、工事経歴書記載例（45～47ページ参照）

## 【工事経歴書（様式第2号）の記載フロー】

① 元請工事に係る完成工事について、元請工事の完成工事高合計の7割を超えるところまで記載

② 続けて、残りの元請工事と下請工事に係る完成工事について、全体の完成工事高合計の7割を超えるところまで記載
ただし、①②において、1,000億円または軽微な工事の10件を超える部分については記載を要しない

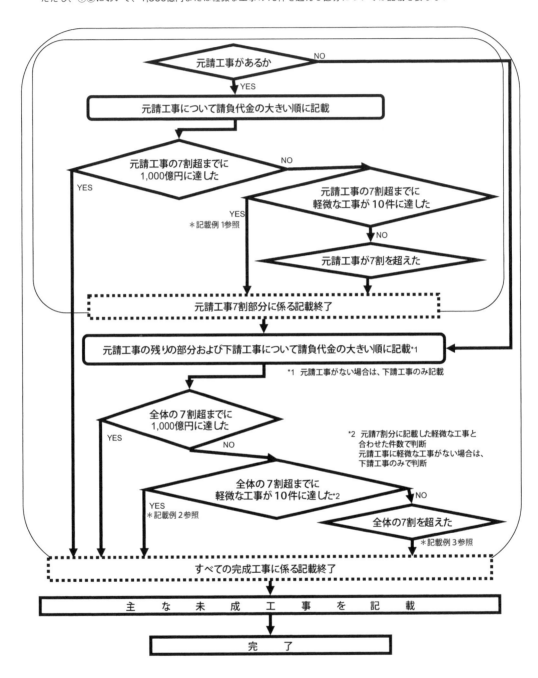

様式第二号 (第二条、第十九条の八関係)

*記載例1 工事経歴書記載例<br>(元請工事で軽微な工事が10件に達した場合)

# 工事経歴書

とび・土工・コンクリート工事 (建設工事の種類)

工事 ( 税込 )

| | 注文者 | 元請又は下請の別 | JVの別 | 工事名 | 工事現場のある都道府県及び市区町村名 | 氏名 | 配置技術者 主任技術者又は監理技術者の別(該当箇所に✓を記載) 主任技術者/監理技術者 | 請負代金の額 うち[PC/法面処理/鋼橋上部] | 着工年月日 | 完成又は完成予定年月 |
|---|---|---|---|---|---|---|---|---|---|---|
| A | 注文者U | 元請 | | UU邸木造住宅外構工事 | 東京都千代田区 | 東京一郎 | ✓ | 9,000 千円 | 令和4年12月 | 令和5年1月 |
| B | 注文者S | 〃 | | S邸新築基礎工事 | 〃 | 愛知太郎 | ✓ | 4,500 千円 | 令和5年2月 | 令和5年3月 |
| C | 錦不動産 | 〃 | | 錦住宅敷地盛土及び基礎工事 | 〃 | 一宮二郎 | ✓ | 3,200 千円 | 令和5年3月 | 令和5年4月 |
| D | 名古屋市 | 〃 | | 豊橋川改修工事の内掘削工事 | 名古屋市 | 沖島一平 | ✓ | 2,500 千円 | 令和5年5月 | 令和5年5月 |
| E | 角内産業 | 〃 | | 角の内ビル新築工事の内 外構工事 | 東京都千代田区 | 半田五郎 | ✓ | 2,000 千円 | 令和5年1月 | 令和5年1月 |
| F | 豊川工務店 | 〃 | | 豊川アパート改築工事の内 足場仮設工事 | 〃 | 岡崎三男 | ✓ | 1,900 千円 | 令和4年10月 | 令和4年11月 |
| G | 千寿商会 | 〃 | | 栄ビル新築工事の内 くい打工事 | 〃 | 豊田一郎 | ✓ | 1,800 千円 | 令和4年10月 | 令和4年10月 |
| H | 関東地方整備局 | 〃 | | 一般国道99号線道路新設工事 | 〃 | 名古屋三郎 | ✓ | 1,700 千円 | 令和5年2月 | 令和5年3月 |
| I | 関東地方整備局 | 〃 | | 一般国道100号線道路改良工事の内カルバート工事 | 〃 | 愛知太郎 | ✓ | 1,600 千円 | 令和5年4月 | 令和5年4月 |
| J | 注文者N | 〃 | | N邸玄関コンクリート工事 | 東京都足立区 | 岡崎三男 | ✓ | 1,500 千円 | 令和4年12月 | 令和4年12月 |
| K | 注文者O | 〃 | | O邸新築工事の内基礎工事 | 東京都中央区 | 豊田一郎 | ✓ | 1,000 千円 | 令和5年4月 | 令和5年5月 |
| L | 国交 建設 | 下請 | | | 〃 | 岡崎三男 | ✓ | | | 5年5月 |
| M | 関東 建設 | 〃 | | 県道123号線道路側側溝工事 | 東京都新宿区 | 岡崎三男 | ✓ | 7,000 千円 | | |

| | 件 | 千円 | うち元請工事 千円 |
|---|---|---|---|
| 小計 | 13 | 45,700 | 30,700 |
| 合計 | 52 | 65,000 | 50,000 |

①元請工事の完成工事に係る7割部分

②下請工事に係る完成工事

B~Kの件数≧10件

……「軽微な工事」

1. 軽微な工事について10件を超える部分は記載不要

2. 記載額が全ての完成工事高の合計額の7割を超えたので記載終了

ページごとの完成工事高の合計額(A~M)

ページごとの元請工事に係る完成工事高の合計額(A~K)

元請工事に係る完成工事高の合計額

全ての完成工事高の合計額

様式第二号 (第二条、第十九条の八関係)

(建設工事の種類)

とび・土工・コンクリート工事

# 工事経歴書

( 税込 ・ 税抜 )

※記載例 2 工事経歴書記載例
（全体で軽微な工事が10件に達した場合）

| | 注文者 | 元請又は下請の別 | JVの別 | 工事名 | 工事現場のある都道府県及び市区町村名 | 配置技術者 氏名 | 主任技術者 | 請負代金の額（千円） | うち PC・法面処理・鋼橋上部（千円） | 着工年月 | 完成又は完成予定年月 |
|---|---|---|---|---|---|---|---|---|---|---|---|
| A | 注文者U | 元請 | | U邸木造住宅外構工事 | 東京都千代田区 | 東京一郎 | ✓ | 10,000 | | 令和4年12月 | 令和5年1月 |
| B | 注文者S | 〃 | | S邸新築基礎工事 | 〃 | 愛知太郎 | ✓ | 4,500 | | 令和5年2月 | 令和5年3月 |
| C | 錦不動産 | 〃 | | 錦住宅敷地盛土及び基礎工事 | 〃 | 一宮二郎 | ✓ | 3,200 | | 令和5年3月 | 令和5年4月 |
| D | 関東建設 | 下請 | | 豊橋川改修工事の内掘削 | | 半田五郎 | ✓ | 8,000 | | 令和5年5月 | 令和5年5月 |
| E | 角内産業 | 〃 | | 角の内ビル新築工事の内外構工事 | | | ✓ | 5,500 | | 令和5年1月 | 令和5年1月 |
| F | 中部塗装 | 〃 | | 豊川アパート改築工事の内足場仮設工事 | | 岡崎三男 | ✓ | 2,500 | | 令和4年10月 | 令和4年11月 |
| G | 近畿組 | 〃 | | 栄ビル新築工事の内くい打工事 | | 豊田一郎 | ✓ | 2,000 | | 令和4年10月 | 令和4年10月 |
| H | 中国建築 | 〃 | | 一般国道99号線道路新設工事 | | 名古屋三郎 | ✓ | 1,900 | | 令和5年2月 | 令和5年3月 |
| I | 四国道路 | 〃 | | 一般国道100号線道路改良工事の内カッター工事 | | 愛知太郎 | ✓ | 1,800 | | 令和5年4月 | 令和5年4月 |
| J | 注文者N | 元請 | | N邸玄関コンクリート工事 | 東京都足立区 | 岡崎三男 | ✓ | 1,700 | | 令和4年12月 | 令和4年12月 |
| K | 東北建設 | 下請 | | O邸新築工事の内基礎工事 | 東京都中央区 | 豊田一郎 | ✓ | 1,600 | | 令和5年4月 | 令和5年4月 |
| L | 国交建設 | 〃 | | 県道758号線道路側溝工事 | | 岡崎三男 | ✓ | 1,500 | | 令和5年5月 | 令和5年5月 |
| M | 関東建設 | 〃 | | 県道123号線道路側溝工事 | 東京都新宿区 | 岡崎三男 | ✓ | 1,000 | | 令和5年5月 | 令和5年5月 |

| | 件 | 千円 | うち 元請工事（千円） |
|---|---|---|---|
| 小計 | 13 | 45,200 | 19,400 |
| 合計 | 52 | 70,000 | 25,000 |

① 元請工事に係る完成工事の工事割部分

② ①以外の元請工事及び下請工事に係る完成工事

1. 元請工事に係る完成工事の合計額の7割超まで記載

2. 軽微な工事が10件に達したため記載終了

B・C+F〜M の件数≦10件 ・・・「軽微な工事」

軽微な工事高の合計額（A〜M）

ページごとの完成工事高に係る完成工事高の合計額

全ての完成工事高の合計額

ページごとの元請工事に係る完成工事高の合計額（A〜C+J）

元請工事に係る完成工事高の合計額

046

# 工事経歴書

とび・土工・コンクリート工事　（税込・税抜）
（建設工事の種類）

※記載例３　工事経歴書記載例（全ての完成工事高の合計額７割に達した場合）

| | 注文者 | 元請又は下請の別 | JVの別 | 工事名 | 工事現場のある都道府県及び市区町村名 | 配置技術者 氏名 | 主任技術者又は監理技術者の別（該当箇所に印を記載）主任技術者 監理技術者名 | 請負代金の額 | うちPC（法面処理・鋼橋上部） | 工期 着工年月日 | 完成又は完成予定年月 |
|---|---|---|---|---|---|---|---|---|---|---|---|
| A | 注文者U | 元請 | | U邸木造住宅外構工事 | 東京都千代田区 | 東京一郎 | ✓ | 100,000千円 | 千円 | 令和4年12月 | 令和5年1月 |
| B | 注文者S | 〃 | | S邸新築基礎工事 | 〃 | 愛知太郎 | ✓ | 60,000千円 | 千円 | 令和5年2月 | 令和5年3月 |
| C | 錦不動産 | 〃 | | 錦住宅敷地盛土及び基礎工事 | 〃 | 一宮一郎 | 〃 | 3,200千円 | 千円 | 令和5年3月 | 令和5年4月 |
| D | 岡央建設 | 下請 | | 豊橋川改修工事の内堀削 | | 半田五郎 | 〃 | 8,000千円 | 千円 | 令和5年4月 | 令和5年5月 |
| E | 北陸産業 | 〃 | | 丸の内ビル新築工事の内外構工事 | | 半田五郎 | 〃 | 7,500千円 | 千円 | 令和5年5月 | 令和5年1月 |
| F | 中部塗装 | 〃 | | 豊川アパート改築工事の内足場仮設工事 | | 岡崎三男 | 〃 | 6,300千円 | 千円 | 令和4年10月 | 令和4年11月 |
| G | 近畿組 | 〃 | | 栄ビル新築工事の内くい打工事 | | 豊田一郎 | 〃 | 5,100千円 | 千円 | 令和4年10月 | 令和4年10月 |
| H | 中国建築 | 〃 | | 一般国道９９号線道路新設工事 | | 名古屋三郎 | 〃 | 2,000千円 | 千円 | 令和5年2月 | 令和5年3月 |
| I | 四国道路 | 〃 | | 一般国道１００号線道路改良工事の内カッター工事 | | 愛知太郎 | 〃 | 1,800千円 | 千円 | 令和5年4月 | 令和5年4月 |
| | | | | | | | | 千円 | 千円 | 年 月 | 年 月 |
| | | | | | | | | 千円 | 千円 | 年 月 | 年 月 |
| | | | | | | | | 千円 | 千円 | 年 月 | 年 月 |
| | | | | | | | | 千円 | 千円 | 年 月 | 年 月 |

小計　9件　193,900千円（X）　うち元請工事 163,200千円
合計　52件　270,000千円（Y）　うち元請工事 233,000千円

注記・囲み：

1. 元請工事に係る完成工事の合計額の７割超まで記載
2. 記載額が全ての完成工事高の合計額の７割を超えたため記載終了

元請工事に係る完成工事高の合計額（A+B+C）
ページごとの元請工事に係る完成工事高の合計額（A～I）
ページごとの完成工事高の合計額（A～I）
全ての完成工事高の合計額
元請工事に係る完成工事高の合計額

A～Cの合計額 ≧ Yの7割
A～Iの合計額 ≧ Xの7割

・・・・「軽微な工事」

① 元請工事に係る完成工事高の7割部分
② ①以外の元請工事及び下請工事に係る完成工事

# 費用はいくらで、どう払うのか

　申請者は、経審を受ける際に手数料を納めます。経営規模等の審査に関する部分が、経営規模等評価申請と総合評定値請求に分かれているため、以下のように別々に計算して納めることになります。

**【経営状況分析手数料】**

| 分析機関 | 手数料額 | 納付方法 |
|---|---|---|
| （一財）建設業情報管理センター | 電子申請 12,340円（税込）郵送申請 13,880円（税込） | 金融機関の窓口、コンビニ、ATM、ネットバンクから原則払込手数料無料で納付できるPay-easy（ペイジー）を推奨。Pay-easy以外での納付を希望する場合は、建設業情報管理センターにご相談ください。 |
| その他の分析機関 | 各登録経営状況分析機関に問い合わせてください（Q28参照） | |

**【経営規模等評価審査手数料】**

| 区　分 | 手　数　料　額 | 納付方法 |
|---|---|---|
| 大臣許可 | 審査対象建設業種が1業種の場合は 8,100円＋2,300円＝10,400円 以下、1業種増すごとに2,300円を加算した額（＊3） | 収入印紙を貼付（＊4） |
| 知事許可 | | 道府県証紙を貼付または現金納入（＊1、2、4） |

**【総合評定値請求の手数料】**

| 区　分 | 手　数　料　額 | 納付方法 |
|---|---|---|
| 大臣許可 | 審査対象建設業種が1業種の場合は 400円＋200円＝600円 以下、1業種増すごとに200円を加算した額（＊3） | 収入印紙を貼付（＊4） |
| 知事許可 | | 道府県証紙を貼付または現金納入（＊1、2、4） |

（＊1）東京都では、現金でのみ納付可能です。その他については申請先に問い合わせてください。

（＊2）道府県証紙などについては、郵送で取寄せが可能な場合もありますので、申請先に問い合わせてください。

（＊3）経営規模等評価審査手数料と総合評定値請求の手数料の合計は、1業種のときは11,000円、以下、1業種増すごとに2,500円を加算した額となります。
　　　たとえば、2業種のときは11,000＋2,500＝13,500円となり、5業種のときは11,000＋2,500×4＝21,000円となります。

（＊4）建設業許可・経営事項審査電子申請システム（JCIP）による申請の場合の納付方法については、申請先に問い合わせください。

**【審査手数料一覧】**

単位：円

| 申請業種数 | 経営規模等評価審査手数料 | 総合評定値請求の手数料 | 手数料の計 |
|---|---|---|---|
| 1業種 | 10,400 | 600 | 11,000 |
| 2業種 | 12,700 | 800 | 13,500 |
| 3業種 | 15,000 | 1,000 | 16,000 |
| 4業種 | 17,300 | 1,200 | 18,500 |
| 5業種 | 19,600 | 1,400 | 21,000 |
| 6業種 | 21,900 | 1,600 | 23,500 |
| 7業種 | 24,200 | 1,800 | 26,000 |
| 8業種 | 26,500 | 2,000 | 28,500 |
| 9業種 | 28,800 | 2,200 | 31,000 |
| 10業種 | 31,100 | 2,400 | 33,500 |
| 11業種 | 33,400 | 2,600 | 36,000 |
| 12業種 | 35,700 | 2,800 | 38,500 |
| 13業種 | 38,000 | 3,000 | 41,000 |
| 14業種 | 40,300 | 3,200 | 43,500 |
| 15業種 | 42,600 | 3,400 | 46,000 |
| 16業種 | 44,900 | 3,600 | 48,500 |
| 17業種 | 47,200 | 3,800 | 51,000 |
| 18業種 | 49,500 | 4,000 | 53,500 |
| 19業種 | 51,800 | 4,200 | 56,000 |
| 20業種 | 54,100 | 4,400 | 58,500 |
| 21業種 | 56,400 | 4,600 | 61,000 |
| 22業種 | 58,700 | 4,800 | 63,500 |
| 23業種 | 61,000 | 5,000 | 66,000 |
| 24業種 | 63,300 | 5,200 | 68,500 |
| 25業種 | 65,600 | 5,400 | 71,000 |
| 26業種 | 67,900 | 5,600 | 73,500 |
| 27業種 | 70,200 | 5,800 | 76,000 |
| 28業種 | 72,500 | 6,000 | 78,500 |
| 29業種 | 74,800 | 6,200 | 81,000 |

# 経審の有効期間は

**結果通知書を受取った日から、ほぼ1年間です。確定申告や経営状況分析の申請が遅れ、経審申請が遅れた場合には、結果通知書の到着も遅れます。結果通知書が未着期間中に公共工事などを入札で落札しても、発注者と契約を締結できない事態も生じます。申請の提出期限を遵守することも大切になります。**

　基準日が申請者の決算日に変わったことにともない、経審の有効期間を定める必要が生じたので、1995年6月13日付の省令により、建設業法施行規則が改正されました。これにより、公共工事の受注者は「発注者と請負契約を締結する日の1年7カ月前の日の直後の事業年度終了の日以降に経審を受けていなければならない」とされました。

　法人、個人を問わず、通常、決算は年に1度ですから、有効期間は1年とするのが自然ですが、期間の起算点を決算日にしているため、「7カ月」が必要になりました。この7カ月は、決算日から株主総会、確定申告、決算変更届、経審申請書の記載などの社内作業期間を4カ月とみなし、経営状況分析受付け日から経審の結果通知書発送までの標準処理期間の3カ月を合計した期間です。申請者と受理側の作業期間を加味したものといえます（51ページ参照）。

　法で定められた適正な申請などを、たとえば2カ月間ですませれば、遅くとも3カ月後に結果通知が届き、それから1年2カ月間、官庁と請負契約が締結できる状態になるということです。

　内外無差別、参入機会の均等という国の方針に対応して、国とその関係機関は入札参加申請を随時とし、許可、経審を受けていれば、外国企業にも入札に自由に参加させる措置をとっていますが、一方で法定された書類などを法定期間内に提出していないと、入札に参加できません。

## 【当年度決算後2カ月で申請した場合の例】
（前年度は決算後4カ月で申請）

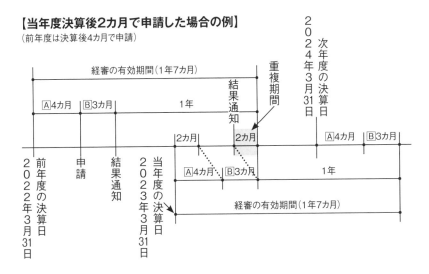

## 【当年度決算後5カ月で申請した場合の例】
（前年度は決算後4カ月で申請）

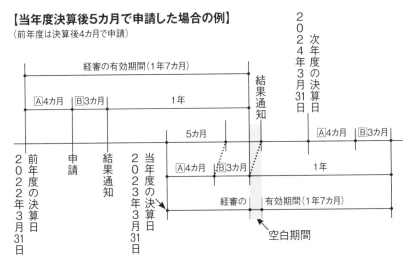

＊ 〝A4カ月〟は社内での申請作業期間、〝B3カ月〟経審の標準処理期間のこと

## 【技術者の雇用期間と建設機械の保有期間の例】

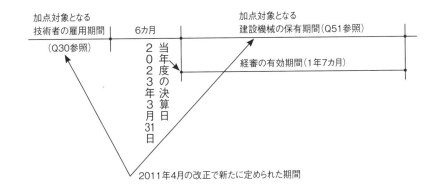

# Q 10 経審を申請する条件は

**経審を申請するには、建設業許可を受けていることが絶対条件になります。許可業者であるとともに、許可申請後の変更事項も変更届として提出してあることも条件です。**

　新規に建設業許可を受けた申請者は、基準日などについて特例的な取扱いが受けられますので、担当窓口へ相談してください。

　また、決算日以降は、決算終了にともなう事業年度報告書の提出まで、経審を申請することはできません。決算終了にともなう事業年度報告書の提出以降は、次の決算日を迎えるまで申請可能です。詳しくは、担当窓口に相談してください。

# 許可取得から入札参加までの手続は

許可を受けた建設業者は、経審を受けて公共工事の入札に参加することができます。従来は必ずしも経審を受けなくとも入札に参加できましたが、1994年の改正で経審が義務付けられましたので、経審を受けないと入札に参加できませんし、入札参加資格があって落札しても総合評定値通知書がない場合は、契約できない事態も生じます（Q4参照）。

入札参加申請には、「業種の取扱い」「完成工事高配分」「資格審査」の3点について注意が必要です。建設業許可が都道府県単位であるのに対し、入札は市区町村、都道府県、国の省庁、その他の政府関係機関とさまざまな発注者ごとに制度が定められていることによります。そして、発注者によっては、建設業法で定める29業種とは異なる工事分類を採用している場合があり（54ページ参照）、この場合、29業種の完成工事高を発注者の示す工事分割内訳表によって構成し直すことになります。

また、入札参加申請に際して、別途「申請資格」が問われる場合があり、たとえば都道府県、市区町村では、①当該地方税を完納していること、②2年以上営業していること——などを申請資格としているケースがあります。

## 【許可から入札まで】

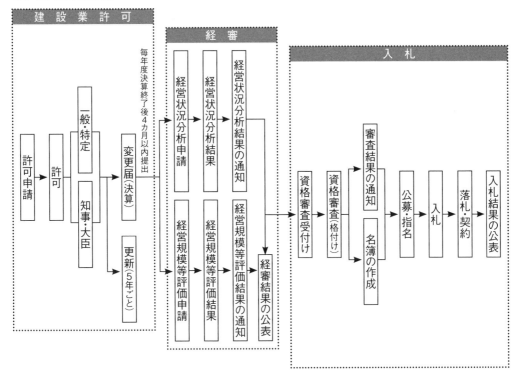

## 【希望工事種別と建設工事（許可）の種類の対応】

*国土交通省地方整備局（道路・河川・官庁営繕・公園関係）および国土技術政策総合研究所（横須賀庁舎を除く）の例ですので、各申請窓口に確認してください。

| 希望工事種別 | 建設工事（許可）の種類 | 希望工事種別 | 建設工事（許可）の種類 |
|---|---|---|---|
| 一般土木工事 | 土木一式工事 | 法面処理工事 | 土木一式工事 |
| | ○とび・土工・コンクリート工事 | | ○とび・土工・コンクリート工事 |
| | ○石工事 | | ○防水工事 |
| | ○タイル・れんが・ブロック工事 | 塗装工事 | 塗装工事 |
| | ○水道施設工事 | 維持修繕工事 | 土木一式工事 |
| | ○解体工事 | | ○とび・土工・コンクリート工事 |
| アスファルト舗装工事 | 舗装工事 | | ○石工事 |
| 鋼橋上部工事 | 鋼構造物工事 | | ○電気工事 |
| | ○とび・土工・コンクリート工事 | | ○タイル・れんが・ブロック工事 |
| | ○解体工事 | | ○舗装工事 |
| 造園工事 | 造園工事 | | ○塗装工事 |
| 建築工事 | 建築一式工事 | | ○防水工事 |
| | ○大工工事 | | ○機械器具設置工事 |
| | ○左官工事 | | ○解体工事 |
| | ○とび・土工・コンクリート工事 | 河川しゅんせつ工事 | しゅんせつ工事 |
| | ○石工事 | グラウト工事 | 土木一式工事 |
| | ○タイル・れんが・ブロック工事 | | ○とび・土工・コンクリート工事 |
| | ○鋼構造物工事 | | ○解体工事 |
| | ○防水工事 | 杭打工事 | とび・土工・コンクリート工事 |
| | ○内装仕上工事 | | ○解体工事 |
| | ○建具工事 | さく井工事 | さく井工事 |
| | ○清掃施設工事 | プレハブ建築工事 | 建築一式工事 |
| | ○解体工事 | 機械設備工事 | 機械器具設置工事 |
| 木造建築工事 | 建築一式工事 | | ○鋼構造物工事 |
| | ○大工工事 | 通信設備工事 | 電気通信工事 |
| | ○左官工事 | | ○鋼構造物工事 |
| | ○とび・土工・コンクリート工事 | 受変電設備工事 | 電気工事 |
| | ○屋根工事 | 橋梁補修工事 | 土木一式工事 |
| | ○タイル・れんが・ブロック工事 | | ○とび・土工・コンクリート工事 |
| | ○内装仕上工事 | | ○石工事 |
| | ○建具工事 | | ○電気工事 |
| | ○解体工事 | | ○タイル・れんが・ブロック工事 |
| 電気設備工事 | 電気工事 | | ○鋼構造物工事 |
| 暖冷房衛生設備工事 | 管工事 | | ○鉄筋工事 |
| | ○熱絶縁工事 | | ○舗装工事 |
| | ○水道施設工事 | | ○塗装工事 |
| | ○消防施設工事 | | ○防水工事 |
| セメント・コンクリート舗装工事 | 舗装工事 | | ○機械器具設置工事 |
| プレストレスト・コンクリート工事 | 土木一式工事 | | ○電気通信工事 |
| | ○とび・土工・コンクリート工事 | | ○解体工事 |
| | ○解体工事 | | |

\* 〝建設工事（許可）の種類〟の欄の○印は、たとえば「一般土木工事」を希望する者が、建設工事（許可）の種類のうち「石工事」の許可をとって申請した場合、「一般土木工事」の資格の認定を受けることができるが、実際の受注の対象となるのは、一般土木工事のうち石工事のみを単体で発注する場合のみ。

# Q 12 なぜ経審は義務付けられたか

経審の義務付けの趣旨は、公共工事における適正施工確保の目的達成のため、客観的審査である経審に不良・不適格業者排除という考え方を盛り込むことにありました。このように義務化し公開すれば、ウェブ上などで、多くの公共工事発注者が受注希望する建設業者の総合評定値Pなどの閲覧ができるようになるからです。

公共工事に参加する建設業者について、1994年改正時に「建設業者は審査を受けなければならない」となり、義務化されました（法第27条の23第1項）。

この条文改正は、経審が1961年に法制化されて以来のことで、わが国の発注行政と建設業行政をつなぐ経審制度にとって、将来に向けた適切な実体的改正でした。

この義務付けは、全国の公共発注者の客観的基準であるとともに、国が所管する経審の存在意義を確立し、入札参加資格審査申請における経審の重要性を強調させました。

そして、この改正当時の世相であった貿易自由化の拡大を図るために、政府調達分野において協定が必要になり、建設業も内外無差別などの国際的規律の枠組みを設けるという認識に立って検討することを迫られていた時代でした。

そのため、入札参加資格審査の一環としての建設業者の経審数値の公開は、「開かれた公共工事市場」と諸外国に受取られました。

一方、新たに参入する建設業者の適正施工確保という目的を達成するために、不良・不適格業者排除という措置を講じる必要に迫られました。

経審数値の公開は、さまざまなところで、意図してか否かとは別に予想以上の効果がありました。公共工事発注者からすれば、各建設業者の技術者、工事種別の規模、経営状況などにもとづいた総合評定値Pがわかります。

また、予想した以上の効果の1つとして、「駆け込みホットライン」（競争相手からの虚偽申請などの通報）設置にもつながりました（Q13参照）。

# 虚偽申請などの防止策は （＊改正）

　国土交通省は、経審の公正性を確保するために、2011年1月から登録経営状況分析機関との連携を強めることで虚偽申請の防止対策の運用面を改善し、一層の強化を図っています。2007年4月1日に各地方整備局に設置された「建設業法令遵守推進本部」の「駆け込みホットライン」および「建設業フォローアップ相談ダイヤル」に寄せられた法令違反疑義情報等の件数は、2019年度には1,500件を超え、建設業者に対する立入検査等も同年度は500件以上実施されています。

## 登録経営状況分析機関が行う疑義項目チェックの再構築

　登録経営状況分析機関が行っている異常値確認のためのチェック項目について、倒産した企業や処分を受けた企業などの最新の財務データをもとに、基準や指標について見直されました。

　疑義項目については追加書類を求め、その真正性を確認し、極端な異常値を示す申請については、審査行政庁に情報を直接提供する仕組みがつくられました。審査行政庁は、この情報を原本の確認や立入検査などを実施する重点審査対象企業の選定に活用できるようになっています。

## 審査行政庁が行う相関分析の見直しと強化

　審査行政庁は、完成工事高と技術職員数値の異常値の相関分析について、最新のデータをもとに新たな基準値の修正を行いました。

　技術職員数値当たりの完成工事高が許容上限を超える場合は完成工事高に水増しがあるのではと疑われますし、逆に許容下限を下回る完成工事高である場合は技術職員数が実際より多く計上されているのではと疑われます。

## 審査行政庁と登録経営状況分析機関との連携の強化

　2011年1月以降、国土交通省は、防止対策強化の方針を明確にし、経審によって企業実態がより適正に評価できる取組みを実施しています。

　審査行政庁は、登録経営状況分析機関からの情報提供や駆け込みホットラインなどの情報を活用して虚偽申請の疑いのある重点審査対象企業の選定を行っています。

　証拠書類の追加徴収や原本確認、対面審査や立入検査などを行うことによって、虚偽申請防止対策を強化しています。

2011年１月１日以降の申請に係るものからこれらの取組みが実施されています。国土交通省は、防止対策強化の方針を明確にしたことで、経審によって企業実態がより適正に評価されるものと期待しています（Q46参照）。

　虚偽申請の処分は30日以上の営業停止、監査の受審状況W$_{5-1}$において加点されていた企業の場合でかつ監査の受審対象となった財務諸表などに虚偽があった場合は45日以上の営業停止となっています。


## 標準請負契約約款改正について（＊改正）

　建設工事の請負契約では、締結する当事者間の力関係により、契約条件が一方にだけ有利に定められてしまうという、いわゆる請負契約の片務性の問題が生じやすいことから、建設業法は、法律自体に請負契約の適正化のための規定（法第３章）をおき、中央建設業審議会（中建審）が当事者間の具体的な権利義務の内容を定める標準請負契約約款を作成し、その実施を当事者に勧告しています（法第34条第２項）。

　中建審は、公共工事用として「公共工事標準請負契約約款」、民間工事用として「民間建設工事標準請負契約約款」（甲）および（乙）、下請工事用として「建設工事標準下請契約約款」を作成し、実施を勧告しています。

　また、民法のうち債権法部分について改正が行われ、その後、災害の激甚化・頻発化や危険な盛土等の発生を防止するため建設発生土の搬出先の明確化が求められていることなどを踏まえるとともに、公共工事におけるさらなる暴力団排除の徹底のために改正され、2022年６月21日より施行されました。

　それぞれの建設工事標準請負契約約款とは以下のとおりです。
① 公共工事標準請負契約約款
　公共工事のほか、電力、ガス、鉄道、電気通信など準公共的工事が対象
② 民間建設工事標準請負契約約款（甲）
　民間の大規模工事が対象
③ 民間建設工事標準請負契約約款（乙）
　個人住宅など民間の小規模工事が対象
④ 建設工事標準下請負契約約款
　公共工事・民間工事を問わず下請契約全般が対象


## 立入検査とは

　経審などにおいて不正事実の申告などを行った建設業を営む者に対して、所管大臣、知事が特に必要があると認めるとき、許可行政庁職員が営業所など関係場所に入り、帳簿その他の物件を調査することを「立入検査」といいます。

　立入検査の対象者は建設業を営むすべての者で、許可業者、経審申請業者に限りません。

立入検査を行う場所は、対象者の営業所や工事施工現場、倉庫などです。検査点検書類は、営業所では請負契約約款の作成状況、その内容の実施フロー、施工現場では施工体制台帳の作成状況、その内容の実施フロー、施工体制図の掲示などです。国土交通省の「建設業法令遵守ガイドライン」（2022年8月改訂第8版）などに記載されていますので、これを参考にしてください。

　立入検査の結果、たとえば下請への見積り条件と見積り期間が法令遵守（法第20条第3項、令第6条）をされていない場合は、営業の停止となることもあります。

　上記ガイドラインの趣旨である「適正な競争」や「技術と経営に優れた企業の生き残り」を実現するため、「不良・不適格業者の排除」の手段として厳正に行われ、実際に多くの立入検査が実施されており、決して他人事ではないことを肝に銘じなければいけません。

　経審書類などの作成をする行政書士は、工事経歴書や財務諸表、その他確認資料などを作成する際、内容に虚偽がないよう細心の注意を払う必要があります。また、法令遵守にもとづいた経営管理を建設業者とともに考えることが重要でしょう。

# 激変緩和措置とは

　建設業者のリストラや急激な受注減などの事情の変化があった場合、そのための経審の評価の減少を緩やかにするために審査対象年だけでなく、**審査対象年の前年までの2年平均または前々年までの3年平均を選択できる項目があります。**

　$X_{2-1}$の自己資本額は、基準決算と、直前の審査基準日との2年平均のいずれかを選択できます。自己資本額は金額（数値）が大きいほど有利になるので、直前の審査基準日の金額が高ければ、2期平均を選択したほうが有利となります。

　$X_1$の完成工事高は、審査対象事業年度と前審査対象事業年度との2年平均、または前々審査対象事業年度までの3年平均のいずれかを選択できます。前々審査対象事業年度の金額が大きいときは、3年平均を選択したほうが有利と思えますが、Wの点数が下がることがありますので注意が必要です。これは、公認会計士等の数$W_{5-2}$（Q49参照）においても同じ数値を利用しますが、平均完成工事高が少ないと有利に作用するためです。

　また、$Z_2$（Q29参照）の元請完成工事高も、同じ（2年または3年）平均を選択することになります。こちらは、平均元請完成工事高が多いほど、有利となりますが、申請業種によっては、元請＋下請の工事高は多いのに、元請完成工事高は少ないということもありますので、注意が必要です。

※なお、2年平均をとるか、3年平均をとるかについては、申請業種ごとに変えることはできません。1業種を2年平均とすれば、すべての申請業種が2年平均を選択することになりますので、申請業種のうち、ある業種は2年平均のほうが$X_1$数値が高くなるのに、別の業種は3年平均のほうが$X_1$数値が高くなるときなどは、$Z_2$や$W_{5-2}$への影響も考慮したうえで、どの業種が高くなる数値を選択するかを、決定しなければなりません。どの業種に最も力を入れて申請するのか、また、入札参加資格に格付けがある業種では、格付けについてのシミュレーションをしてから決定すべきでしょう。

【選択肢】

| $X_{2-1}$の自己資本額 | $X_1$の完成工事高 | ⇒連動　$Z_2$の元請完成工事高 | 公認会計士等の数$W_{5-2}$ |
|---|---|---|---|
| 当期（基準決算） | 2年平均　⇒ | 2年平均 | 2年平均完成工事高 |
| | 3年平均　⇒ | 3年平均 | 3年平均完成工事高 |
| 前期（直前の審査基準日との2期平均） | 2年平均　⇒ | 2年平均 | 2年平均完成工事高 |
| | 3年平均　⇒ | 3年平均 | 3年平均完成工事高 |

## 【例1　㈱日本一郎建設の場合】

| 工事業種名 | 完成工事高 | | | 元請完成工事高 （千円） | | |
|---|---|---|---|---|---|---|
| | 前々期 | 前期 | 当期 | 前々期 | 前期 | 当期 |
| 土木一式 | 80,230 | 98,566 | 102,352 | 80,230 | 98,566 | 102,352 |
| プレストレストコンクリート | 0 | 0 | 0 | 0 | 0 | 0 |
| 建築一式 | 0 | 0 | 0 | 0 | 0 | 0 |
| とび・土工・コンクリート | 10,213 | 29,111 | 18,426 | 10,213 | 29,111 | 10,230 |
| 法面処理 | 0 | 0 | 0 | 0 | 0 | 0 |
| 舗装 | 55,905 | 40,582 | 42,246 | 55,905 | 40,582 | 42,246 |
| 水道施設 | 30,000 | 20,043 | 38,863 | 30,000 | 20,043 | 38,863 |
| その他 | 0 | 0 | 0 | 0 | 0 | 0 |
| 完成工事高合計 | 176,348 | 188,302 | 201,887 | 176,348 | 188,302 | 193,691 |

| | | 総合評定値P | | | |
|---|---|---|---|---|---|
| 完成工事高 | | 2年平均 | | 3年平均 | |
| 業種コード | 自己資本額 | ★ 審査対象事業年度 | 2期平均 | 審査対象事業年度 | 2期平均 |
| 010 | 土木一式 | ☆ 812 | ☆ 812 | 809 | 809 |
| 011 | プレストレストコンクリート | ☆ 704 | ☆ 704 | ☆ 704 | ☆ 704 |
| 020 | 建築一式 | ☆ 679 | ☆ 679 | ☆ 679 | ☆ 679 |
| 050 | とび・土工・コンクリート | ☆ 746 | ☆ 746 | 741 | 741 |
| 051 | 法面処理 | ☆ 679 | ☆ 679 | ☆ 679 | ☆ 679 |
| 130 | 舗装 | 780 | 780 | ☆ 783 | 783 |
| 260 | 水道施設 | 756 | 756 | ☆ 757 | ☆ 757 |

☆は　各業種の最高点。
★は　土木一式を重視する場合の採用する数値。

　　㈱日本一郎建設は、舗装工事業では完成工事高で3年平均を採用したほうが総合評定値Pは高いのですが、土木一式を重視するため、土木一式が812＞809となるすべての業種で2年平均を使用します（また、自己資本額は基準決算のみを採用したほうが高い数値となります）。

## 【例2　完成工事高が徐々に減少してきた場合】

　　激変緩和措置が（例1よりさらに）効果を発揮するのは、年々徐々に完成工事高が減少したときです。そこで、以下のような前々期＞前期＞当期と、完成工事高が減少した例で見てみましょう（完成工事高は以下のように変わりましたが、その他の数値は㈱日本一郎建設と同じ数値を用いて試算しています）。

| 工事業種名 | 完成工事高 | | | 元請完成工事高 | | （千円） |
| | 前々期 | 前期 | 当期 | 前々期 | 前期 | 当期 |
|---|---|---|---|---|---|---|
| 土木一式 | 102,352 | 98,566 | 80,230 | 102,352 | 98,566 | 80,230 |
| プレストレストコンクリート | 0 | 0 | 0 | 0 | 0 | 0 |
| 建築一式 | 0 | 0 | 0 | 0 | 0 | 0 |
| とび・土工・コンクリート | 18,426 | 29,111 | 10,213 | 10,230 | 29,111 | 10,213 |
| 法面処理 | 0 | 0 | 0 | 0 | 0 | 0 |
| 舗装 | 42,246 | 55,905 | 42,246 | 42,246 | 55,905 | 42,246 |
| 水道施設 | 38,863 | 30,000 | 38,863 | 38,863 | 30,000 | 38,863 |
| その他 | 0 | 0 | 0 | 0 | 0 | 0 |
| 完成工事高合計 | 201,887 | 213,582 | 171,552 | 193,691 | 213,582 | 171,552 |

| 業種コード | 完成工事高 自己資本額 | 総合評定値（P） | | | | |
| | | 2年平均 | | 3年平均 | | |
| | | 審査対象基準年度 | 2期平均 | ★ 審査対象基準年度 | 2期平均 | |
|---|---|---|---|---|---|---|
| 010 | 土木一式 | 808 | 808 | ☆ 809 | ☆ 809 | |
| 011 | プレストレストコンクリート | ☆ 704 | ☆ 704 | ☆ 704 | ☆ 704 | |
| 020 | 建築一式 | ☆ 679 | ☆ 679 | ☆ 679 | ☆ 679 | |
| 050 | とび・土工・コンクリート | ☆ 742 | ☆ 742 | 741 | 741 | |
| 051 | 法面処理 | ☆ 679 | ☆ 679 | ☆ 679 | ☆ 679 | |
| 130 | 舗装 | ☆ 785 | ☆ 785 | 783 | 783 | |
| 260 | 水道施設 | 760 | 760 | ☆ 761 | ☆ 761 | |

☆は　各業種の最高点。
★は　土木一式を重視する業者の場合の採用する数値。

　　以上の例2のように、土木一式では完成工事高で3年平均を採用したほうが（自己資本額は基準決算を採用した場合）808＜809となり、総合評定値Pは高くなります。

　　また、舗装では2年平均を採用したほうが785＞783と高くなりますが、土木一式を重視する場合は、すべての業種で3年平均を採用することになります。

# 第2章

## 評点XからWまで

# 経営規模Xとは

　経営規模は「工事種類別年間平均完成工事高$X_1$」と「自己資本額および平均利益額$X_2$」によって評価されます。

　工事種類別年間平均完成工事高$X_1$とは、建設業許可を受けた業種のうち経審受審を希望する業種（審査対象建設業）について、直前2年間（激変緩和措置（Q14参照）を利用すれば3年間）の平均完成工事高をいいます。

　これは規模（量）としての完成工事高ですから、その内容が元請工事であるか下請工事であるか、あるいは公共工事であるか民間工事であるかは問いません。当然のことながら、完成工事高の多いほうが高い評点を得ます。

　$X_1$の評点テーブルは、下は1,000万円未満から、上は1,000億円以上の42段階に区分され、それぞれに該当する評点を得ることになりますが、この評点テーブルは、2011年4月1日に改正されました（24ページ参照）。

　建設投資の減少がこれからも続くと考えられることと、ランクの低下を防ぐため、無理な受注により完成工事高を確保することのないようにとの配慮から改正されたもので、建設投資の見通しから算出された予想平均点が700点程度となるように、修正が行われました。

　この結果、改正前の数値の687.56分の700倍となるように評点テーブルが改正されています。

　なお、指定された業種間では、年間平均完成工事高をその内容に応じていずれかの年間平均完成工事高に含めることができます。詳細は、行政書士に問合わせてください。

　自己資本額および平均利益額$X_2$は、「自己資本額$X_{2-1}$」と「平均利益額$X_{2-2}$」によって評価されます。

　自己資本額$X_{2-1}$は、財務諸表上の「純資産合計」で評価されます。自己資本額については激変緩和措置（Q14参照）の適用があり、基準決算のみ、もしくは直前の審査基準日との平均のいずれかを選択できます。

　また、平均利益額$X_{2-2}$は、「営業利益」と「減価償却実施額」の合計を、審査対象年度と前年度の2年平均をとることで評価されます。

　$X_2$の評点は、$X_{2-1}$と$X_{2-2}$の評点テーブルから得られたそれぞれの評点を、以下の計算式によって計算して算出されます。

$$X_2 = \frac{(X_{2-1} + X_{2-2})}{2}$$

# 工事種類別年間平均完成工事高 $X_1$ の評価とは

**「工事種類別年間平均完成工事高 $X_1$」は、受審する建設業者の規模（大きさ）を評価する最大の項目です。年間に10億円の工事を完成させている実績があるのか、100億円の工事を完成させている実績があるのかということは、建設業者の工事施工能力を評価するために、なくてはならない数値であるといえます。**

$X_1$ は申請業種ごとに算出・評価されますが、「土木一式工事」「とび・土工・コンクリート工事」「鋼構造物工事」は、「ＰＣ（プレストレストコンクリート）工事」「法面処理工事」「鋼橋上部工事」についても評価されます。

ただし、組織変更や決算期の変更、あるいは合併や譲渡などの理由で、平均する2年が24カ月に満たない場合（3年平均のときは36カ月に満たない場合）は、特殊な計算によって換算されます。

換算方法は、手引などに掲載されていることもありますが、少々複雑な計算となっていますので、申請窓口や経審業務を行っている行政書士に相談してください。

$X_1$ の評点テーブルは、2011年4月1日から改正されました（24ページ参照）。

建設投資が縮小し、$X_1$ の平均点が減少していたため、無理な受注によりランクの低下を防ごうとするケースも現れたことなどから、点数が上がるよう評点テーブルが上方補正されたのです。

これは、全体としてバランスのとれた評価と適正な競争参加機会や競争環境を確保するためであり、予想平均点は改正前より約12点上がるとされています。

経審では完成工事高について、下は1,000万円未満から上は1,000億円以上の42段階に区分し、それぞれの区分に該当する評点テーブルを設定しています。

改正により評点幅は、$390 \times 700 / 687.56 = 397$ 点から $2,268 \times 700 / 687.56 = 2,309$ 点となりました。建設投資額の減少幅から、2010年度の予想平均点を計算した結果、687.56点となったため、予想平均点が700点程度となるよう評点テーブルが上方修正されたためです。つまり、完成工事高がゼロでも397点が与えられ、1,000億円以上はすべて2,309点となります。

また、$X_1$ には激変緩和措置（Q14参照）が適用されますので、審査対象事業年度と前年度との2年平均、または前々年度までの3年平均の有利なほうを選択できます。

なお、経営状況分析では、「完成工事高」は「売上高」と表現されていることがあります。

また、契約後ＶＥ（コスト縮減が可能となる技術提案を行い、採用されたために契約金額が減額となった場合）では、減額変更前の契約額で受審できます。

# X₁における消費税納税証明書などの活用とは

**「工事種類別年間平均完成工事高X₁」が、総合評定値に占める比重として技術力Zと並んで最も高いものであることから、完成工事高の水増し申請などの虚偽申請の防止が大きな課題です。これを未然に防ぐために、消費税確定申告書の控え、および消費税納税証明書（その1）の提出を求めることになっています。**

平成12年6月22日付の国土交通省の通知文書により、経審において消費税確定申告書控え、および消費税納税証明書の提出を求めることになりました。

国税庁次長より、消費税（地方消費税を含む）の滞納を未然に防止するために、経審において消費税納税証明書を活用するように協力依頼があり、これを受けるかたちで完成工事高の審査を厳格に行うことにより、消費税の滞納防止につなげていこうというものです。

一方、完成工事高X₁が、総合評定値に占める比重として技術力Zと並んで最も高く、建設業者も重要視しているため、X₁評点の虚偽申請を防止することが必要とされます。消費税確定申告書に記載されている課税標準額が経審申請者の売上高を反映しており、課税標準額を確認することが完成工事高の数値の信憑性を高めるために有効であると考えられます。

具体的には、審査対象事業年度の消費税確定申告書控えの提示を求め、この消費税確定申告書における課税標準額が申請者の審査対象事業年度における売上高（完成工事高に兼業事業売上高を加算したもの）以上であることを確認することとしています。

さらに、審査において課税標準額が申請者の売上高未満である場合には、その理由を求めるとともに、必要に応じて請負契約書などを提出させ、申請者の完成工事高など財務諸表の数値に誤りがないことを確認することを求めています。もし、虚偽申請の事実があり、それが故意に行われたと認められる場合には、法第50条第1項第4号に該当するものとして告発を含めて、厳重な処分をすることとしています。

消費税納税証明書の確認は、消費税の滞納防止の観点から実施されるものですが、同時に消費税確定申告書控えと照合することにより、提出された消費税確定申告書控えが真正なものであるかを確認する資料となります。

したがって、消費税納税証明書は「国税通則法施行規則別紙第8号書式その1」（いわゆる納税証明書その1納税額用とされているもの）を確認資料として用意することになります。証明された金額が消費税確定申告書の控えの項番⑨国税差引税額と項番⑳地方税納税額との合計と一致していることが確認されます。

また、未納額がある場合には、速やかに完納するよう指導することとされています。もし、当該証明書の納付すべき税額と消費税確定申告書の差引き税額が一致しない場合には、その理由を確認し、必要に応じて修正申告書などの提示を求め、万一、申請者の完成工事

高が虚偽記載などであり、それが故意に行われたものと認められる場合には、法第50条第1項第4号に該当するものとして、告発も含めて厳正な処分をすることとなっています。

なお、平成16年4月19日付の告示（国土交通省告示第482号）により、大臣許可については、経営規模等評価申請および総合評定値請求において「審査対象年度の消費税確定申告書の控えおよびその添付書類（付表2等）の写しならびに消費税納税証明書の写し」の提出が義務付けられたことにより、完成工事高の水増し防止に対するより厳しい対策がとられています。

たとえば、完成工事高が消費税確定申告書の課税標準額より多い場合は、完成工事高が正しくない可能性が高く、完成工事高を税込みで処理していたり、不動産売買等の収入を完成工事高に含んでいたり、修正後の申告書を提示していなかった、といったことが考えられます。

また、完成工事高が消費税確定申告書の課税標準額より多くなる場合の例として、米軍基地工事や海外工事などの実績があることが原因として考えられますが、その場合は契約書などの証明書類を求められます。

工事収入以外の金額を計上しているなど、完成工事高の誤りであれば、決算変更届の差替え変更や、経営状況分析の受け直しなどが必要になってきますので注意が必要です。

# 自己資本額および平均利益額X₂の評価とは

「自己資本額および平均利益額X₂」は、X₁とともに経営規模を表す指標の1つです。X₂のウェイトは0.15で、これは、総合評定値Pには、X₂の15%が反映されるという意味です。

　X₂評点は、X₁評点と同様に規模の評価ですが、規模にあった分け方をしているところが特徴となっています。

　X₂評点の算出方法は、X₂₋₁、X₂₋₂それぞれ評点を算出し（25、26ページ参照）、以下のようにX₂₋₁とX₂₋₂の平均をとる方法で算出されます。

$$X_2 = \frac{X_{2\text{-}1} + X_{2\text{-}2}}{2} \quad （小数点以下切捨）$$

　X₂は、X₁とともに経営規模を表す指標の1つで、それぞれ絶対値評価です。

　X₂は、経営状況分析Yの7番目（営業キャッシュフロー）と8番目（利益剰余金）の指標と類似しています。

# 19 自己資本額X₂₋₁の評価とは

**「自己資本額X₂₋₁」は、平均利益額X₂₋₂とともにX₂を形成するものです。自己資本額
X₂₋₁は、評点テーブルの計算式を使用して算出されます。**

　評点テーブル（25ページ参照）の計算式にある「自己資本額」に投入する数値は、審査
対象事業年度の数値、または審査対象事業年度と前年度の合計の平均のいずれかを利用す
ることができるようになっています（Q14参照）。

## 自己資本額とは

　自己資本額とは、貸借対照表上、負債純資産合計から負債合計を差引いた「純資産合計」
です。このことは、2006年5月1日の会社法施行にともない、建設業法の省令改正が行わ
れ、財務諸表に表示されています。経審では「純資産合計」を「自己資本額」といいます。
また、かつての利益処分（損失処理）計算書がなくなり、「株主資本等変動計算書」が導
入されていますが、そのなかの「純資産合計」と、貸借対照表上の「純資産合計」は一致
していなければなりません。
　「自己資本額」にたどり着くまでの過程を、法人の財務諸表で説明します。
　建設業法の省令（規則）では、これについての一般法を会社法においているため、それ
にもとづいて説明します。
　また、財務諸表には「株主資本等変動計算書」を付けなければなりません。新会社法で
は剰余金の配当がいつでもできることから、1事業年度における剰余金の変化を記載し、
株主に知らせる必要性が出てきました。
　貸借対照表で従来「資本の部」と呼ばれていたところが、「純資産の部」と呼ばれるよ
うになり、I株主資本、II評価・換算差額等、III新株予約権の3区分に分かれています（98
ページ参照）。
　Iに記載された科目は従来からある部分で、「株主資本」と名称を改めました。
　この中の科目にある「自己株式」とは、自社が発行した株式のことで、従来、取得が原
則禁止されていました。株式が公開されている場合、意図的に相場をコントロールできる
ということからです。
　しかし、金融商品取引法で規制ができるとして緩和され、新会社法では定時総会決議だ
けでなく、臨時総会決議でも可能になりました。
　IIは、有価証券や土地、外貨で取引きした場合の債権債務などを評価、換算し直したと
きの差額金です。
　IIIの「新株予約権」とは、この決算期内に株主に割当てられる権利などです。

これらが「純資産の部」を形成し、それぞれの科目金額を加減して「純資産合計」となり、これが「自己資本額」となります。

　また、気をつけなればならないのは、この「純資産の部」と「株主資本等変動計算書」の各科目が合致しているかを確認することです。合致していない場合、経営状況分析Yにも支障が出ますので気をつけてください。

　個人の場合は、従来の「資本の部」が「純資産の部」となり、「期首資本金＋事業主借勘定＋事業主利益」の合計額から「事業主貸勘定」を控除した金額である「純資産合計」が「自己資本額」になります。

　この「純資産の部」に「負債の部」を加算した金額が「負債純資産合計」（貸方合計）となり、これに対して資産の部の計である「資産合計」が「借方合計」となります。「借方合計」と「貸方合計」は、同じ数字にならなければなりません。

# 平均利益額X2-2の評価とは

「平均利益額」とは、以下のとおり、審査対象事業年度と前年度の各事業年度における営業利益額と減価償却実施額の合計の平均をとる方法で算出されます。この数値を、さらに評点テーブルの該当する計算式（26ページ参照）を使用して求められた数値（小数点以下切捨）がX2-2となります。

$$\frac{\text{営業利益額＋前年営業利益＋減価償却実施額＋前年減価償却実施額}}{2}$$

　この指標は、米国などで企業評価の指標として用いられているEBITDA（イービットディーエー）を参考に経審の指標に取入れられたものです。企業が生み出すキャッシュフローの量を比較的簡易に表す指標です。

　わが国でも、金融機関が融資先企業の債務返済能力を判断する際の指標として使われています。

　この指標は、経営状況分析Yの7番目の指標「営業キャッシュフローの額」とよく似ています（Q27参照）。

＊㈱日本一郎建設の場合の計算例は、Q2を参照してください。

# 経営状況分析Ｙとは

　経営状況分析Ｙは、以下のX₁〜X₈の計算から導き出される数値です（総合評定値Ｐへの影響度は20％です）。なお、このX₁は、総合評定値Ｐの計算に使われる工事種類別年間平均完成工事高のX₁ではありませんので、注意してください。X₂も自己資本額・平均利益額のX₂ではありません。また、分析のX₁〜X₈が、Ｙに対してどの程度影響するのかを「寄与度」と呼んでいます。さらに、X₁〜X₈には、上限値と下限値が設けられていて、その範囲を超える数値となったときは、上限値（または下限値）が採用されます（X₁〜X₈の詳細は、Q24〜27参照）。

　㈱日本一郎建設の数値（資料Ａ）で見てみましょう。

## 負債抵抗力

　倒産判断分析から導かれた指標です。この２指標の寄与度は、合わせると41.3％と最も高く、負債総額と純支払利息が少ないほど良い数値となります（Q24参照）。

① 純支払利息比率X₁（寄与度29.9％）
　実質的な支払利息の負担が売上高に占める割合を評価する指標です。

$$\frac{支払利息 - 受取利息配当金}{売上高（完成工事高＋兼業事業売上高）} \times 100$$

下限値5.100〜上限値△0.300、低いほど良

㈱日本一郎建設の場合

$$\frac{682千円 - 180千円}{201,887千円} \times 100 = 0.2487（小数点以下第４位四捨五入）$$

X₁＝0.249

② 負債回転期間X₂（寄与度11.4％）
　負債総額が月商額に対してどの程度あるかを評価する指標です。

$$\frac{流動負債＋固定負債}{売上高（完成工事高＋兼業事業売上高）÷12}$$

下限値18.000〜上限値0.900、低いほど良

㈱日本一郎建設の場合

$$\frac{34,811千円＋5,000千円}{201,887千円÷12}＝2.3663（小数点以下第4位四捨五入）$$

$X_2＝2.366$

## 収益性・効率性

　総資本（資産合計）の効率性を評価する指標③と、収益性を代表する指標④の組合わせとなっています。この2指標の寄与度は合わせて27.1％です。
　競争激化により影響を受けやすい「売上総利益」と、その期の事業活動の結果である「経常利益」から評価されます。
＊ただし、ペーパーカンパニーが過大に評価されないように総資本（2期平均）の下限値は3,000万円とされています（Q25参照）。

③　総資本売上総利益率$X_3$（寄与度21.4％）
　企業の総資産から、どれだけの売上総利益を獲得できたかを評価する指標です。

$$\frac{売上総利益}{総資本（2期平均）}×100$$

上限値63.600〜下限値6.500、高いほど良
＊総資本（2期平均）が30,000千円以下のときは30,000千円と読替えて計算する。

㈱日本一郎建設の場合

純資本　　当期　　　86,860
　　　　　前期　　　80,297

$$\frac{24,028千円}{83,579千円}×100＝28.7490（小数点以下第4位四捨五入）$$

$X_3＝28.749$

④　売上高経常利益率$X_4$（寄与度5.7％）
　経常利益（その期の損益を最も端的に表している利益）が売上高に占める割合を評価する指標です。

$$\frac{経常利益}{売上高}×100$$

上限値5.100〜下限値△8.500、高いほど良

㈱日本一郎建設の場合

$$\frac{1,965千円}{201,887千円}×100＝0.9733（小数点以下第4位四捨五入）$$

$X_4＝0.973$

## 財務健全性

　財務体質の安全性の指標である自己資本比率⑥と、固定資産に注目した自己資本対固定資産比率⑤の組合わせとなっています（Q26参照）。この2指標の寄与度は合わせて21.4％です。

⑤　自己資本対固定資産比率$X_5$（寄与度6.8％）

　建物や設備などの固定資産に対して、自己資本が占める割合を評価する指標です。自己資本がどの程度固定資産に投資されているかを示す指標とされています。

$$\frac{自己資本（＝純資産合計）}{固定資産}×100$$

上限値350.000〜下限値△76.500、高いほど良

㈱日本一郎建設の場合

$$\frac{47,049千円}{39,743千円}×100＝118.3831（小数点以下第4位四捨五入）$$

$X_5＝118.383$

⑥　自己資本比率$X_6$（寄与度14.6％）

　総資産に占める自己資本の割合を評価する指標です。財務健全性を判断する上で最も重要な指標とされています。

$$\frac{自己資本（＝純資産合計）}{総資本（＝資産合計）}×100$$

上限値68.500〜下限値△68.600、高いほど良

㈱日本一郎建設の場合

$$\frac{47,049千円}{86,860千円}×100＝54.1665（小数点以下第4位四捨五入）$$

$X_6＝54.166$

## 絶対的力量

　企業の営業活動の結果であるキャッシュのフローと、利益の蓄積を評価する指標の組合わせとなっています。1億（円）で割った絶対値で評価し、高いほど良いとされているため、多額の利益がある大企業には有利とされています。この2指標の寄与度は合わせて10.1％です（Q27参照）。

⑦　営業キャッシュフロー（$X_7$、絶対値）（寄与度5.7％）
　企業が1年間に自力でどれだけのキャッシュを稼ぎ出したかを評価する指標です。

$$\frac{\text{前期キャッシュフロー＋当期キャッシュフロー}}{1億（円）} \div 2 \quad（単位：千円）$$

上限値15.000 〜下限値△10.000、高いほど良

### ・前期キャッシュフロー
　＝前期経常利益
　＋前期減価償却実施額
　＋（前期貸倒引当金－前々期貸倒引当金）
　－前期法人税、住民税および事業税
　＋（前々期売掛債権増減額－前期売掛債権増減額）（＊売掛債権増減額＝完成工事未収入金＋受取手形など。ただし、兼業売掛金は含めません。前期より減っていたら、「回収できた（金額）」と考えます）
　＋（前期仕入債務増減額－前々期仕入債務増減額）（＊仕入債権増減額＝工事未払金＋支払手形など。前期より減っていたら、「払ったのでお金は外へ逃げた」と考えます）
　＋（前々期棚卸資産増減額－前期棚卸資産増減額）（＊棚卸資産増減額＝未成工事支出金＋材料貯蔵品など。前期より増えていたら、「売残りが増えた」と考えます）
　＋（前期受入金増減額－前々期受入金増減額）（＊受入金増減額＝未成工事受入金など。前期より増えていたら、「多くもらっている」と考えます）

㈱日本一郎建設の場合

990千円＋2,785千円＋0千円－175千円＋2,633千円＋6,337千円＋2,438千円＋
△1,920千円＝13,088千円

・**当期キャッシュフロー**

＝当期経常利益

＋当期減価償却実施額

＋（当期貸倒引当金−前期貸倒引当金）

−当期法人税、住民税および事業税

＋（前期売掛債権増減額−当期売掛債権増減額）

＋（当期仕入債務増減額−前期仕入債務増減額）

＋（前期棚卸資産増減額−当期棚卸資産増減額）

＋（当期受入金増減額−前期受入金増減額）

㈱日本一郎建設の場合

1,965千円＋2,235千円＋0千円−756千円＋4,452千円＋△4,194千円＋
△1,728千円＋1,440千円＝3,414千円

以上により、㈱日本一郎建設の$X_7$が求められます。

$$\frac{13,088千円＋3,414千円}{100,000千円} ÷2＝0.0825（小数点以下第４位四捨五入）$$

$X_7＝0.083$

⑧　利益剰余金（$X_8$、絶対値）（寄与度4.4％）

利益剰余金とは、利益の蓄積、つまり企業が内部に留保した利益です。

会社の充実度を示す指標とされていますが、利益剰余金の少ない中小建設企業は高得点を望めないことがあります。

$$\frac{利益剰余金}{1億}$$

上限値100.000〜下限値△3.000、高いほど良

㈱日本一郎建設の場合

$$\frac{27,049千円}{100,000千円}＝0.2705（小数点以下第４位四捨五入）$$

$X_8＝0.270$

①～⑧で算出された数値をもとにＹを算出します。

経営状況評点Ｙは次の数式で求めます。

Ｙ＝167.3×Ａ＋583

最高点1,595点～最低点0点、高いほど良

経営状況点数Ａは次の数式で求めます。

$A = -0.465 \times X_1 - 0.0508 \times X_2 + 0.0264 \times X_3 + 0.0277 \times X_4 + 0.0011 \times X_5 + 0.0089 \times X_6 + 0.0818 \times X_7 + 0.0172 \times X_8 + 0.1906$

㈱日本一郎建設の場合

$A = -0.465 \times 0.249 - 0.0508 \times 2.366 + 0.0264 \times 28.749 + 0.0277 \times 0.973 + 0.0011 \times 118.383 + 0.0089 \times 54.166 + 0.0818 \times 0.083 + 0.0172 \times 0.270 + 0.1906 = 1.364$（小数点以下第3位四捨五入）

Ａ＝1.36

よって、Ｙ＝167.3×1.36＋583＝810.53（小数点以下第1位四捨五入）

Ｙ＝811

# 経営状況分析に必要な書類は

　申請後、登録経営状況分析機関から問合わせがくる場合がありますので、申請書類は写しをとって保管しておくことを勧めます。


　経営状況分析の申請に必要な書類は、以下のとおりです。

① 経営状況分析申請書

② 審査基準日直前3年分の財務諸表（同一審査機関に継続して提出している場合は、1年分の財務諸表）

　〈法人の場合〉建設業法施行規則別記様式第15号〜17号の3による財務諸表（94〜105ページ参照）

　〈個人の場合〉建設業法施行規則別記様式第18号、19号による財務諸表

③ 「当期減価償却実施額」が確認できる書類

　〈法人の場合〉法人税確定申告書別表16（1）および（2）の写し
　　　　　　　　その他減価償却実施額が確認できる書類の写し

　〈個人の場合〉所得税確定申告書一式の写しまたは収支内訳書一式の写し

④ 建設業許可通知書の写しまたは建設業許可証明書の写し

⑤ 郵便振替払込受付証明書（Pay-easy（ペイジー）などが使用できる場合があります）

⑥ 兼業事業売上原価報告書（建設業法施行規則別記様式第25号の9）（兼業がある場合）

⑦ 委任状の写し（代理人申請の場合）

⑧ 換算報告書（決算期変更などで当期決算が12カ月未満の場合）

⑨ 連結財務諸表（連結貸借対照表、連結損益計算書、連結株主資本等変動計算書および連結キャッシュフロー計算書）（金融商品取引法にもとづき有価証券報告書の提出義務がある場合、または連結財務諸表による経営状況分析が申請できる場合）

⑩ その他審査機関から提出または提示を要求された書類


＊電子申請が可能な場合などもあるので、詳細は各登録経営状況分析機関に確認してください。

# 財務諸表作成の注意点は

　2022年4月に様式が改正されました。経審申請のための財務諸表を作成する際は、消費税抜きの経理処理をし、記載金額については1,000円未満を切捨てて記載するなどの注意事項のほか、表示に関する以下の会計規則（特に「正常営業循環基準」「1年基準」「費用収益対応の原則」など）を守って、適正な財務諸表を作成してください。

　建設業法は、許可を受けた建設業者の財務諸表の作成について、施行規則別記様式（第15号から第17号の3）や告示「建設業法施行規則別記様式第十五号及び第十六号の国土交通大臣の定める勘定科目の分類」により作成すべきことを定めています。

## Ⅰ　公正妥当な会計慣行

　会社法は「株式会社の会計は、一般に公正妥当と認められる企業会計の慣行に従うものとする」（第431条）と定め、会社計算規則においても、その確認規定として「この省令の用語の解釈および規定の適用に関しては、一般に公正妥当と認められる企業会計の基準その他の企業会計の慣行をしん酌しなければならない」（第3条）と定めています。

## Ⅱ　記載要領（建設業財務諸表）

　建設業法施行規則別記様式第15号の記載要領の冒頭には「貸借対照表は、一般に公正妥当と認められる企業会計の基準その他の企業会計の慣行をしん酌し、会社の財産の状態を正確に判断することができるよう明瞭に記載すること」と、また、同第16号でも「損益計算書は、一般に公正妥当と認められる企業会計の基準その他の企業会計の慣行をしん酌し、会社の損益の状態を正確に把握することができるよう明瞭に記載すること」と記載されています。

## Ⅲ　企業会計原則

　「一般に公正妥当と認められる企業会計の慣行」とは、企業会計原則のことであると一般に認められています。企業会計原則とは「企業会計の実務の中に慣習として発達したもののなかから、一般に公正妥当と認められたところを要約したものであって、必ずしも法令によって強制されないでも、すべての企業がその会計を処理するにあたって従わなければならない基準である」と自ら規定しています。この企業会計原則は「企業会計審議会」（旧大蔵省）が所管していましたが、現在は民間機関である（公財）財務会計基準機構内の企業会計基準委員会（ASBJ）がその役割を継承しています。

　今日、会計基準といわれるものが70近くあるとされています。企業会計原則はこれら会計基準の理論的基礎を構築しているものです。企業会計原則が時代の変化によって、そのまま適用されるものでなくなったとしても、財務諸表の作成に携わる者は必ず目を通し、理論的基礎を身につけておく必要があるでしょう。

## Ⅳ　報告（表示）に関する原則

　　企業会計原則は、会計処理と外部報告に関する規則を定めています。財務諸表の作成にあたっては、主に報告に関する規則が適用されます。

①　貸借対照表原則2および3では、資産、負債、資本について区分して表示すべきことと、流動性配列法によって配列することを定めています。注解16では「流動資産（負債）」と「固定資産（負債）」とを区別する基準は、主目的たる営業取引で生じた債権債務、すなわち営業債権債務については「正常営業循環基準」であり、その他の債権債務については「1年基準」であると定めています。

　　営業債権債務に関する「正常営業循環基準」とは、正常な営業活動によって発生した債権および債務は、決済時期にかかわらず、「流動資産及び流動負債」として表示するというものです。つまり、個々の企業の正常な営業活動期間により発生した債権および債務については、入金や支払の時期が1年を超えるかどうかにかかわらず、流動資産として取扱うこととしています。

　　「1年基準」とは、貸借対照表日の翌日から起算して1年以内に入金または支払の期限が到来するものは流動資産または流動負債に表示し、入金または支払の期限が1年を超えて到来するものは投資その他の資産または固定負債に表示するとするものです。1年基準は、営業以外の理由で発生した債権・債務に対して適用されます。また、営業上発生した債権、債務でも、正常な営業活動から逸脱したもの（例えば、破産債権や更生債権など）についても、1年基準を適用します。そして、1年を超えて回収が予想される場合には、固定資産として表示します。

②　損益計算書原則は、「一」で「費用収益対応の原則」をあげ、「二」で営業損益計算、経常損益計算および純損益計算を区分して表示しなければならないとしています。

③　一般原則では「明瞭性の原則」と「単一性の原則」に注解の「重要性の原則」が報告に関する規則としてあげられます。貸借対照表原則と損益計算書原則に共通する原則として「総額主義の原則」があります。

## Ⅴ　組替え処理の注意点

　　中小建設会社で作成される決算書は、いまだ税法会計のみに依拠して作成されているものが存在しています。このような決算書は税法上の期間損益、すなわち課税所得の算出に重きが置かれ、貸借対照表の表示区分や工事原価の計上・表示が適正に行われていない事例が多く見受けられます。建設業法に定められた財務諸表は、会計規則によって作成されなければなりません。

　　以下に、作成にあたっての一般的な処理の注意点を示します。なお、勘定科目の定義については告示「建設業法施行規則別記様式第十五号及び第十六号の国土交通大臣の定める勘定科目の分類を定める件」（88～93ページ参照）を確認してください。また、中小建設業者については、2006年に公表された「中小建設企業の会計指針」（（一財）建設業振興基金）も財務諸表を作成するうえで、大いに参考となるものです。

## 【貸借対照表での注意点】

| 注意を要する事項 | 処理基準など |
|---|---|
| ㈠「受取手形」「完成工事未収入金」「売掛金」「前払金」「支払手形」「買掛金」「前受金」などの営業の主目的である取引により生じた債権および債務 | 正常営業循環基準により区分する |
| ㈡「貸付金」「借入金」などの営業の主目的以外の取引によって発生した「未収金」「未払金」などの債権および債務、破産債権や更生債権等、正常営業循環から逸脱した営業上の債権 | 1年基準により区分する |
| ㈢資産の部に計上された「当座借越」 | 総額主義の原則により、負債の部に「借入金」として記載し、1年基準により区分する |
| ㈣「仮払金」が計上されている場合<br>＊「仮払金」とは経費などの支出を前提にして先にお金を支出した金額が相手勘定または金額が確定しないため、一時的に処理する科目 | 仮払金勘定の中に他の勘定科目で表示すべきものが含まれている場合は、内容を把握してその内容を示す適正な科目に振替える |
| ㈤「仮払税金」が計上されている場合<br>＊すでに納付した法人税など（未収還付税額を除く）は資産ではない。税務申告上は問題とされないが、会社法上は架空資産の計上として粉飾決算となる<br>＊当期納付額は、法人税申告書別表5(2)租税公課の納付状況などに関する明細書の③「仮払経理による納付」の法人税、住民税、事業税の各欄の記載額で確認できる | 損益計算書の「法人税、住民税および事業税」に振替える（＊その額の当期利益が減少する）<br>ただし、当期の中間納付分のうち、過大納付となったことにより還付される分については「未収還付税金」に科目を振替え、「流動資産」に記載する |
| ㈥繰延資産の部に「創立費」「開業費」「株式交付費」「社債発行費等」「開発費」以外が計上されている場合 | 左記の5科目以外は税法上で繰延資産とされるもので、会社計算規則上は固定資産の「投資その他の資産」に計上する<br>従来、「新株発行費」とされていたものは「株式交付費」に名称が変更になった<br>また、従来「社債発行費」とされていたものは、新株予約権発行費を含めるとされたため、「社債発行費等」に名称が変更になった<br>さらに、従来は「社債発行差金」が会計上の繰延資産であったが、「金融商品等会計処理基準」によって、社債発行差金は社債から直接控除される方法に変更されたため、繰延資産からは除外されることとなった |
| ㈦負債の部に「裏書手形」「割引手形」が計上されている場合<br>＊「裏書手形」「割引手形」は「受取手形」の評価勘定（特定の勘定に付随して、当該勘定の減算額または加算額を示すための勘定） | 「受取手形」と相殺して残額を計上する<br>相殺した金額は、注記表に当該金額を記載する |

## Ⅵ 損益計算書での注意点

① 兼業事業売上高

宅建業、資材販売、重機リース料など建設業以外の売上高を計上します。

＊主たる営業目的でない事業の売上高が計上されている場合、内容に応じて適正な勘定科目の名称で計上し、「営業外収入」または「特別利益」の区分に振替えて記載します。

② 従業員給料手当

　営業、経理、総務など工事に直接関わらない者への給料、諸手当および賞与（賞与引当金繰入額を含む）、退職金を計上します。

＊イ．兼務役員がいる場合は、役員報酬分は役員報酬に計上し、従業員分給与のみを従業員給料手当に計上します。ロ．工事に直接従事する者にかかるものである場合は、完成工事原価報告書の労務費または経費（うち人件費）に計上します。

③ 退職金、法定福利費、福利厚生費

　営業、経理、総務など工事に直接関わらない者への退職金、およびこれらの者にかかる社会保険料の事業主負担額を計上します。

＊工事に直接従事する者にかかるものである場合は、完成工事原価報告書の労務費または経費（うち人件費）に計上します。

④ 修繕維持費、動力用水光熱費、地代家賃など

　工事に直接関わらない、いわゆる本社にかかる費用を計上します。

＊工事にかかる費用が含まれている場合は、完成工事原価報告書の経費に振替えて計上します。

⑤ 消耗品費

　消耗品費は、耐用年数が１年未満であるか、取得価額が10万円未満である資産が含まれます。

　なお、法人税法施行令第133条の２「一括償却資産の損金算入」の規定により、20万円未満の固定資産について同法の適用を受けたものを、その資産を取得した事業年度を含めた３年間にわたり、各事業年度に取得価額の３分の１ずつ経費処理する場合、消耗品費として経費処理したときは、経営分析申請上、減価償却実施額として申請することができません。

　同様に、租税特別措置法第67条の５「中小企業者等の少額減価償却資産の取得価額の損金算入の特例」の規定により、30万円未満の固定資産について同法の適用を受けたものを、その資産を取得した事業年度において取得価額の全額を経費処理する場合、消耗品費として経費処理したときは、経営分析申請上、減価償却実施額として申請することができません。

　さらに、所有権移転外リース取引により、貸借対照表上、資産として計上されたリース資産について、リース資産定額法等の償却方法により経費処理する場合、リース料や賃借料等で経費処理したときは、経営分析申請上、減価償却実施額として申請することができません。

　つまり、一括償却資産の損金算入、中小企業者等の少額減価償却資産の取得価額の損金算入の特例、所有権移転外リース取引のそれぞれについて経費処理した金額を、経営分析申請上、減価償却実施額として申請するためには、いずれの場合においても固定資産として計上するとともに、減価償却費として経費処理することが必要となります。

⑥ 法人税、住民税および事業税

販売費・一般管理費の「租税公課」に含まれて計上されている場合があります。

含まれた額は「法人税、住民税および事業税」に振替えます。

【税金還付金および還付加算金の勘定科目の表示】

| 還付金などの種類 | 記載区分 |
|---|---|
| 「法人税還付金」<br>「都道府県民税還付金」<br>「市区町村民税還付金」<br>「事業税還付金」 | 「法人税、住民税および事業税」 |
| 「法人税還付加算金」<br>「都道府県民税還付加算金」<br>「市区町村民税還付加算金」<br>「事業税還付加算金」 | 「営業外収益」 |

## Ⅶ　完成工事原価報告書

　　完成工事原価報告書は、外部報告のために、完成工事原価を材料費、労務費、外注費、経費の４要素に区分して報告するよう義務付けています。多くの建設業者では、自社での原価計算による工種別分類、あるいは形態別分類の勘定科目を処理することにより、この４要素に区分した完成工事原価報告書を作成しています。

　　中小建設業者では、課税所得の算定を主目的とする税法会計に従って財務諸表を作成している場合があります。その場合には、材料費や外注費等、一部の原価要素のみを原価に計上した完成工事原価報告書や、原価要素を全く区分せずすべて販売費・一般管理費に計上している事例などがあります。

　　これらの場合、建設業財務諸表では完成工事原価に組替える必要があります。その組替えは、合理的で社会通念上相当な基準により行われなければなりません。この場合の組替える基準の１つとして、①材料費や外注費など明らかに原価科目であると判断される科目はその全部を工事原価とする、②販売費・一般管理費に表示されている勘定科目で工事原価と推認できるものは当該科目の内容を把握して、工事の施工にともなって支出された部分の金額を工事原価に振替える方法が考えられます。

## Ⅷ　会社法の施行による財務諸表の主な改正点

①　「利益処分案」が廃止され、新たに「株主資本等変動計算書」（様式第17号）、「注記表」（様式第17号の２）が制定されました（102～105ページ参照）。

②　貸借対照表（様式第15号）については、「資本の部」が「純資産の部」と変更され、その内容も変更されています（90～91、98ページ参照）。

③　損益計算書（様式第16号）については、「当期純利益」のあとの部分が廃止され、末尾が「当期純利益」となりました（93、100ページ参照）。

## Ⅸ　最近の改正

①　貸借対照表（法人用）（様式第15号）については、「流動資産の部　繰延税金資産」と「流動負債の部　繰延税金負債」が削除されました（88、90、95、97ページ参照）。「繰

延税金資産」に計上していたものは、「投資その他の資産の部」に計上し、「繰延税金負債」に計上していたものは、「固定負債の部」に計上してください。

② 株主資本等変動計算書（様式第17号）については、「資本金」列の右側に「新株式申込証拠金」列が追加されました（102ページ参照）。

③ 注記表（様式第17号の２）については、「４－２　会計上の見積り」と「17－２　収益認識関係」が追加され、「８　損益計算書関係　(1)工事進行基準による完成工事高」が削除され、同(2)〜(6)が、それぞれ(1)〜(5)になりました（103〜105ページ参照）。

④ 損益計算書（個人用）（様式第19号）については、「注　工事進行基準による売上高」の記載が削除されました。

## 人件費の正しい計上方法は

　税法会計で作成される決算書は、その目的が課税所得の算定にあるため、建設業法施行規則で定められている様式、すなわち表示に関する規則が守られていない場合があります。建設業法で定める財務諸表（省令様式）は、建設業に特有の勘定科目を用いています。これは、審査機関が適正な分析を行えるようにするためです。企業会計原則、各種会計基準、中小建設企業の会計指針に準拠することで、正しい表示ができることになります。

　人件費の記載場所は次のとおりです。

Ⅰ　**販売費・一般管理費に計上すべきもの**

「役員報酬」

　取締役、執行役または監査役に対する報酬

　中小建設業者では、役員が現場の管理を行うことも多く、必ずしも全額を役員報酬とすべきではない場合がある。この場合は、現場の管理を行った部分の額は経費の「うち人件費」に計上すべきで、役員報酬はその残余の額を会社の管理運営に寄与した部分として計上することが望ましい。

「従業員給料手当」

　本店および支店の従業員などで現場に従事しない者に対する給料、諸手当および賞与。（賞与引当金繰入額を含む）

「退職金」

　役員および従業員に対する退職金（退職年金掛金を含む）。ただし、退職給付に係る会計基準を適用する場合には、退職金以外の退職給付費用などの適当な科目により記載すること。なお、いずれの場合も異常なものを除く。

「法定福利費」

　健康保険、厚生年金保険、労働保険などの保険料の会社（事業主）負担額および児童手当拠出金。

「福利厚生費」

　慰安娯楽、貸与被服、医療、慶弔見舞など福利厚生などに要する費用。

## Ⅱ　完成工事原価の労務費に計上すべきもの

「労務費」

工事に従事した直接雇用の作業員（現場に従事する者のうち作業に従事する者）に対する賃金、給料および手当など。なお、下欄の（うち労務外注費）を含むことができる。

「（うち労務外注費）」

工種・工程別などの工事の完成を約する契約でその大部分が労務費であるものを、労務費に含めて記載することとした場合の外注費。

## Ⅲ　完成工事原価の経費に計上すべきもの

「（うち人件費)」

従業員（現場に従事する者のうち管理監督にあたる者）の給料手当、退職金、法定福利費、福利厚生費。

---

# 建設業の財務諸表を作成するときの注意すべき点

財務諸表を作成するとき、税務申告書に計上されているそれぞれの内容を把握していないと、間違った勘定科目へ計上してしまうことがあります。以下に注意が必要な勘定科目を紹介します。

## 【貸借対照表】

① 建設業が主たる業務である会社の税務申告書に「売掛金」として計上されている金額があるとき

建設工事の「完成工事未収入金」（88ページ参照）では？　と推測できます。しかし、内容を調べてみたら、発注者の事情で工事の中断が多く、工期が延長されたため、１年を超える長期間にわたって入金がなかった金額であったときは、

→投資その他の資産の長期保証金等１年を超える債権に該当するので、「その他」に計上します（89ページ参照）。さらに、その金額が投資その他の資産の金額の10分の１より大きい場合は「長期滞留債権」等の科目名で投資その他の資産の中に別立で計上しなければなりません。

② 建設業が主たる業務である会社の税務申告書に「仕掛品」として計上されている金額があるとき

建設工事の「未成工事支出金」（88ページ参照）では？　と推測できます。しかし、内容を調べてみたら、発注者の事情で工事の中断が多く、工期が延長されたために１年を超える長期間にわたって未請求となっている金額であったときは、

→投資その他の資産の「その他」に該当します（89ページ参照）。さらに、その金額

が投資その他の資産の金額の10分の1より大きい場合は「長期滞留債権」等の科目名で投資その他の資産の中に別立で計上しなければなりません（上記①参照）。

③ 建設業が主たる業務である会社の税務申告書に「仮払金」として計上されている金額があるとき（その1）

　　建設工事の「仮払金」では？　と推測できます。しかし、内容を調べてみたら、決算期末における未収の法人税等の還付額であった場合は、

→流動資産に「未収還付法人税等」等の科目名で別立で計上します。

④ 建設業が主たる業務である会社の税務申告書に「仮払金」として計上されている金額があるとき（その2）

　　建設工事の「仮払金」では？　と推測できます。しかし、内容を調べてみたら、外注業者に前払いした金額であったときは、

→流動資産の「未成工事支出金」（88ページ参照）に計上します。（このとき、流動資産に「前払金」や「前渡金」として計上してしまうと、「未成工事支出金」が分析指標のX$_7$に影響するので虚偽申請となる可能性があるため、注意が必要です）

⑤ 建設業が主たる業務である会社の税務申告書に「未払金」として計上されている金額があるとき

　　建設工事の「未払金」（90ページ参照）では？　と推測できます。しかし、内容を調べてみたら、決算期末以後に支払う予定の（決算期末時点で未払である）法人税、住民税及び事業税であった場合は、

→流動負債の「未払法人税等」（90ページ参照）に計上します。

⑥ 建設業が主たる業務である会社の税務申告書に「長期借入金」として計上されている金額があるとき

　　建設工事についての「長期借入金」（90ページ参照）では？　と推測できます。しかし、内容を調べてみたら、リース資産について未払の金額であったときは、

→決算期後1年以内に返済されることになっている場合は流動資産の「リース資産」（89ページ参照）に計上し、決算期後1年以内に返済されない場合は固定負債の「リース債務」（90ページ参照）に計上します。

【損益計算書】

⑦ 建設業が主たる業務である会社の税務申告書に「租税公課」として計上されている金額があるとき

販売費及び一般管理費の「租税公課」（92ページ参照）では？　と推測できます。しかし、内容を調べてみたら、法人税、住民税及び事業税が含まれているときは、

→その金額についてのみ「法人税、住民税及び事業税」（93ページ参照）に計上し、(固定資産税等の）租税公課に該当する金額は「租税公課」に残します。

⑧　建設業が主たる業務である会社の税務申告書に「雑収入」として計上されている金額があるとき

　　営業外収益の「雑収入」（92ページ参照）では？　と推測できます。しかし、内容を調べてみたら、重要な臨時の保険金収入が含まれていたときは、

→その金額についてのみ特別利益の「その他」（93ページ参照）に計上するか、「保険金収入」として営業外収益（92ページ参照）に別立にし、その他の（営業外収益科目に属さない）収益のみ「雑収入」に残します。

⑨　建設業が主たる業務である会社の税務申告書の営業外費用に「支払保証料」として計上されている金額があるとき

　　そのまま営業外費用（92ページ参照）でよいのでは？　と考えてしまいそうです。しかし、内容を調べてみたら、「公共工事の受注に際し、前受金を受領するために前払保証会社に対して支払った前受金保証料」が含まれていた場合は、

→その金額は、営業外費用の「支払利息」（92ページ参照）に計上します。

⑩　建設業が主たる業務である会社の税務申告書に「支払利息割引料」（92ページ参照）として計上されている金額があるとき

　　そのまま「支払利息」（92ページ参照）に全額を計上してよいのでは？　と考えてしまいそうです。しかし、内容を調べてみたら、その中に「手形割引料」が含まれていたときは、

→その金額が営業外費用の10分の１以下の場合は営業外費用の「その他」に計上し、その金額が営業外費用の10分の１を超えていた場合は営業外費用（92ページ参照）に「手形売却損」と別立で計上します。

⑪　税務申告書に「貸倒引当金戻入」として計上されている金額があるとき

　　税務申告添付決算書では、特別収益に計上されている場合があります。「貸倒引当金戻入」は、原則、「営業外収益」に表示します。また、償却債権取立益についても、原則として「営業外収益」に表示します（「会計上の変更及び誤謬の訂正に関する会計基準（過年度遡及会計基準)」）。

# 勘定科目の解説

## 【建設業法施行規則別記様式第十五号及び第十六号の国土交通大臣の定める勘定科目の分類を定める件】

昭和57年10月12日建設省告示第1660号　　最終改正　令和4年4月11日国土交通省告示第473号

### 貸借対照表

| 科目 | | 摘要 |
|---|---|---|
| | **I　流動資産** | |
| 資産の部 | 現金預金 | 【現金】<br>現金、小切手、送金小切手、送金為替手形、郵便為替証書、振替貯金払出証書等<br>【預金】<br>金融機関に対する預金、郵便貯金、郵便振替貯金、金銭信託等で決算期後1年以内に現金化できると認められるもの。ただし、当初の履行期が1年を超え、又は超えると認められたものは、投資その他の資産に記載することができる。 |
| | 受取手形 | 営業取引に基づいて発生した手形債権(割引に付した受取手形及び裏書譲渡した受取手形の金額は、控除して別に注記する。)。ただし、このうち破産債権、再生債権、更生債権その他これらに準ずる債権で決算期後1年以内に弁済を受けられないことが明らかなものは、投資その他の資産に記載する。 |
| | 完成工事未収入金 | 完成工事高に計上した工事に係る請負代金(税抜方式を採用する場合も取引に係る消費税額及び地方消費税額を含む。以下同じ。)の未収額。ただし、このうち破産債権、再生債権、更生債権その他これらに準ずる債権で決算期後1年以内に弁済を受けられないことが明らかなものは、投資その他の資産に記載する。 |
| | 有価証券 | 時価の変動により利益を得ることを目的として保有する有価証券及び決算期後1年以内に満期の到来する有価証券 |
| | 未成工事支出金 | 完成工事原価に計上していない工事費並びに材料の購入及び外注のための前渡金及び手付金等 |
| | 材料貯蔵品 | 手持ちの工事用材料及び消耗工具器具等並びに事務用消耗品等のうち未成工事支出金、完成工事原価又は販売費及び一般管理費として処理されなかったもの |
| | 短期貸付金 | 決算期後1年以内に返済されると認められるもの。ただし、当初の返済期が1年を超え、又は超えると認められたものは、投資その他の資産(長期貸付金)に記載することができる。 |
| | 前払費用 | 未経過保険料、未経過割引料、未経過支払利息、前払賃借料等の費用の前払で決算期後1年以内に費用となるもの。ただし、当初1年を超えた後に費用となるものとして支出されたものは、投資その他の資産(長期前払費用)に記載することができる。 |
| | その他 | 完成工事未収入金以外の未収入金及び営業取引以外の取引によって生じた未収入金、営業外受取手形その他決算期後1年以内に現金化できると認められるもので他の流動資産科目に属さないもの。ただし、営業取引以外の取引によって生じたものについては、当初の履行期が1年を超え、又は超えると認められたものは、投資その他の資産に記載することができる。 |
| | 貸倒引当金 | 受取手形、完成工事未収入金等流動資産に属する債権に対する貸倒見込額を一括して記載する。 |

| | | | |
|---|---|---|---|
| | Ⅱ | 固定資産 | |
| | | 建物・構築物 | 次の建物及び構築物をいう。 |
| | | ・建物 | 社屋、倉庫、車庫、工場、住宅その他の建物及びこれらの附属設備 |
| | | ・構築物 | 土地に定着する土木設備又は工作物 |
| | | 機械・運搬具 | 次の機械装置、船舶、航空機及び車両運搬具をいう。 |
| | | ・機械装置 | 建設機械その他の各種機械及び装置 |
| | | ・船舶 | 船舶及び水上運搬具 |
| | | ・航空機 | 飛行機及びヘリコプター |
| | | ・車両運搬具 | 鉄道車両、自動車その他の陸上運搬具 |
| | | 工具器具・備品 | 次の工具器具及び備品をいう。 |
| | 有形固定資産 | ・工具器具 | 各種の工具又は器具で耐用年数が1年以上かつ取得価額が相当額以上であるもの（移動性仮設建物を含む。） |
| | | ・備品 | 各種の備品で耐用年数が1年以上かつ取得価額が相当額以上であるもの |
| | | 土地 | 自家用の土地 |
| | | リース資産 | ファイナンス・リース取引におけるリース物件の借主である資産。ただし有形固定資産に属するものに限る。 |
| | | 建設仮勘定 | 建設中の自家用固定資産の新設又は増設のために要した支出 |
| | | その他 | 他の有形固定資産科目に属さないもの |
| 資産の部 | | 特許権 | 有償取得又は有償創設したもの |
| | | 借地権 | 有償取得したもの（地上権を含む。） |
| | 無形固定資産 | のれん | 合併、事業譲渡等により取得した事業の取得原価が、取得した資産及び引き受けた負債に配分された純額を上回る場合の超過額 |
| | | リース資産 | ファイナンス・リース取引におけるリース物件の借主である資産。ただし無形固定資産に属するものに限る。 |
| | | その他 | 有償取得又は有償創設したもので他の無形固定資産科目に属さないもの |
| | | 投資有価証券 | 流動資産に記載された有価証券以外の有価証券。ただし、関係会社株式に属するものを除く。 |
| | | 関係会社株式・関係会社出資金 | 次の関係会社株式及び関係会社出資金をいう。 |
| | | ・関係会社株式 | 会社計算規則（平成18年法務省令第13号）第2条第3項第23号に定める関係会社の株式 |
| | | ・関係会社出資金 | 会社計算規則第2条第3項第23号に定める関係会社に対する出資金 |
| | | 長期貸付金 | 流動資産に記載された短期貸付金以外の貸付金 |
| | 投資その他の資産 | 破産更生債権等 | 完成工事未収入金、受取手形等の営業債権及び貸付金、立替金等のその他の債権のうち破産債権、再生債権、更生債権その他これらに準ずる債権で決算期後1年以内に弁済を受けられないことが明らかなもの |
| | | 長期前払費用 | 未経過保険料、未経過割引料、未経過支払利息、前払賃借料等の費用の前払で流動資産に記載された前払費用以外のもの |
| | | 繰延税金資産 | 税効果会計の適用により資産として計上されるもの |
| | | その他 | 長期保証金等1年を超える債権、出資金（関係会社に対するものを除く。）等他の科目に属さないもの。投資その他資産の10分の1を超えるときは「長期滞留債権」等の項目で別立てする。 |
| | | 貸倒引当金 | 長期貸付金等投資等に属する債権に対する貸倒見込額を一括して記載する。 |
| | Ⅲ | 繰延資産 | |
| | | 創立費 | 定款等の作成費、株式募集のための広告費等の会社設立費用 |
| | | 開業費 | 土地、建物等の賃借料等の会社成立後営業開始までに支出した開業準備のための費用 |
| | | 新株発行費 | 株式募集のための広告費、金融機関の取扱手数料等の新株発行のために直接支出した費用 |
| | | 社債発行費 | 社債募集のための広告費、金融機関の取扱手数料等の社債発行のために直接支出した費用（新株予約権の発行等に係る費用を含む。） |
| | | 社債発行差金 | 社債権者に償還すべき金額の総額が社債の募集によって得た実額を超える場合における当該差額 |
| | | 開発費 | 新技術の採用、市場の開拓等のために支出した費用（ただし、経常費の性格をもつものは含まれない。） |

| | I | 流動負債 | |
|---|---|---|---|
| 負債の部 | 支払手形 | | 営業取引に基づいて発生した手形債務 |
| | 工事未払金 | | 工事費の未払額(工事原価に算入されるべき材料貯蔵品購入代金等を含む。)。ただし、税抜方式を採用する場合も取引に係る消費税額及び地方消費税額を含む。 |
| | 短期借入金 | | 決算期後1年以内に返済されると認められる借入金(金融手形を含む。) |
| | リース債務 | | ファイナンス・リース取引におけるもので決算期後1年以内に支払われると認められるもの |
| | 未払金 | | 固定資産購入代金未払金、未払配当金及びその他の未払金で決算期後1年以内に支払われると認められるもの |
| | 未払費用 | | 未払給与手当、未払利息等継続的な役務の給付を内容とする契約に基づいて決算期までに提供された役務に対する未払額 |
| | 未払法人税等 | | 法人税、住民税及び事業税の未払額 |
| | 未成工事受入金 | | 請負代金の受入高のうち完成工事高に計上していないもの |
| | 預り金 | | 営業取引に基づいて発生した預り金及び営業外取引に基づいて発生した預り金で決算期後1年以内に返済されるもの又は返済されると認められるもの |
| | 前受収益 | | 前受利息、前受賃貸料等 |
| | …引当金 | | 修繕引当金、完成工事補償引当金、工事損失引当金等の引当金(その設定目的を示す名称を付した科目をもって記載すること。) |
| | ・修繕引当金 | | 完成工事高として計上した工事に係る機械等の修繕に対する引当金 |
| | ・完成工事補償引当金 | | 引渡しを完了した工事に係るかし担保に対する引当金 |
| | ・工事損失引当金 | | 工事原価総額等が工事収益総額を上回る場合の超過額から、他の科目に計上された損益の額を控除した額に対する引当金 |
| | ・役員賞与引当金 | | 決算日後の株主総会において支給が決定される役員賞与に対する引当金(実質的に確定債務である場合を除く。) |
| | その他 | | 営業外支払手形等決算期後1年以内に支払又は返済されると認められるもので他の流動負債科目に属さないもの |
| | II | 固定負債 | |
| | 社債 | | 会社法(平成18年法律第86号)第2条第23号の規定によるもの(償還期限が1年以内に到来するものは、流動負債に記載すること。) |
| | 長期借入金 | | 流動負債に記載された短期借入金以外の借入金 |
| | リース債務 | | ファイナンス・リース取引におけるもののうち、流動負債に属するもの以外のもの |
| | 繰延税金負債 | | 税効果会計の適用により負債として計上されるもの |
| | …引当金 | | 退職給与引当金等の引当金(その設定目的を示す名称を付した科目をもって記載すること。) |
| | (退職給与引当金) | | 役員及び従業員の退職給与に対する引当金 |
| | 負ののれん | | 合併、事業譲渡等により取得した事業の取得原価が、取得した資産及び引き受けた負債に配分された純額を下回る場合の不足額 |
| | その他 | | 長期未払金等1年を超える負債で他の固定負債科目に属さないもの |
| 純資産の部 | I | 株主資本 | |
| | 資本金 | | 会社法第445条第1項及び第2項並びに第450条の規定によるもの |
| | 新株式申込証拠金 | | 申込期日経過後における新株式の申込証拠金 |
| | 資本剰余金 | | |
| | ・資本準備金 | | 会社法第445条第3項及び第4項並びに第451条の規定によるもの |
| | ・その他資本剰余金 | | 資本剰余金のうち、資本金及び資本準備金の取崩しによって生ずる剰余金や自己株式の処分差益など資本準備金以外のもの |

| | 利益剰余金 | |
|---|---|---|
| | • 利益準備金 | 会社法第445条第4項の規定によるもの |
| | • その他利益剰余金 | |
| | …積立金(準備金) | 株主総会又は取締役会の決議により設定されるもの |
| | 繰越利益剰余金 | 利益剰余金のうち、利益準備金及び…積立金(準備金)以外のもの |
| 純資産の部 | 自己株式 | 会社が所有する自社の発行済株式 |
| | 自己株式申込証拠金 | 申込期日経過後における自己株式の申込証拠金 |
| | **Ⅱ** 評価・換算差額等 | |
| | その他有価証券評価差額金 | 時価のあるその他有価証券を期日末時価により評価替えすることにより生じた差額から税効果相当額を控除した残額 |
| | 繰延ヘッジ損益 | 繰延ヘッジ処理が適用されるデリバティブ等を評価替えすることにより生じた差額から税効果相当額を控除した残額 |
| | 土地再評価差額金 | 土地の再評価に関する法律(平成10年法律第34号)に基づき事業用土地の再評価を行ったことにより生じた差額から税効果相当額を控除した残額 |
| | **Ⅲ** 新株予約権 | |
| | | 会社法第2条第21号の規定によるものから同法第255条第1項に定める自己新株予約権の額を控除した残額 |

## 損益計算書

| 科目 | 摘要 |
|---|---|
| **Ⅰ** 売上高 | |
| 完成工事高 | 工事進行基準により収益に計上する場合における期中出来高相当額及び工事完成基準により収益に計上する場合における最終総請負高(請負高の全部又は一部が確定しないものについては、見積計上による請負高。)又は会社が顧客との契約の義務の履行の状況に応じて当該契約から生ずる収益を認識する場合における工事契約に係る収益。ただし、税抜方式を採用する場合は取引に係る消費税額及び地方消費税額を除く。なお、共同企業体により施工した工事については、共同企業体全体の完成工事高に出資の割合を乗じた額又は分担した工事額を計上する。 |
| 兼業事業売上高 | 建設業以外の事業(以下「兼業事業」という。)を併せて営む場合における当該事業の売上高 |
| **Ⅱ** 売上原価 | |
| 完成工事原価 | 完成工事高として計上したものに対応する工事原価 |
| 兼業事業売上原価 | 兼業事業売上高として計上したものに対応する兼業事業の売上原価 |
| 売上総利益<br>(売上総損失) | 売上高から売上原価を控除した額 |
| 完成工事総利益<br>(完成工事総損失) | 完成工事高から完成工事原価を控除した額 |
| 兼業事業総利益<br>(兼業事業総損失) | 兼業事業売上高から兼業事業売上原価を控除した額 |
| **Ⅲ** 販売費及び一般管理費 | |
| 役員報酬 | 取締役、執行役、会計参与又は監査役に対する報酬(役員賞与引当金繰入額を含む。) |
| 従業員給料手当 | 本店及び支店の従業員等に対する給料、諸手当及び賞与(賞与引当金繰入額を含む。) |
| 退職金 | 役員及び従業員に対する退職金(退職年金掛金を含む。)。ただし、退職給付に係る会計基準を適用する場合には、退職金以外の退職給付費用等の適当な科目により記載すること。なお、いずれの場合においても異常なものを除く。 |
| 法定福利費 | 健康保険、厚生年金保険、労働保険等の保険料の事業主負担額及び児童手当拠出金 |
| 福利厚生費 | 慰安娯楽、貸与被服、医療、慶弔見舞等福利厚生等に要する費用 |
| 修繕維持費 | 建物、機械、装置等の修繕維持費及び倉庫物品の管理費等 |

| 事務用品費 | 事務用消耗品費、固定資産に計上しない事務用備品費、新聞、参考図書等の購入費 |
|---|---|
| 通信交通費 | 通信費、交通費及び旅費 |
| 動力用水光熱費 | 電力、水道、ガス等の費用 |
| 調査研究費 | 技術研究、開発等の費用 |
| 広告宣伝費 | 広告、公告又は宣伝に要する費用 |
| 貸倒引当金繰入額 | 営業取引に基づいて発生した受取手形、完成工事未収入金等の債権に対する貸倒引当金繰入額。ただし、異常なものを除く。 |
| 貸倒損失 | 営業取引に基づいて発生した受取手形、完成工事未収入金等の債権に対する貸倒損失。ただし、異常なものを除く。 |
| 交際費 | 得意先、来客等の接待費、慶弔見舞及び中元歳暮品代等 |
| 寄付金 | 社会福祉団体等に対する寄付 |
| 地代家賃 | 事務所、寮、社宅等の借地借家料 |
| 減価償却費 | 減価償却資産に対する償却額 |
| 開発費償却 | 繰延資産に計上した開発費の償却額 |
| 租税公課 | 事業税(利益に関連する金額を課税標準として課されるものを除く。)、事業所税、不動産取得税、固定資産税等の租税及び道路占用料、身体障害者雇用納付金等の公課 |
| 保険料 | 火災保険その他の損害保険料 |
| 雑費 | 社内打合せ等の費用、諸団体会費並びに他の販売費及び一般管理費の科目に属さない費用 |
| 営業利益(営業損失) | 売上総利益(売上総損失)から販売費及び一般管理費を控除した額 |

### Ⅳ 営業外収益

| 受取利息及び配当金 | 次の受取利息、有価証券利息及び受取配当金をいう。 |
|---|---|
| ・受取利息 | 預金利息及び未収入金、貸付金等に対する利息。ただし、有価証券利息に属するものを除く。 |
| ・有価証券利息 | 公社債等の利息及びこれに準ずるもの |
| ・受取配当金 | 株式利益配当金(投資信託収益分配金、みなし配当を含む。) |
| その他 | 受取利息及び配当金以外の営業外収益で次のものをいう。 |
| ・有価証券売却益 | 売買目的の株式、公社債等の売却による利益 |
| ・雑収入 | 他の営業外収益科目に属さないもの |

### Ⅴ 営業外費用

| 支払利息 | 次の支払利息割引料及び社債利息をいう。 |
|---|---|
| ・支払利息割引料 | 借入金利息 |
| ・社債利息 | 社債及び新株式予約権付社債の支払利息 |
| 貸倒引当金繰入額 | 営業取引以外の取引に基づいて発生した貸付金等の債権に対する貸倒引当金繰入額。ただし、異常なものを除く。 |
| 貸倒損失 | 営業取引以外の取引に基づいて発生した貸付金等の債権に対する貸倒損失。ただし、異常なものを除く。 |
| その他 | 支払利息、貸倒引当金繰入額及び貸倒損失以外の営業外費用で次のものをいう。 |
| ・創立費償却 | 繰延資産に計上した創立費の償却額 |
| ・開業費償却 | 繰延資産に計上した開業費の償却額 |
| ・株発行費償却 | 繰延資産に計上した株発行費の償却額 |
| ・社債発行費償却 | 繰延資産に計上した社債発行費の償却額 |
| ・有価証券売却損 | 売買目的の株式、公社債等の売却による損失 |
| ・有価証券評価損 | 会社計算規則第5条第3項第1号及び同条第6項の規定により時価を付した場合に生ずる有価証券の評価損 |
| ・雑支出 | 他の営業外費用科目に属さないもの |
| 経常利益(経常損失) | 営業利益(営業損失)に営業外収益の合計額と営業外費用の合計額を加減した額 |

| Ⅵ | 特別利益 | |
|---|---|---|
| 前期損益修正益 | 前期以前に計上された損益の修正による利益。ただし、金額が重要でないもの又は毎期経常的に発生するものは、経常利益（経常損失）に含めることができる。 | |
| その他 | 固定資産売却益、投資有価証券売却益、財産受贈益等異常な利益。ただし、金額が重要でないもの又は毎期経常的に発生するものは、経常利益（経常損失）に含めることができる。 | |
| Ⅶ | 特別損失 | |
| 前期損益修正損 | 前期以前に計上された損益の修正による損失。ただし、金額が重要でないもの又は毎期経常的に発生するものは、経常利益（経常損失）に含めることができる。 | |
| その他 | 固定資産売却損、減損損失、災害による損失、投資有価証券売却損、固定資産圧縮記帳損、損害賠償金等異常な損失。ただし、金額が重要でないもの又は毎期経常的に発生するものは、経常利益（経常損失）に含めることができる。 | |
| 税引前当期純利益<br>（税引前当期純損失） | 経常利益（経常損失）に特別利益の合計額と特別損失の合計額を加減した額 | |
| 法人税、住民税及び事業税 | 当該事業年度の税引前当期純利益に対する法人税等（法人税、住民税及び利益に関する金額を課税標準として課される事業税をいう。以下同じ。）の額並びに法人税等の更正、決定等による納付税額及び還付税額 | |
| 法人税等調整額 | 税効果会計の適用により計上される法人税、住民税及び事業税の調整額 | |
| 当期純利益<br>（当期純損失） | 税引前当期純利益（税引前当期純損失）から法人税、住民税及び事業税を控除し、法人税等調整額を加減した額とする。 | |

## 完成工事原価報告書

| 科目 | 摘要 |
|---|---|
| 材料費 | 工事のために直接購入した素材、半製品、製品、材料貯蔵品勘定等から振り替えられた材料費（仮設材料の損耗額等を含む。） |
| 労務費 | 工事に従事した直接雇用の作業員に対する賃金、給料及び手当等。工種・工程別等の工事の完成を約する契約でその大部分が労務費であるものは、労務費に含めて記載することができる。 |
| （うち労務外注費） | 労務費のうち、工種・工程別等の工事の完成を約する契約でその大部分が労務費であるものに基づく支払額 |
| 外注費 | 工種・工程別等の工事について素材、半製品、製品等を作業とともに提供し、これを完成することを約する契約に基づく支払額。ただし、労務費に含めたものを除く。 |
| 経費 | 完成工事について発生し、又は負担すべき材料費、労務費及び外注費以外の費用で、動力用水光熱費、機械等経費、設計費、労務管理費、租税公課、地代家賃、保険料、従業員給料手当、退職金、法定福利費、福利厚生費、事務用品費、通信交通費、交際費、補償費、雑費、出張所等経費配賦額等 |
| （うち人件費） | 経費のうち従業員給料手当、退職金、法定福利費及び福利厚生費 |

# 財 務 諸 表

事業年度
（第 32 期）
$\left(\begin{array}{l}\text{自 令和 4 年 10 月 1 日}\\\text{至 令和 5 年 9 月 30 日}\end{array}\right)$

東京都千代田区神田錦町3丁目13番7号

（会社名）　　**株式会社日本一郎建設**

**（消費税抜）**

**様式第十五号**（第四条、第十条、第十九条の四関係）

# 貸 借 対 照 表

令和 5 年 9 月 30 日 現在

（会社名）**株式会社日本一郎建設**

## 資 産 の 部

単位：千円

**Ⅰ 流 動 資 産**

| | | |
|---|---|---:|
| 現金預金 | | 12,804 |
| 受取手形 | 割引手形、裏書手形を除く（注記7(2)へ記載） | 500 |
| 完成工事未収入金 | | 14,231 |
| 有価証券 | | |
| 未成工事支出金 | | 13,256 |
| 材料貯蔵品 | | 580 |
| 短期貸付金 | | 2,235 |
| 前払費用 | | 2,409 |
| 立替金 | | 1,000 |
| その他 | | 100 |
| 　貸倒引当金 | | △ |
| 　　流動資産合計 | | 47,117 |

**Ⅱ 固 定 資 産**

（1） 有形固定資産

取得価額 / 帳簿価額

| | | 取得価額 | 帳簿価額 |
|---|---|---:|---:|
| 建物・構築物 | | 67,230 | |
| 　減価償却累計額 | △ | 41,282 | 25,948 |
| 機械・運搬具 | | 19,323 | |
| 　減価償却累計額 | △ | 14,773 | 4,550 |
| 工具器具・備品 | | 8,200 | |
| 　減価償却累計額 | △ | 6,265 | 1,935 |
| 土地 | | | |
| リース資産 | | | |
| 　減価償却累計額 | △ | | |

建設仮勘定 .......................... ------------------

その他 ◄────── 電話加入権 など .......... ------------------

  減価償却累計額 .......... △ .................. ------------------

  有形固定資産合計 ..................... 32,433

(2) 無形固定資産

  特許権 .................................. ------------------

  借地権 .................................. ------------------

  のれん .................................. ------------------

  リース資産 ............................. ------------------

  その他 .................................. 250

    無形固定資産合計 ................. 250

(3) 投資その他の資産

  投資有価証券 ........................ 1,000

  関係会社株式・関係会社出資金 ...... ------------------

  長期貸付金 ............................. ------------------

  破産更生債権等 ◄── 1年以内に回収の見込がないもの ... ------------------

  長期前払費用 ........................ ------------------

  繰延税金資産 ........................ ------------------

  出資金 .................................. 1,000

  保険積立金 ............................. 5,000

  その他 .................................. 60

    貸倒引当金 .......................... △

    投資その他の資産合計 .......... 7,060

    固定資産合計 ..................... 39,743

Ⅲ　繰　延　資　産

  創立費 ─── 税法に認められた 「繰延資産」 ...... ------------------

  開業費

  株式交付費 ◄─ .................. ------------------

  社債発行費 .......................... ------------------

  開発費 .................................. ──────────

    繰延資産合計 ..................... ──────────

    資産合計 .......................... 86,860

# 負　債　の　部

## I　流　動　負　債

| | |
|---|---:|
| 支払手形 | 3,000 |
| 工事未払金 | 15,450 |
| 短期借入金 | 5,432 |
| リース債務 | |
| 未払金 | |
| 未払費用 | |
| 未払法人税等 | 756 |
| 未成工事受入金 | 7,880 |
| 預り金 | 523 |
| 前受収益 | |
| 引当金 | |
| 未払消費税 | 985 |
| その他 | 785 |
| 流動負債合計 | 34,811 |

## II　固　定　負　債

| | |
|---|---:|
| 社　債 | |
| 長期借入金 | 5,000 |
| リース債務 | |
| 繰延税金負債 | |
| 引当金 | |
| 負ののれん | |
| その他 | |
| 固定負債合計 | 5,000 |
| 負債合計 | 39,811 |

# 純 資 産 の 部

Ⅰ　株主資本

(1)　資本金 ................................................ 20,000

(2)　新株式申込証拠金 ................................................

(3)　資本剰余金

　　　資本準備金 ................................................

　　　その他資本剰余金 ................................................

　　　　資本剰余金合計 ................................................

(4)　利益剰余金

　　　利益準備金 ................................................

　　　その他利益剰余金

　　　　準備金 ................................................

　　　　別途積立金 ................................................ 15,480

　　　　繰越利益剰余金 ................................................ 11,569

　　　　利益剰余金合計 ................................................ 27,049

(5)　自己株式 ................................................ △

(6)　自己株式申込証拠金 ................................................

　　　株主資本合計 ................................................ 47,049

Ⅱ　評価・換算差額等

(1)　その他有価証券評価差額金 ................................................

(2)　繰延ヘッジ損益 ................................................

(3)　土地再評価差額金 ................................................

　　　評価・換算差額等合計 ................................................

Ⅲ　新株予約権 ................................................

　　　純資産合計 ................................................ 47,049

　　　負債純資産合計 ................................................ 86,860

> 各科目は、株主資本等変動計算書の
> 当期末残高と一致する

**様式第十六号**（第四条、第十条、第十九条の四関係）

# 損　益　計　算　書

自　令和　4　年　10　月　1　日
至　令和　5　年　9　月　30　日

（会社名）**株式会社日本一郎建設**

| | 兼業がある場合には、元帳などにより算出するか、兼業割合を精査した上で案分する | 単位：千円 |

I　売上高
　　完成工事高　　　　　　　　　　　　　　　　　201,887
　　兼業事業売上高　　　　　　　　　　　　　　　　　　　　　　　　　　201,887
II　売上原価
　　完成工事原価　　　　　　　　　　　　　　　　177,858
　　兼業事業売上原価　　　　　　　　　　　　　　　　　　　　　　　　177,858
　　　売上総利益（売上総損失）
　　　　完成工事総利益（完成工事総損失）　　　　　24,028
　　　　兼業事業総利益（兼業事業総損失）　　　　　　　　　　　　　　　24,028
III　販売費及び一般管理費
　　役員報酬　　　　　　　　　　　　　　　6,000
　　従業員給料手当　　　　　　　　　　　　2,400
　　退職金
　　法定福利費　　　　　　　　　　　　　　　786
　　福利厚生費　　　　　　　　　　　　　　　225
　　修繕維持費　　　　　　　　　　　　　　　485
　　事務用品費　　　　　　　　　　　　　　　542
　　通信交通費　　　　　　　　　　　　　　　817
　　動力用水光熱費　　　　　　　　　　　　　902
　　調査研究費
　　広告宣伝費　　　　　　　　　　　　　　　256
　　貸倒引当金繰入額
　　貸倒損失
　　交際費　　　　　　　　　　　　　　　　　350
　　寄付金　　　　　　　　　　　　　　　　　100
　　地代家賃　　　　　　　　　　　　　　　1,200
　　減価償却費　　　　　　　　　　　　　　2,235
　　開発費償却
　　租税公課　　　　　　　　　　　　　　　2,852
　　保険料　　　　　　　　　　　　　　　　　800
　　雑　費　　　　　　　　　　　　　　　2,456　　　　　　22,410
　　　営業利益（営業損失）　　　　　　　　　　　　　　　　　1,617

IV　営業外収益
　　受取利息及び配当金　‥‥‥‥　‥‥‥‥‥‥‥‥　180

　　その他　　　　　　　‥‥‥‥‥‥　　　　　850　‥‥‥‥‥‥‥　1,030


V　営業外費用
　　支払利息　　　　　　‥‥‥‥‥‥　‥‥‥‥‥‥‥‥　682 ← | 割引料は含めない |

　　貸倒引当金繰入額　　‥‥‥‥‥‥　‥‥‥‥‥‥‥‥

　　貸倒損失　　　　　　‥‥‥‥‥‥　‥‥‥‥‥‥‥‥

　　その他　　　　　　　‥‥‥‥‥‥　　　　　　　　　　　682

　　　経常利益（経常損失）　　　　　‥‥‥‥‥‥‥‥‥‥　1,965


VI　特別利益
　　前期損益修正益　　　‥‥‥‥‥‥　‥‥‥‥‥‥‥‥

　　その他　　　　　　　‥‥‥‥‥‥　　　　　　　　　　‥‥‥‥‥‥‥‥


VII　特別損失
　　前期損益修正損　　　‥‥‥‥‥‥　‥‥‥‥‥‥‥‥

　　その他　　　　　　　‥‥‥‥‥‥

　　　税引前当期純利益（税引前当期純損失）‥‥‥‥‥‥‥　1,965

　　　法人税、住民税及び事業税‥‥‥‥‥‥‥‥　756

　　　法人税等調整額　　‥‥‥‥‥‥　　　　　　　　　　　756

　　　当期純利益（当期純損失）　　　‥‥‥‥‥‥‥‥‥‥　1,209

100

# 完 成 工 事 原 価 報 告 書

自 令和 4 年 10 月 1 日
至 令和 5 年 9 月 30 日

（会社名）株式会社日本一郎建設

単位：千円

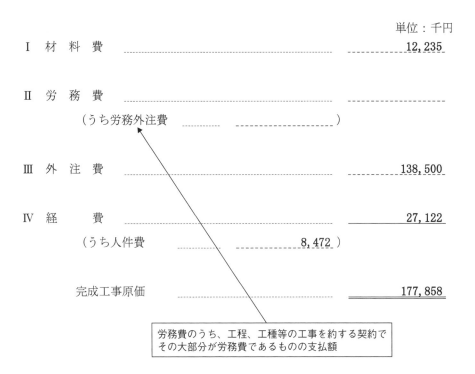

I　材 料 費　………………………………………　………………12,235

II　労 務 費　………………………………………　………………………
　　　（うち労務外注費　…………　………………………）

III　外 注 費　………………………………………　………………138,500

IV　経 　 費　………………………………………　………………27,122
　　　（うち人件費　…………　………………8,472 ）

　　　完成工事原価　………………………………………　177,858

労務費のうち、工程、工種等の工事を約する契約で
その大部分が労務費であるものの支払額

様式第十七号 (第四条、第十条、第十九条の四関係)

# 株主資本等変動計算書

自 令和 4 年 10 月 1 日
至 令和 5 年 9 月 30 日

(会社名) 株式会社日本一郎建設

単位：千円

| | 株主資本 | | | | | | | | | | | 評価・換算差額等 | | | | 新株予約権 | 純資産合計 |
|---|---|---|---|---|---|---|---|---|---|---|---|---|---|---|---|---|---|
| | | | 資本剰余金 | | | 利益剰余金 | | | | | | | 評価・換算差額等 | | | | | |
| | | | | | | | その他利益剰余金 | | | | | その他有価証券評価差額金 | 繰延ヘッジ損益 | 土地再評価差額金 | 評価・換算差額等合計 | | |
| | 資本金 | 新株式申込証拠金 | 資本準備金 | その他資本剰余金 | 資本剰余金合計 | 利益準備金 | 別途積立金 | 繰越利益剰余金 | 利益剰余金合計 | 自己株式 | 株主資本合計 | | | | | | |
| 当期首残高 | 20,000 | | | | | | 15,480 | 10,359 | 25,839 | | 45,839 | | | | | | 45,839 |
| 当期変動額 | | | | | | | | | | | | | | | | | |
| 新株の発行 | | | | | | | | | | | | | | | | | |
| 剰余金の配当 | | | | | | | | | | | | | | | | | |
| 当期純利益 | | | | | | | | 1,209 | 1,209 | | 1,209 | | | | | | 1,209 |
| 自己株式の処分 | | | | | | | | | | | | | | | | | |
| 株主資本以外の項目の当期変動額（純額） | | | | | | | | | | | | | | | | | |
| 当期変動額合計 | | | | | | | | 1,209 | 1,209 | | 1,209 | | | | | | 1,209 |
| 当期末残高 | 20,000 | | | | | | 15,480 | 11,569 | 27,049 | | 47,049 | | | | | | 47,049 |

**様式第十七号の二**（第四条、第十条、第十九条の四関係）

# 注　記　表

自　令和　4 年 10 月　1 日
至　令和　5 年　9 月 30 日

（会社名）株式会社日本一郎建設

注

1　継続企業の前提に重要な疑義を生じさせるような事象又は状況
　　該当なし

2　重要な会計方針
（1）　資産の評価基準及び評価方法
　　　棚卸し資産：材料は最終仕入原価法を採用しております。

（2）　固定資産の減価償却の方法
　　　法人税法の規定による定率法

（3）　引当金の計上基準
　　　該当なし

（4）　収益及び費用の計上基準
　　　該当なし

（5）　消費税及び地方消費税に相当する額の会計処理の方法
　　　税抜方式によっている。

（6）　その他貸借対照表、損益計算書、株主資本等変動計算書、注記表作成のための基本となる重要な事項
　　　該当なし

3　会計方針の変更
　　該当なし

4　表示方法の変更
　　該当なし

4-2　会計上の見積り
　　該当なし

5　会計上の見積りの変更
　　該当なし

6　誤謬の訂正
　　該当なし

7　貸借対照表関係
（1）　担保に供している資産及び担保付債務
　　　①担保に供している資産の内容及びその金額
　　　　該当なし
　　　②担保に係る債務の金額
　　　　該当なし

(2) 保証債務、手形遡求債務、重要な係争事件に係る損害賠償義務等の内容及び金額

    保証債務額                             0　千円

    受取手形割引高                      0　千円

    受取手形裏書譲渡高               0　千円

(3) 関係会社に対する短期金銭債権及び長期金銭債権並びに短期金銭債務及び長期金銭債務

    該当なし

(4) 取締役、監査役及び執行役との間の取引による取締役、監査役及び執行役に対する金銭債権及び金銭債務

    該当なし

(5) 親会社株式の各表示区分別の金額

    該当なし

(6) 工事損失引当金に対応する未成工事支出金の金額

    該当なし

8　損益計算書関係

(1) 売上高のうち関係会社に対する部分

    該当なし

(2) 売上原価のうち関係会社からの仕入高

    該当なし

(3) 売上原価のうち工事損失引当金繰入額

    該当なし

(4) 関係会社との営業取引以外の取引高

    該当なし

(5) 研究開発費の総額（会計監査人を設置している会社に限る。）

    該当なし

9　株主資本等変動計算書関係

(1) 事業年度末日における発行済株式の種類及び数

    普通株式40,000株

(2) 事業年度末日における自己株式の種類及び数

    該当なし

(3) 剰余金の配当

    該当なし

(4) 事業年度末において発行している新株予約権の目的となる株式の種類及び数

    該当なし

10　税効果会計

    該当なし

11　リースにより使用する固定資産

    該当なし

12 金融商品関係
 (1) 金融商品の状況
    該当なし

 (2) 金融商品の時価等
    該当なし

13 賃貸等不動産関係
 (1) 賃貸等不動産の状況
    該当なし

 (2) 賃貸等不動産の時価
    該当なし

14 関連当事者との取引
   取引の内容

| 種類 | 会社等の名称又は氏名 | 議決権の所有（被所有）割合 | 関係内容 | 科目 | 期末残高（千　円） |
|---|---|---|---|---|---|
|  |  |  |  |  |  |

    ただし、会計監査人を設置している会社は以下の様式により記載する。
 (1) 取引の内容

| 種類 | 会社等の名称又は氏名 | 議決権の所有（被所有）割合 | 関係内容 | 取引の内容 | 取引金額 | 科目 | 期末残高（千　円） |
|---|---|---|---|---|---|---|---|
|  |  |  |  |  |  |  |  |

 (2) 取引条件及び取引条件の決定方針
    該当なし

 (3) 取引条件の変更の内容及び変更が貸借対照表、損益計算書に与える影響の内容
    該当なし

15 一株当たり情報
 (1) 一株当たりの純資産額
    1,176 円 25 銭

 (2) 一株当たりの当期純利益又は当期純損失
    30 円 25 銭

16 重要な後発事象
   該当なし

17 連結配当規制適用の有無
   該当なし

17－2　収益認識関係
   該当なし

18 その他
   固定資産減価償却累計額：62,320,505円

---

なお、様式譲渡制限会社では、２、３、４、６、９、18の記載は不可欠です。また、分析申請においては、前記のほかに７(2)の記載も必要です。

---

# 経営状況分析申請書

令和　6　年　1　月　24　日

建設業法第27条の24第2項の規定により、経営に関する客観的事項の審査のうち経営状況の分析の申請をします。
この申請書及び添付書類の記載事項は、事実に相違ありません。

登録経営状況分析機関代表者

一般財団法人　建設業情報管理センター

理事長　　上　田　　健　殿

東京都千代田区神田錦町3丁目13番7号
株式会社日本一郎建設
申請者　代表取締役　　日本　一郎

| 申　請　年　月　日 | 01 | 令和 06 年 01 月 24 日 |
|---|---|---|

| 申請時の許可番号 | 02 | 大臣 コード 13 国土交通大臣 知事 許可 許可番号(般-30) 第 1 2 3 4 5 6 号 許可年月日 令和 02 年 01 月 28 日 |
|---|---|---|

| 前回の申請時の許可番号 | 03 | 大臣 コード 国土交通大臣 知事 許可 許可番号(般-) 第 号 許可年月日 平成 令和 年 月 日 |
|---|---|---|

| 審　査　基　準　日 | 04 | 令和 05 年 09 月 30 日 |
|---|---|---|

| 審査対象事業年度 | 05 | 期間 自 令和 04 年 10 月 01 日～至 令和 05 年 09 月 30 日 処理の区分 ① 0 0 ② |
|---|---|---|

| 審査対象事業年度の前審査対象事業年度 | 06 | 期間 自 令和 03 年 10 月 01 日～至 令和 04 年 09 月 30 日 処理の区分 ① 0 0 ② |
|---|---|---|

| 審査対象事業年度の前々審査対象事業年度 | 07 | 期間 自 令和 02 年 10 月 01 日～至 令和 03 年 09 月 30 日 処理の区分 ① 0 0 ② |
|---|---|---|

通常は12カ月で決算を完結しているので「00」が入る

| 法人又は個人の別 | 08 | 1 （1.法人　2.個人） |
|---|---|---|

| 前回の申請の有無 | 09 | 1 （1.有　2.無） |
|---|---|---|

| 単独決算又は連結決算 | 10 | 1 （1.単独決算　2.連結決算） |
|---|---|---|

| 商号又は名称のフリガナ | 11 | ニ ホ ン イ チ ロ ウ ケ ン セ ツ |
|---|---|---|

| 商号又は名称 | 12 | （株）日本一郎建設 |
|---|---|---|

| 代表者又は個人の氏名のフリガナ | 13 | ニ ホ ン イ チ ロ ウ |
|---|---|---|

| 代表者又は個人の氏名 | 14 | 日 本 一 郎 |
|---|---|---|

| 主たる営業所の所在地 | 15 | 1 3 1 0 1 主たる営業所の所在地 市区町村コード |
|---|---|---|
| | 16 | 神 田 錦 町 3 - 1 3 - 7 |
| | | 1 0 1 - 0 0 5 4 主たる営業所の郵便番号 |

| 主たる営業所の電話番号 | 17 | 0 3 - 1 2 3 4 - 5 6 7 8 |
|---|---|---|

| 当期減価償却実施額 | 18 | . . 2 . 2 3 5 （千円）※千円未満切り捨て |
|---|---|---|

| 前期減価償却実施額 | 19 | . . 2 . 7 8 5 （千円）※千円未満切り捨て |
|---|---|---|

法人税申告書別表16(1)と(2)の減価償却実施額の合計金額が入る「一括償却資産」なども減価償却費として処理されている場合には、別表16(7)(8)なども合計した金額

| (備考欄) | 20 | |
|---|---|---|

連絡先

所属等　代表取締役　　氏名　日本　一郎　　電話番号　03-1234-5678　ファックス番号　03-8765-4321

経営状況分析業務委託契約約款を承認のうえ申請します。

# 経営状況分析申請書の記載要領

記載要領

1 「申請者」の欄は、この申請書により経営状況分析を受けようとする建設業者（以下「申請者」という。）の他に申請書又は第19条の4第1項各号に掲げる添付書類を作成した者（財務書類を調製した者等を含む。以下同じ。）がある場合には、申請者に加え、その者の氏名も記載すること。この場合には、作成に係る委任状の写しその他の作成等に係る権限を有することを証する書面を添付すること。申請者から何らの権限についても委任を受けずに申請書等を作成した者（いわゆる「代行申請」と呼ばれる場合を含む。）は、申請者欄への氏名併記、押印は不要です。また、作成に係る委任状の写し、その他の作成等に係る権限を有することを証する書面の添付は不要です。

2 太枠（備考欄）の枠内には記載しないこと。

3 □□□□で表示された枠（以下「カラム」という。）に記載する場合は、1カラムに1文字ずつ丁寧に、かつ、カラムからはみ出さないように記載すること。数字を記載する場合は、例えば □□ 1 2 のように右詰めで、また、文字を記載する場合は、例えば 甲 建 設 工 業 □ □ のように左詰めで記載すること。

4 0 1 「申請年月日」の欄は、登録経営状況分析機関に申請書を提出する年月日を記載すること。

5 0 2 「申請時の許可番号」の欄の「国土交通大臣／知事」及び「般／特」は、不要のものを消すこと。

6 0 2 「申請時の許可番号」の欄の「大臣／知事 コード」のカラムには、申請時に許可を受けている行政庁について別表(1)の分類に従い、該当するコードを記入すること。「許可番号」及び「許可年月日」は、例えば 0 0 1 2 3 4 又は 0 1 月 0 1 日のように、カラムに数字を記載するに当たつて空位のカラムに「0」を記載すること。
「許可番号」及び「許可年月日」は、現在2以上の建設業の許可を受けている場合で許可を受けた年月日が複数あるときは、そのうち最も古いものについて記載すること。

7 0 3 「前回の申請時の許可番号」の欄は、前回の申請時の許可番号と申請時の許可番号が異なつている場合についてのみ記載すること。

8 0 4 「審査基準日」の欄は、審査の申請をしようとする日の直前の事業年度の終了の日（別表(2)の分類のいずれかに該当する場合で直前の事業年度の終了の日以外の日を審査基準日として定めるときは、その日）を記載し、例えば審査基準日が令和2年3月31日であれば、0 2 年 0 3 月 3 1 日のように、カラムに数字を記載するに当たつて空位のカラムに「0」を記載すること。

9 0 5 「審査対象事業年度」の欄の「至令和□□年□□月□□日」のカラムには審査基準日等を、「自令和□□年□□月□□日」のカラムには審査基準日の1年前の日の翌日等を次の表の例により記載し、例えば審査基準日等が令和2年3月31日であれば、0 2 年 0 3 月 3 1 日のように、カラムに数字を記載するに当たつて空位のカラムに「0」を記載すること。
また、「処理の区分」の①は、次の表の分類に従い、該当するコードを記入すること。

| コード | 処　理　の　種　類 |
|---|---|
| 00 | 12か月ごとに決算を完結した場合<br>（例）令和2年4月1日から令和3年3月31日までの事業年度について申請する場合<br>　　　自令和2年4月1日〜至令和3年3月31日 |
| 01 | 6か月ごとに決算を完結した場合<br>（例）令和2年10月1日から令和3年3月31日までの事業年度について申請する場合<br>　　　自令和2年4月1日〜至令和3年3月31日 |
| 02 | 商業登記法（昭和38年法律第125号）の規定に基づく組織変更の登記後最初の事業年度その他12か月に満たない期間で終了した事業年度について申請する場合<br>（例1）合名会社から株式会社への組織変更に伴い令和2年10月1日に当該組織変更の登記を行つた場合で令和3年3月31日に終了した事業年度について申請するとき<br>　　　自令和2年4月1日　〜　至令和3年3月31日<br>（例2）申請に係る事業年度の直前の事業年度が令和2年3月31日に終了した場合で事業年度の変更により令和2年12月31日に終了した事業年度について申請するとき<br>　　　自令和2年1月1日　〜　至令和2年12月31日 |
| 03 | 事業を承継しない会社の設立後最初の事業年度について申請する場合<br>（例）令和2年10月1日に会社を新たに設立した場合で令和3年3月31日に終了した最初の事業年度について申請するとき<br>　　　自令和2年10月1日　〜　至令和3年3月31日 |
| 04 | 事業を承継しない会社の設立後最初の事業年度の終了の日より前の日に申請する場合<br>（例）令和2年10月1日に会社を新たに設立した場合で最初の事業年度の終了の日（令和3年3月31日）より前の日（令和2年11月1日）に申請するとき<br>　　　自令和2年10月1日　〜　至令和2年10月1日 |

また、「処理の区分」の②は、別表（2）の分類のいずれかに該当する場合は、同表の分類に従い、該当するコードを記入すること。

10 　06　「審査対象事業年度の前審査対象事業年度」の欄は、「審査対象事業年度」の欄の「自令和□□年□□月□□日」に記載した日の直前の審査対象事業年度の期間及び処理の区分を9の例により記載すること。

11 　07　「審査対象事業年度の前々審査対象事業年度」の欄は、「審査対象事業年度の前審査対象事業年度」の欄の「自令和□□年□□月□□日」に記載した日の直前の審査対象事業年度の期間及び処理の区分を9の例により記載すること。

12 　09　「前回の申請の有無」の欄は、審査対象事業年度の直前の審査対象事業年度について経営状況分析を受けた登録経営状況分析機関と同一の機関に申請をする場合は「1」を、そうでない場合は「2」を記入すること。

13 　10　「単独決算又は連結決算の別」の欄は、申請者が会社法（平成17年法律第86号）第2条第6号の規定に基づく大会社であり、かつ、金融商品取引法（昭和23年法律第25号）第24条の規定に基づき、有価証券報告書を内閣総理大臣に提出しなければならない者である場合等、連結財務諸表で申請する場合は「2」を、そうでない場合は「1」を記入すること。

14 　11　「商号又は名称のフリガナ」の欄は、カタカナで記載し、その際、濁音又は半濁音を表す文字については、例えば ギ 又は パ のように1文字として扱うこと。なお、株式会社等法人の種類を表す文字についてはフリガナは記載しないこと。

15 　12　「商号又は名称」の欄は、法人の種類を表す文字については次の表の略号を用いて、記載すること。

（例 （ 株 ） 甲 建 設　　　　乙 建 設 （ 有 ） ）

| 種　　　類 | 略　　　号 |
|---|---|
| 株式会社 | （株） |
| 特例有限会社 | （有） |
| 合名会社 | （名） |
| 合資会社 | （資） |
| 合同会社 | （合） |
| 協同組合 | （同） |
| 協業組合 | （業） |
| 企業組合 | （企） |

16 　13　「代表者又は個人の氏名のフリガナ」の欄は、カタカナで姓と名の間に1カラム空けて記載し、その際、濁音又は半濁音を表す文字については、例えば ギ 又は パ のように1文字として扱うこと。

17 　14　「代表者又は個人の氏名」の欄は、申請者が法人の場合はその代表者の氏名を、個人の場合はその者の氏名を姓と名の間に1カラム空けて記載すること。

18 　15　「主たる営業所の所在地市区町村コード」の欄は、「全国地方公共団体コード」（総務省編）により、主たる営業所の所在する市区町村の該当するコードを記入すること。

19 　16　「主たる営業所の所在地」の欄は、18により記入した市区町村コードによつて表される市区町村に続く町名、街区符号及び住居番号等を、「丁目」、「番」及び「号」については－（ハイフン）を用いて、例えば 新 川 1 － 4 － 1 □ のように記載すること。

20 　17　「主たる営業所の電話番号」の欄は、市外局番、局番及び番号をそれぞれ－（ハイフン）で区切り、例えば 0 3 － 1 2 3 4 － 5 6 7 8 のように記載すること。

21 　18　「当期減価償却実施額」の欄は、「単独決算又は連結決算の別」の欄に「1」と記入した者は、審査対象事業年度に係る減価償却実施額（未成工事支出金に係る減価償却費、販売費及び一般管理費に係る減価償却費、完成工事原価に係る減価償却費、兼業事業売上原価に係る減価償却費その他減価償却費として費用を計上した額をいう。以下同じ。）を記載すること。「2」と記入した者は、記載を要しない。

　記載すべき金額は、千円未満の端数を切り捨てて表示すること。

　ただし、会社法第2条第6号に規定する大会社にあつては、百万円未満の端数を切り捨てて表示することができる。この場合、カラムに数字を記載するに当たつては、単位は千円とし、例えば □ , □ □ 1 , 2 3 4 , 0 0 0 のように百万円未満の単位に該当するカラムに「0」を記載すること。

22 　19　「前期減価償却実施額」の欄は、審査対象事業年度の前審査対象事業年度に係る減価償却実施額を21の例により記載すること。

　ただし、「前回の申請の有無」の欄に「1」と記入し、かつ、前回の「当期減価償却実施額」の欄の内容に変更がないものについては、記載を省略することができる。

23 　　「連絡先」の欄は、この申請書又は添付書類を作成した者その他この申請の内容に係る質問等に応答できる者の氏名、電話番号等を記載すること。

別表（1）

| | | | | | | | | | | | |
|---|---|---|---|---|---|---|---|---|---|---|---|
| 00 | 国 土 交 通 大 臣 | 12 | 千 葉 県 知 事 | 24 | 三 重 県 知 事 | 36 | 徳 島 県 知 事 |
| 01 | 北 海 道 知 事 | 13 | 東 京 都 知 事 | 25 | 滋 賀 県 知 事 | 37 | 香 川 県 知 事 |
| 02 | 青 森 県 知 事 | 14 | 神 奈 川 県 知 事 | 26 | 京 都 府 知 事 | 38 | 愛 媛 県 知 事 |
| 03 | 岩 手 県 知 事 | 15 | 新 潟 県 知 事 | 27 | 大 阪 府 知 事 | 39 | 高 知 県 知 事 |
| 04 | 宮 城 県 知 事 | 16 | 富 山 県 知 事 | 28 | 兵 庫 県 知 事 | 40 | 福 岡 県 知 事 |
| 05 | 秋 田 県 知 事 | 17 | 石 川 県 知 事 | 29 | 奈 良 県 知 事 | 41 | 佐 賀 県 知 事 |
| 06 | 山 形 県 知 事 | 18 | 福 井 県 知 事 | 30 | 和 歌 山 県 知 事 | 42 | 長 崎 県 知 事 |
| 07 | 福 島 県 知 事 | 19 | 山 梨 県 知 事 | 31 | 鳥 取 県 知 事 | 43 | 熊 本 県 知 事 |
| 08 | 茨 城 県 知 事 | 20 | 長 野 県 知 事 | 32 | 島 根 県 知 事 | 44 | 大 分 県 知 事 |
| 09 | 栃 木 県 知 事 | 21 | 岐 阜 県 知 事 | 33 | 岡 山 県 知 事 | 45 | 宮 崎 県 知 事 |
| 10 | 群 馬 県 知 事 | 22 | 静 岡 県 知 事 | 34 | 広 島 県 知 事 | 46 | 鹿 児 島 県 知 事 |
| 11 | 埼 玉 県 知 事 | 23 | 愛 知 県 知 事 | 35 | 山 口 県 知 事 | 47 | 沖 縄 県 知 事 |

別表（2）

| コード | 処 理 の 種 類 |
|---|---|
| 10 | 申請者について会社の合併が行われた場合で合併後最初の事業年度の終了の日を審査基準日として申請するとき |
| 11 | 申請者について会社の合併が行われた場合で合併期日又は合併登記の日を審査基準日として申請するとき |
| 12 | 申請者について建設業に係る事業の譲渡が行われた場合で譲渡後最初の事業年度の終了の日を審査基準日として申請するとき |
| 13 | 申請者について建設業に係る事業の譲渡が行われた場合で譲受人である法人の設立登記日又は事業の譲渡により新たな経営実態が備わったと認められる日を審査基準日として申請するとき |
| 14 | 申請者について会社更生手続開始の申立て、民事再生手続開始の申立て又は特定調停手続開始の申立てが行われた場合で会社更生手続開始決定日、会社更生計画認可日、会社更生手続開始決定日から会社更生計画認可日までの間に決算日が到来した場合の当該決算日、民事再生手続開始決定日、民事再生手続開始決定日から民事再生計画認可日までの間に決算日が到来した場合の当該決算日又は特定調停手続開始申立日から調停条項受諾日までの間に決算日が到来した場合の当該決算日を審査基準日として申請するとき |
| 15 | 申請者が、国土交通大臣の定めるところにより、外国建設業者の属する企業集団に属するものとして認定を受けて申請する場合 |
| 16 | 申請者が、国土交通大臣の定めるところにより、その属する企業集団を構成する建設業者の相互の機能分担が相当程度なされているものとして認定を受けて申請する場合 |
| 17 | 申請者が、国土交通大臣の定めるところにより、建設業者である子会社の発行済株式の全てを保有する親会社と当該子会社からなる企業集団に属するものとして認定を受けて申請する場合 |
| 18 | 申請者について会社分割が行われた場合で分割後最初の事業年度の終了の日を審査基準日として申請するとき |
| 19 | 申請者について会社分割が行われた場合で分割期日又は分割登記の日を審査基準日として申請するとき |
| 20 | 申請者について事業を承継しない会社の設立後最初の事業年度の終了の日より前の日に申請する場合 |
| 21 | 申請者が、国土交通大臣の定めるところにより、一定の企業集団に属する建設業者（連結子会社）として認定を受けて申請する場合 |
| 22 | 申請者が、国土交通大臣の定めるところにより、その外国にある子会社について認定を受けて申請する場合 |

## 市区町村コード

(1) 市区町村コードは経営規模等評価申請書及び総合評定値請求書に記載する市区町村コードと同じコードを記載してください。

(2) 地方公共団体情報システム機構のホームページの地方公共団体コード一覧などで確認する場合は、コードの先頭5桁を記入してください。

（例）千代田区131016　→　13101

地方公共団体情報システム機構

https://www.j-lis.go.jp/spd/code-address/jititai-code.html

(3) 合併等により市区町村コードが変更されている場合がありますのでご注意ください。

# 経 営 状 況 分 析 結 果 通 知 書　　　令 和　6 年　1 月 31 日

〒101-0054
東京都千代田区神田錦町3丁目13番7号
（株）日本一郎建設
日本　一郎　　　　　　　　　　　　　　殿

注）「処理の区分」の欄は、建設業法施行規則別記様式第２５号の８の記載要領の別表（２）の分類に従い、経営状況分析を行つた処理の区分を表示してあります

許　可　番　号　13 － 123456 号
審　査　基　準　日　令和　5年　9月　30日
電　話　番　号　03 － 1234 － 5678
処　理　の　区　分

項　番
資　本　金　＿＿＿＿＿＿ 20,000 （千円）

| 7101 | 売上高に占める 完成工事高の割合 | 1000 % |
| 7102 | 単独決算又は 連結決算の別 | 1 〔1.単独決算、2.連結決算〕 |

## 経営状況分析

| 項番 | 項目 | 数値 | | 項目 | 数値 |
|---|---|---|---|---|---|
| 7103 | 純支払利息比率 | 0249 | | 自己資本対固定資産比率 | 118383 |
| 7104 | 負債回転期間 | 2366 | | 自己資本比率 | 54166 |
| 7105 | 総資本売上総利益率 | 28749 | | 営業キャッシュフロー | 0083 |
| 7106 | 売上高経常利益率 | 0973 | | 利益剰余金 | 0270 |
| | 経営状況点数（A）＝ | 1.36 | | | |
| 7107 | 経営状況分析結果（Y）＝ | 811 | | | |

| 項番 | 項目 | 金額（千円） | | 項目 | 金額（千円） |
|---|---|---|---|---|---|
| 7108 | 固 定 資 産 | 39743 | | 売 上 高 | 201887 |
| 7109 | 流 動 負 債 | 34811 | | 売 上 総 利 益 | 24028 |
| 7110 | 固 定 負 債 | 5000 | | 受 取 利 息 配 当 金 | 180 |
| 7111 | 利 益 剰 余 金 | 27049 | | 支 払 利 息 | 682 |
| 7112 | 自 己 資 本 | 47049 | | 経常（事業主）利益 | 1965 |
| 7113 | 総資本（当期） | 86860 | | 営業キャッシュフロー（当期） | 3414 |
| 7114 | 総資本（前期） | 80297 | | 営業キャッシュフロー（前期） | 13088 |

| 参考値 | 営業利益（当期） | 1617 | 営業利益（前期） | 1751 |
|---|---|---|---|---|
| | 減価償却実施額（当期） | 2235 | 減価償却実施額（前期） | 2785 |

# Q
## 24 負債抵抗力とは

「負債抵抗力」は、有利子負債の期中平均残高や借入利率、負債の支払能力を評価したものです。

① 純支払利息比率 $X_1 = \dfrac{\text{純支払利息（支払利息－受取利息配当金）}}{\text{売上高（完成工事高＋兼業事業売上高）}} \times 100$

上限値－0.3〜下限値5.1

$X_1$ は、売上に対する純支払利息（実質的な利息負担額）の比率を示す指標です。数値は低いほど評点は高くなります。経営状況分析Yにおける寄与度は29.9％で、8指標中最大ですので、この指標の改善は、経営状況分析Yの改善に大きく寄与します。

また、完成工事高が同規模の建設業者間では、純支払利息の減少は競争他社に差をつけることになります。

② 負債回転期間 $X_2 = \dfrac{\text{流動負債＋固定負債}}{\text{売上高（完成工事高＋兼業事業売上高）}\div 12}$

上限値0.9〜下限値18.0

$X_2$ は、負債の額が平均月商の何カ月分に相当するかを示す指標です。この期間が短いほど負債（他人資本）に依存しない企業活動ができていると判断できます。

経営状況分析Yにおける寄与度は11.4％です。負債全体が評価の対象となり、特に長期にわたって返済されない負債が残っていると、この評点の改善が妨げられます。

負債抵抗力は、支払利息および負債の額を売上高に対して評価して、企業の負債に対する抵抗力（体力）を表しています。負債抵抗力の経営状況分析Yにおける寄与度は約4割を占め、大変重要な評価項目です。

有利子負債の圧縮が最も効果的に評点を上げる方法になります。

# 収益性・効率性とは

「収益性・効率性」は、企業が調達した資本をどれだけ効率よく運用しているか、また、企業の経常的な活動において獲得した収入（売上高）から、どれだけ効率的に利益を上げているかを評価します。

① 総資本売上総利益率 $X_3 = \dfrac{売上総利益}{*総資本（2期平均）} \times 100$

　＊総資本が3,000万円に満たない場合、3,000万円とみなす

　上限値63.6〜下限値6.5

　　$X_3$は、企業が獲得した資本をもとに、どれだけ売上総利益（売上高−売上原価）を生み出したかを表したものです。売上総利益率（売上総利益／売上高）と総資本回転率（売上高／総資本）を組合わせたものと同様です。売上総利益率は、収入からいかに効率的に売上総利益（粗利）を上げたか（収益性）、総資本回転率は、投下した資本からいかに効率的に収入を上げたか（効率性）を示しています。経営状況分析Yにおける寄与度は21.4％で8指標中2番目に高い指標です。

② 売上高経常利益率 $X_4 = \dfrac{経常利益}{売上高} \times 100$

　上限値5.1〜下限値−8.5

　　$X_4$は、企業活動において、売上高に対してどれだけの経常的な利益を上げたかを表す指標です。数値が高いほど良い、建設業者の収益性を表す重要な指標です。経営状況分析Yにおける寄与度は5.7％で8指標中6番目です。

　　$X_3$は、総資本の額が3,000万円未満の場合、3,000万円とみなして計算するので、3,000万円に満たない小規模建設業者は評点が抑制されますが、固定資産等を所有しない、ペーパーカンパニーなどが高い評点になるのを防ぐ目的があります。

財務健全性とは

「**財務健全性**」とは、企業の資金調達の健全性を表す指標です。

①　自己資本対固定資産比率 $X_5 = \dfrac{\text{自己資本}}{\text{固定資産}} \times 100$

　　上限値350.0～下限値－76.5

　$X_5$ は、建設業者が所有している建物、設備、土地などの固定資産を自己資本でどれくらい調達しているかを表す指標です。この数値が高いほど固定資産が返済の必要のない自己の資金で賄われていることになります。経営状況分析Yにおける寄与度は6.8％で8指標中5番目です。

②　自己資本比率 $X_6 = \dfrac{\text{自己資本}}{\text{総資本}} \times 100$

　　上限値68.5～下限値－68.6

　$X_6$ は、財務分析上、最も重要な指標の1つです。この数値は、自己資本と他人資本のバランスを見たもので、数値が高いほど資金調達が健全であるといえます。経営状況分析Yにおける寄与度は14.6％で8指標中3番目に高い指標です。

　財務健全性は、建設業者の資金調達の健全性を表すものです。他人資本（負債）に依存しない企業活動ができるという意味で、数値が高いほど企業体力があり、財務的に健全といえます。

# Q
## 27 絶対的力量とは

　「**絶対的力量**」は、企業の営業活動により生じたキャッシュと、利益のストックを絶対額で表したもので、企業規模に応じた評価ができます。

　① 営業キャッシュ・フロー（絶対額） $X_7 = \dfrac{\text{営業キャッシュ・フロー}}{1\text{億}}$ （2期平均）

　　上限値15.0〜下限値−10.0

　　（営業キャッシュ・フロー＝経常利益＋減価償却費＋引当金増減額−法人税、住民税および事業税−売掛債権増減額＋仕入債務増減額−棚卸資産増減額＋受入金増減額）

　　営業キャッシュ・フロー（絶対額） $X_7$ は、営業活動により獲得した営業キャッシュ・フローを1億円単位で表した指標です。大きいほど良いということになります。以前は、審査基準日において売掛債権、棚卸資産が少なく、仕入債務、受入金が大きいほど高い評価を受けていましたが、2008年4月の改正後はそれぞれの増減額によって評価されることになったため、決算時期による有利・不利は最小限になると思われます。絶対額での評価なので、企業規模がそのまま反映される指標です。大手企業に大きく影響する指標です。

　② 利益剰余金（絶対額） $X_8 = \dfrac{\text{利益剰余金}}{1\text{億}}$

　　上限値100.0〜下限値−3.0

　　利益剰余金（絶対額） $X_8$ は、利益剰余金合計の額（個人の場合は純資産合計の額）を1億円単位で表した指標です。この指標は、企業の営業活動により生じた利益のストックを見る指標です。この指標も大きいほど良いということになります。営業キャッシュ・フローと同様、大手企業に大きく影響する指標です。

# 【経営状況分析の8指標の補足説明、意味（まとめ）】

分析指標（$X_1$〜$X_8$）の意味と算出方法（単独決算の場合）

| | 分析指標 | 算 出 式 | 上限値 | 下限値 |
|---|---|---|---|---|
| 「負債抵抗力」指標 | 純支払利息比率 $X_1$ | $\dfrac{\text{支払利息－受取利息配当金}}{\text{売上高}} \times 100$ | −0.3 | 5.1 |
| | 負債回転期間 $X_2$ | $\dfrac{\text{流動負債＋固定負債}}{\text{売上高÷12}}$ | 0.9 | 18.0 |
| 「収益性・効率性」指標 | 総資本売上総利益率 $X_3$ | $\dfrac{\text{売上総利益}}{\text{総資本（2期平均）}} \times 100$ | 63.6 | 6.5 |
| | 売上高経常利益率 $X_4$ | $\dfrac{\text{経常利益}}{\text{売上高}} \times 100$ | 5.1 | −8.5 |
| 「財務健全性」指標 | 自己資本対固定資産比率 $X_5$ | $\dfrac{\text{自己資本}}{\text{固定資産}} \times 100$ | 350.0 | −76.5 |
| | 自己資本比率 $X_6$ | $\dfrac{\text{自己資本}}{\text{総資本}} \times 100$ | 68.5 | −68.6 |
| 「絶対的力量」指標 | 営業キャッシュ・フロー（絶対額）$X_7$ | $\dfrac{\text{＊営業キャッシュ・フロー}}{\text{1億}}$（2期平均）<br><br>＊営業キャッシュ・フロー＝経常利益＋減価償却費＋引当金増減額－法人税、住民税および事業税－売掛債権増減額＋仕入債務増減額－棚卸資産増減額＋受入金増減額<br>＊増減額については、減少額の場合、加（＋）減（－）記号が逆転する | 15.0 | −10.0 |
| | 利益剰余金（絶対額）$X_8$ | $\dfrac{\text{利益剰余金}}{\text{1億}}$ | 100.0 | −3.0 |

経営状況の評点：Y＝167.3×A（経営状況点数）＋583

経営状況点数：A＝－0.4650×X$_1$－0.0508×X$_2$＋0.0264×X$_3$＋0.0277×X$_4$＋0.0011×X$_5$＋

0.0089×X$_6$＋0.0818×X$_7$＋0.0172×X$_8$＋0.1906

| 算出方法の補足説明 | 指標の意味 |
|---|---|
| 売上高の額は、審査対象事業年度における完成工事高および兼業事業売上高の合計の額とする純支払利息の額は、審査対象事業年度における支払利息から受取利息配当金を控除した額とする純支払利息比率は、純支払利息の額を売上高の額で除して得た数値（その数値に小数点以下第5位未満の端数があるときは、これを四捨五入する）を百分比で表したものとする | 純支払利息（実質的な利息負担額）が売上高に占める割合を示す指標有利子負債の期中の平均残高、借入利率の違いを反映した数値であり、低いほどよい |
| 1月当たり売上高は、売上高（純支払利息比率X$_1$の売上高の額）の額を12で除して得た数値とする負債回転期間は、基準決算における流動負債および固定負債の合計の額を1月当たり売上高で除して得た数値（その数値に小数点以下第3位未満の端数があるときは、これを四捨五入する）とする | 期末における負債総額が月商の何カ月分になるかを示す指標低いほど負債の支払能力があると考えられ、低いほどよい |
| 総資本の額は、貸借対照表における負債純資産合計の額とする売上総利益の額は、審査対象事業年度における売上総利益の額（個人の場合は完成工事総利益の額）とする総資本売上総利益率は、売上総利益の額を基準決算および基準決算の直前の審査基準日における総資本の額の平均の額（その平均の額が3,000万円に満たない場合は、3,000万円とみなす）で除して得た数値（その数値に小数点以下第5位未満の端数があるときは、これを四捨五入する）を百分比で表したものとする | 企業の調達した資本がどのくらい売上総利益を獲得したかを示す指標。この指標は、売上高総利益（売上高／売上高粗利益率）×売上高／総資本（資本回転率）と分解されるので、売上高売上総利益率の高さと資本の回転状況により変化するこの指標の値が高いほど資本を効率よく運用していると考えられるので、高いほどよい |
| 経常利益の額は、審査対象事業年度における経常利益の額（個人である場合においては事業主利益の額）とする売上高経常利益率は、経常利益の額を売上高（純支払利息比率X$_1$の売上高の額）の額で除して得た数値（その数値に小数点以下第5位未満の端数があるときは、これを四捨五入する）を百分比で表したものとする | 企業の経常的な活動において、得られた収入（売上高）からどれだけ効率的に利益を上げているかを示す指標高いほど効率的に利益を上げていると考えられ、高いほどよい |
| 自己資本対固定資産比率は、基準決算における自己資本の額を固定資産の額で除して得た数値（その数値に小数点以下第5位未満の端数があるときは、これを四捨五入する）を百分比で表したものとする | 固定資産と自己資本の対応関係を示す指標。固定資産の取得資金が自己資本によって調達されているほうがよいので、この比率は高いほどよい |
| 自己資本比率は、基準決算における自己資本の額を基準決算における総資本の額で除して得た数値（その数に小数点以下第5位未満の端数があるときは、これを四捨五入する）を百分比で表したものとする | 自己資本が総資本に占める割合を示す指標。企業の運営は他人資本（負債）に頼らず自己資本で運営するほうがよいので、この比率は高いほどよい |
| 営業キャッシュ・フローの額は経常利益の額（売上高経常利益率X$_4$の経常利益の額）に減価償却実施額（平均利益額の減価償却実施額）を加え、法人税、住民税および事業税の額を控除し、引当金の増減額、売掛債権の増減額、仕入債務の増減額、棚卸資産の増減額、受入金の増減額を加減したものを1億で除して得た数値とする審査対象年における営業キャッシュ・フローの額および前審査対象年における営業キャッシュ・フローの額の平均の額については、審査対象年における営業キャッシュ・フローの額および前審査対象年における営業キャッシュ・フローの額の平均の数値（その数に小数点以下第3位未満の端数があるときは、これを四捨五入する）とする＊引当金＝基準決算における貸倒引当金（増の場合は加算、減の場合は減算）＊法人税、住民税および事業税の額＝審査対象事業年度における法人税、住民税および事業税の額とする＊売掛債権＝基準決算における受取手形＋完成工事未収入金（増の場合は減算、減の場合は加算）＊仕入債務＝基準決算における支払手形＋工事未払金（増の場合は加算、減の場合は減算）＊棚卸資産＝基準決算における未成工事支出金＋材料貯蔵品（増の場合は減算、減の場合は加算）＊受入金＝基準決算における未成工事受入金（増の場合は加算、減の場合は減算）＊増減額：（基準決算の額）－（基準決算の直前の審査基準日の額） | 営業活動により獲得したキャッシュ・フローの大きさを1億円単位で示した指標この指標は大きいほどよい |
| 利益剰余金の額は、基準決算における利益剰余金合計の額（個人である場合においては純資産合計の額）を1億で除して得た数値（その数に小数点以下第3位未満の端数があるときは、これを四捨五入する）とするなお、事業年度を変更したため審査対象年の間に開始する事業年度に含まれる月数が12ヶ月に満たない場合、商業登記法の規定にもとづく組織変更の登記を行った場合、＊国総建第269号（平成20年1月31日）1の(1)のチの②もしくは③に掲げる場合または他の建設業者を吸収合併した場合における(1)のイの売上高の額、(1)のロの純支払利息の額、(3)のロの売上総利益の額、(4)のイの経常利益の額および(7)のイの法人税住民税および事業税の額は1の(1)のト、チまたはリの年間平均完成工事高の要領で算定するものとする上記の場合を除くほか、審査対象年の間に開始する事業年度に含まれる月数が12ヶ月に満たない場合は、(1)および(2)に掲げる項目については最大値を、その他の項目については最小値をとるものとして算定するものとする＊国総建第269号 経営事項審査の事務取扱いについて（通知）（資料B参照） | 会社内部に留保された利益剰余金の大きさを1億円単位で示した指標利益剰余金とは、企業がこれまでに獲得した利益から配当などで社外流出した金額を差し引いたもので、この指標は大きいほどよい |

# 経営状況分析の登録機関とは

　政府の規制緩和策の一環として2004年、経営状況分析を指定機関から登録機関に移行しました。これにより、経営状況分析指定機関であった（一財）建設業情報管理センターも登録機関となりました。また、設置条件さえ満たしていれば、ほかの法人でも申請により登録が受けられ、経営状況分析が行えるようになりました。また、登録経営状況分析機関は、申請に疑義がある場合、調査が義務付けられるなど、虚偽申請防止のためのさらなる改正が行われ、2011年1月1日から施行されています。

　2004年から、それまで国が指定した機関（（一財）建設業情報管理センター）のみに行わせていた経営状況分析業務が一般にも開放され、国から登録機関として認定された機関であれば、どこでも分析業務ができるようになりました。分析の内容は法定されていますので、どの機関であっても同じ基準で審査され、同じ結果が出るものとされています。

　2023年3月現在、10機関が登録されており、申請に関しては分析機関ごとにそれぞれサービスが提供され、電子申請も可能となったところもあり、その手続も便利なものとなってきました。申請する場合は、これらの分析機関のホームページなどで、費用やサービス内容などを検討し、前もって連絡して資料を請求したり、ダウンロードによって情報を取得し、検討するとよいでしょう。

　分析機関は、疑義のある申請に対して徹底的に調査するよう義務付けられ、追加資料の提出や補正の請求など、対応が厳しくなっていましたが、2011年1月1日から施行された改正では、さらに虚偽申請防止策が強化されました（Q13参照）。

　具体的な疑義内容をチェックする基準は、非開示とされています（開示されてしまうと対応策が検討され、公平な調査とならないためと思われます）。

　ただ、発表されている内容としては、以下のようなものがあります。

① 　分析機関が行う異常値を確認する基準が見直され、確認方法を効果が高いと思われるものに改正（確認基準）

② 　一定の基準に該当する申請については、分析機関から審査行政庁へ情報が提供される（報告基準）

③ 　完成工事高と技術者数値の相関分析も見直され、強化（技術者が少ないのに完成工事高が多いときは完成工事高の水増しを疑い、完成工事高が少ないのに技術者が多い場合は技術者の水増しを疑う）

④ 　審査行政庁は、分析機関から報告があった場合は、その情報を活用し、証拠書類の追加徴集や、工事契約書、工事原価台帳、預金通帳などの原本確認、対面審査や立入検査を実施する（重点審査業者の選定、調査）

　また、財務諸表の作成のしかたによっても、疑義チェックに該当することもありますの

で、気をつけましょう（Q23参照）。

　2011年１月の改正により、より的確に企業体質の評価を得ようとするため、経営状況分析機関から追加資料の要求などがなされることになりました。悪質な場合は、行政処分上の資料とされることもありますので、前期の修正内容なども確認するなど、十分注意しましょう。

　2023年３月現在、経営状況分析機関として国に登録されている指定機関は、以下の10機関です。

**（一財）建設業情報管理センター**

〒104-0045　東京都中央区築地2－11－24　第29興和ビル７階

TEL03-3544-6901　FAX03-3544-6905　http://www.ciic.or.jp/

＊電話およびFAX番号は、申請者が東京の場合。詳しくはホームページをご確認ください。

**㈱マネージメント・データ・リサーチ**

〒860-0078　熊本県熊本市中央区京町2－2－37

TEL096-278-8330　FAX096-278-8310　http://www.m-d-r.jp/

**ワイズ公共データシステム㈱**

〒380-0815　長野県長野市田町2120－1

TEL026-232-1145　FAX026-232-1190　http://www.wise-pds.jp/

**㈱九州経営情報分析センター**

〒850-0025　長崎県長崎市今博多町22

TEL095-811-1477　FAX095-825-9528　http://www.kyusyukeiei-bunseki.com/

**㈱北海道経営情報センター**

〒003-0001　北海道札幌市白石区東札幌一条4－8－1

TEL011-820-6111　FAX011-820-6108　http://www.hmic.co.jp/

**㈱ネットコア**

〒320-0857　栃木県宇都宮市鶴田2－5－24　クレインズ21 1F－A

TEL028-649-0111　FAX028-649-0303　http://www.netcore.co.jp/

**㈱経営状況分析センター**

〒143-0015　東京都大田区大森西3－31－8　ロジェ田中ビル6F

TEL03-5753-1588　FAX03-5753-1587　http://www.mfac.co.jp/

**経営状況分析センター西日本㈱**

〒755-0036　山口県宇部市北琴芝1－6－10

TEL0836-38-3781　FAX0836-38-3782　http://www.kjbc.co.jp/

**㈱NKB**

〒802-0011　福岡県北九州市小倉北区重住3－2－12　2F南3号室

TEL093-982-3800　FAX093-982-3801　http://www.nkb-nkb.com/

**㈱建設業経営情報分析センター**

〒190-0023　東京都立川市柴崎町2−17−6　正盛堂ビル2F

TEL042-505-7533　FAX042-512-7003　https://www.ciac.jp/

# 技術力Zとは（＊改正）

「技術力Z」は、業種別の技術職員の数の点数の5分の4と、種類別の年間平均元請完成工事高の点数の5分の1を合計した点数がそれぞれの業種の点数となり、評価されることになります。

① **業種別技術職員Z₁（＊改正、Q30参照）**

技術職員は1級監理技術者講習受講者（人数×6）、1級監理技術者講習受講者以外の1級技術者（人数×5）、主任技術者資格をもつ1級技士補、または監理技術者要件を満たす者（人数×4）、基幹技能者、またはレベル4技能者（人数×3）、レベル3技能者を含む2級技術者（人数×2）、その他の技術者（人数×1）の6種類となり、これらの数値の合計を「技術職員数値」として業種ごとに集計し、これを27ページの表にあてはめて点数を出します。

1人について2業種までの評価となります【例1】。

また、この場合の2業種とは資格者だけでなく、実務経験などによって技術職員として認められる場合も含めて1人2業種までとなります。

したがって、たとえば、ある技術職員が資格で複数業種、さらに他の2業種で実務経験が20年以上あるとして認められる場合、このうち2業種を選択するしかないことになります【例2】。

1人につき認められる業種が2業種までなので、3業種以上に該当する技術職員を2業種以内でどの業種の技術職員として申請するのかなどの判断は、大変難しく重要なものとなります。

さらに、社内での技術者の保有資格や実務経験などをしっかり把握、整理しておかないと、経審の技術職員欄では把握できなくなったために、時間の経過とともに思わぬ申請漏れや選択の間違いが生じる可能性もあるので注意が必要です。

② **種類別年間平均元請完成工事高Z₂**

従来の経審の技術力は、技術職員数だけでの評価でしたが、2008年4月の改正で公共工事の元請としてのマネジメント能力を評価する観点から、マネジメントした工事の積み重ねを量的に評価できる元請工事の完成工事高が評価の対象に加えられました。

種類別年間平均元請完成工事高は、審査対象業種ごとの元請完成工事高を2年平均あるいは3年平均（激変緩和措置を選択した場合）した数値を28ページの表にあてはめて点数を出します。

【例1】 1人で複数の資格を有するA氏の場合

（1人2業種まで、土木と管の2業種を選択した場合）

| A氏の所有する資格区分 | 土 | 建 | と | 石 | 管 | 鋼 | 舗 | しゅ | 塗 | 水 |
|---|---|---|---|---|---|---|---|---|---|---|
| 1級土木施工管理技士（監理技術者講習受講者） | 6 | | | | | | | | | |
| 2級管工事施工管理技士 | | | | | 2 | | | | | |
| 2級建築施工管理技士（建築） | | 2 | | | | | | | | |
| A氏の資格による技術職員配点 | 6 | 0 | 0 | 0 | 2 | 0 | 0 | 0 | 0 | 0 |

【例2】 1人で資格と実務経験を有するB氏の場合

（1人2業種まで、土木と管の2業種を選択した場合）

| B氏の所有する資格区分 | 土 | 建 | と | 石 | 管 | 鋼 | 舗 | しゅ | 塗 | 水 |
|---|---|---|---|---|---|---|---|---|---|---|
| 1級土木施工管理技士（監理技術者講習受講者） | 6 | | | | | | | | | |
| 実務経験20年（建築、管工事） | | 1 | | | 1 | | | | | |
| B氏の資格による技術職員配点 | 6 | 0 | 0 | 0 | 1 | 0 | 0 | 0 | 0 | 0 |

＊継続雇用制度（高年齢者雇用安定法）

　現に雇用している高年齢者が希望するときは、当該高年齢者をその定年後も引続いて雇用する制度です。このような技術者を雇用している場合は、継続雇用制度の適用を受けている技術職員名簿（256ページ参照）に記載し、審査時に提出します。

＊後期高齢者制度

　2008年4月から始まった制度で、75歳以上の高齢者を「後期高齢者」と呼称し、健康保険制度から独立させて、後期高齢者制度に組入れるものです。この制度の対象となる技術者は、社会保険証での6カ月を超える雇用期間の証明ができないため、審査時に必要な書類は、各審査行政庁へ問合わせてください。

## 申請工種に対応する技術職員の資格区分と配点

| 資 格 区 分　　　　　　　　　　【必要な実務経験年数】 | | | コード | 技術職員の区分と配点 | | |
|---|---|---|---|---|---|---|
| | | | | 1 級 | 2 級 | その他 |
| 法第7条第2号イ該当（指定学科卒業後3または5年の実務経験） | | | 001 | | | 1 |
| 法第7条第2号ロ該当（10年の実務経験） | | | 002 | | | 1 |
| 法第15条第2号ハ該当（同号イと同等以上）〔大臣認定者〕 | | | 003 | | | 1 |
| 法第15条第2号ハ該当（同号ロと同等以上）〔大臣認定者〕 | | | 004 | | | 1 |
| 監理技術者補佐（該当する業種について主任技術者となる資格を有し1級技士補である者、監理技術者となる資格を有する者） | | | 005 | | 4 | |
| 1級建設機械施工技士 | | | 111 | 5（6） | | |
| 2級建設機械施工技士（第1種〜第6種） | | | 212 | | 2 | |
| 1級土木施工管理技士 | | | 113 | 5（6） | | |
| 2級土木施工管理技士 | 種別 | 土　　　　木 | 214 | | 2 | |
| | | 鋼構造物塗装 | 215 | | 2 | |
| | | 薬 液 注 入 | 216 | | 2 | |
| 1級建築施工管理技士 | | | 120 | 5（6） | | |
| 2級建築施工管理技士 | 種別 | 建　　築 | 221 | | 2 | |
| | | 躯　　体 | 222 | | 2 | |
| | | 仕上げ | 223 | | 2 | |
| 1級電気工事施工管理技士 | | | 127 | 5（6） | | |
| 2級電気工事施工管理技士 | | | 228 | | 2 | |
| 1級管工事施工管理技士 | | | 129 | 5（6） | | |
| 2級管工事施工管理技士 | | | 230 | | 2 | |
| 1級電気通信工事施工管理技士 | | | 131 | 5（6） | | |
| 2級電気通信工事施工管理技士 | | | 232 | | 2 | |
| 1級造園施工管理技士 | | | 133 | 5（6） | | |
| 2級造園施工管理技士 | | | 234 | | 2 | |
| 1級建築士 | | | 137 | 5（6） | | |
| 2級建築士 | | | 238 | | 2 | |
| 木造建築士 | | | 239 | | 2 | |
| 技術士 | 建設・総合技術監理（建設） | | 141 | 5（6） | | |
| | 建設「鋼構造およびコンクリート」・総合技術監理（同左） | | 142 | 5（6） | | |
| | 農業「農業土木」・総合技術監理（同左） | | 143 | 5（6） | | |
| | 電気電子・総合技術監理（同左） | | 144 | 5（6） | | |
| | 機械・総合技術監理（同左） | | 145 | 5（6） | | |
| | 機械「流体工学」または「熱工学」・総合技術監理（同左） | | 146 | 5（6） | | |
| | 上下水道・総合技術監理（同左） | | 147 | 5（6） | | |
| | 上下水道「上水道および工業用水道」・総合技術監理（同左） | | 148 | 5（6） | | |
| | 水産「水産土木」・総合技術監理（同左） | | 149 | 5（6） | | |
| | 森林「林業」・総合技術監理（同左） | | 150 | 5（6） | | |
| | 森林「森林土木」・総合技術監理（同左） | | 151 | 5（6） | | |
| | 衛生工学・総合技術監理（同左） | | 152 | 5（6） | | |
| | 衛生工学「水質管理」・総合技術監理（同左） | | 153 | 5（6） | | |
| | 衛生工学「廃棄物管理」・総合技術監理（衛生工学「廃棄物管理」） | | 154 | 5（6） | | |
| 第1種電気工事士 | | | 155 | | 2 | |
| 第2種電気工事士 | | 【3年】 | 256 | | | 1 |
| 電気主任技術者（1種・2種・3種） | | 【5年】 | 258 | | | 1 |
| 電気通信主任技術者 | | 【5年】 | 259 | | | 1 |
| 工事担任者 | | 【3年】 | 235 | | | 1 |
| 給水装置工事主任技術者 | | 【1年】 | 265 | | | 1 |
| 甲種消防設備士 | | | 168 | | 2 | |
| 乙種消防設備士 | | | 169 | | 2 | |
| 建築大工（1級） | | | 171 | | 2 | |
| 〃　　　（2級） | | 【3年】 | 271 | | | 1 |
| 型枠施工（1級） | | | 164 | | 2 | |
| 〃　　（2級） | | 【3年】 | 264 | | | 1 |
| 左官（1級） | | | 172 | | 2 | |
| 〃　（2級） | | 【3年】 | 272 | | | 1 |
| とび・とび工（1級） | | | 157 | | 2 | |
| 〃　　　　〃　（2級） | | 【3年】 | 257 | | | 1 |
| コンクリート圧送施工（1級） | | | 173 | | 2 | |
| 〃　　　　　（2級） | | 【3年】 | 273 | | | 1 |
| ウェルポイント施工（1級） | | | 166 | | 2 | |
| 〃　　　　　（2級） | | 【3年】 | 266 | | | 1 |
| 空気調和設備配管（1級）冷凍空気調和機器施工（1級） | | | 174 | | 2 | |
| 〃　　　（2級）　〃　　　　　　（2級） | | 【3年】 | 274 | | | 1 |

（注）1　●は、特定建設業の専任技術者および監理技術者になれる資格（●は、同業種の■資格を含む）。■は、一般建設業の専任技術者および主任技術者になれる資格。▲は、【　】内の実務経験年数が資格取得後に必要。

（注）2　技術職員の区分と配点の1級の欄の（　）は、1級監理技術者講習受講者（Q33）に該当する場合。

| 申請工種の区分 | | | | | | | | | | | | | | | | | | | | | | | | | | | | （グレーの工種は指定建設業） |
|---|---|---|---|---|---|---|---|---|---|---|---|---|---|---|---|---|---|---|---|---|---|---|---|---|---|---|---|---|
| 土 | 建 | 大 | 左 | と | 石 | 屋 | 電 | 管 | タ | 鋼 | 筋 | 舗 | し | 板 | ガ | 塗 | 防 | 内 | 機 | 絶 | 通 | 園 | 井 | 具 | 水 | 消 | 清 | 解 |
| （申請2工種に限り1点ずつ）▲ | | | | | | | | | | | | | | | | | | | | | | | | | | | | |
| （申請2工種に限り1点ずつ）▲ | | | | | | | | | | | | | | | | | | | | | | | | | | | | |
| （申請2工種に限り1点ずつ）▲ | | | | | | | | | | | | | | | | | | | | | | | | | | | | |
| （申請2工種に限り1点ずつ）▲ | | | | | | | | | | | | | | | | | | | | | | | | | | | | |
| （監理技術者を補佐する者として配置可能な2工種に限り4点ずつ）▲ | | | | | | | | | | | | | | | | | | | | | | | | | | | | |

| 土 | 建 | 大 | 左 | と | 石 | 屋 | 電 | 管 | タ | 鋼 | 筋 | 舗 | し | 板 | ガ | 塗 | 防 | 内 | 機 | 絶 | 通 | 園 | 井 | 具 | 水 | 消 | 清 | 解 | 法令 |
|---|---|---|---|---|---|---|---|---|---|---|---|---|---|---|---|---|---|---|---|---|---|---|---|---|---|---|---|---|---|
| ● | | | | | | | ● | | | | | | | | | ● | | | | | | | | | | | | | 建設業法 |
| ■ | | | | | | | ■ | | | | | | | | | ■ | | | | | | | | | | | | | |
| ● | | | | | | | ● | ● | | ● | | | | | | ● | | | | | | | | ● | | | | ● | |
| ■ | | | | | | | ■ | ■ | | | | | | | | | | | | | | | | | | | | ■ | |
| | | | | | | | | ■ | | | | | | | | | | | | | | | | | | | | | |
| | ● | ● | ● | ● | ● | ● | | | | ● | ● | ● | | ● | ● | ● | ● | ● | | ● | | ● | | | | | | ● | |
| | ■ | | | | | | | | | | | | | | | | | | | | | | | ■ | | | | ■ | |
| | | ■ | | | | | | | | ■ | ■ | ■ | | | | | | ■ | | | ■ | ■ | | | | | | | |
| | | | | | | | | | | | | | ● | | | | | | | | | | | | | | | | |
| | | | | | | | | | | | | | ■ | | | | | | | | | | | | | | | | |
| | | | | | | | | | | | | | | ● | | | | | | | | | | | | | | | |
| | | | | | | | | | | | | | | ■ | | | | | | | | | | | | | | | |
| | | | | | | | | | | | | | | | | | | | | | | ● | | | | | | | |
| | | | | | | | | | | | | | | | | | | | | | | ■ | | | | | | | |
| | | | | | | | | | | | | | | | | | | | | | | | ● | | | | | | |
| | | | | | | | | | | | | | | | | | | | | | | | ■ | | | | | | |
| ● | ● | | | ● | | | | | | ● | ● | | | | | | | ● | | | | ● | | | | | | ● | 建築士法 |
| ■ | ■ | | | | | | | ■ | | ■ | | | | | | | | ● | | | | | | | | | | | |
| | | ■ | | | | | | | | | | | | | | | | | | | | | | | | | | | |
| ● | | | | | | | ● | | | ● | | | | | | | | | | | | ● | | | | | | ● | 技術士法 |
| ● | | | | | | | ● | | | ● | | | | | | | | | | | | ● | | | | | | ● | |
| ● | | | | | | | | ● | | | | | | | | | | | | | | | | | | | | | |
| | | | | | | | | | | ● | | | | | | | ● | | | | | | | | | | | | |
| | | | | | | | | | | | | | | | | | | | | ● | ● | | | | | | | | |
| | | | | | | | | | | | | | | | | | | | ● | | | ● | | | | | | | |
| ● | | | | | | | | ● | | | | | | | | | | | | | ● | | | | | | | | |
| ● | | | | | | | | ● | | | | | | | | | | | | | | ● | | | | | | ● | |
| | | | | | | | | | | ● | | | | | | | | | | | | | ● | | | | | | |
| | | | | | | | | | | ● | | | | | | | | | | | | ● | | | | | | | |
| | | | | | | | | | | ● | | | | | | | | | | | | | | | | | | | |
| | | | | | | | | ■ | | | | | | | | | | | | | | | | | | | | | 電気工事士法 |
| | | | | | | | | ▲ | | | | | | | | | | | | | | | | | | | | | |
| | | | | | | | | ▲ | | | | | | | | | | | | | | | | | | | | | 電気事業法 |
| | | | | | | | | | | | | | | | | | | | | | ▲ | | | | | | | | 電気通信事業法 |
| | | | | | | | | | | | | | | | | | | | | | ▲ | | | | | | | | |
| | | | | | | | | ▲ | | | | | | | | | | | | | | | | | | | | | 水道法 |
| | | | | | | | | | | | | | | | | | | | | | | | | | | ■ | | | 消防法 |
| | | | | | | | | | | | | | | | | | | | | | | | | | | ■ | | | |
| | | ■ | | | | | | | | | | | | | | | | | | | | | | | | | | | 職業能力開発促進法 |
| | ▲ | | | | | | | | | | | | | | | | | | | | | | | | | | | | |
| | | ■ | | ■ | | | | | | | | | | | | | | | | | | | | | | | | | |
| | ▲ | | | ▲ | | | | | | | | | | | | | | | | | | | | | | | | | |
| | | | ■ | | | | | | | | | | | | | | | | | | | | | | | | | | |
| | | | ▲ | | | | | | | | | | | | | | | | | | | | | | | | | | |
| | | ■ | | | | | | | | | | | | | | | | | | | | | | ■ | | | | | |
| | | ▲ | | | | | | | | | | | | | | | | | | | | | | ▲ | | | | | |
| | | ▲ | | | | | | | | | | | | | | | | | | | | | | | | | | | |
| | | ■ | | | | | | | | | | | | | | | | | | | | | | | | | | | |
| | | ▲ | | | | | | | | | | | | | | | | | | | | | | | | | | | |
| | | | | | | | | | | | | ■ | | | | | | | | | | | | | | | | ▲ | |

（注）3 工事担任者は、第1級アナログ通信および第1級デジタル通信の工事担任者資格者証の両方の交付を受けた者、総合通信の工事担任者資格者証の交付を受けた者、2021年4月1日以降に工事担任者試験に合格した者、養成課程を修了した者、総務大臣の認定を受けた者に限る。

| 資 格 区 分　　　　　【必要な実務経験年数】 | コード | 1級 | 2級 | その他 |
|---|---|---|---|---|
| 給排水衛生設備配管（1級） | 175 | | 2 | |
| 〃　　　　　　　　（2級）　　　　　　　　【3年】 | 275 | | | 1 |
| 配管・配管工（1級） | 176 | | 2 | |
| 〃　　　　（2級）　　　　　　　　　　　　【3年】 | 276 | | | 1 |
| 建築板金「ダクト板金作業」（1級） | 170 | | 2 | |
| 〃　　　　　　　　　　　（2級）　　　　　【3年】 | 270 | | | 1 |
| タイル張り・タイル張り工（1級） | 177 | | 2 | |
| 〃　　　　　　　　（2級）　　　　　　　　【3年】 | 277 | | | 1 |
| 築炉・築炉工（1級）・れんが積み | 178 | | 2 | |
| 〃　　　　（2級）　　　　　　　　　　　　【3年】 | 278 | | | 1 |
| ブロック建築・ブロック建築工（1級）・コンクリート積みブロック施工 | 179 | | 2 | |
| 〃　　　　　　　　　　　　　（2級）　　　【3年】 | 279 | | | 1 |
| 石工・石材施工・石積み（1級） | 180 | | 2 | |
| 〃　　　　　　　　　（2級）　　　　　　　【3年】 | 280 | | | 1 |
| 鉄工・製罐（1級） | 181 | | 2 | |
| 〃　　　　（2級）　　　　　　　　　　　　【3年】 | 281 | | | 1 |
| 鉄筋組立て・鉄筋施工（1級） | 182 | | 2 | |
| 〃　　　　　　　（2級）　　　　　　　　　【3年】 | 282 | | | 1 |
| 工場板金（1級） | 183 | | 2 | |
| 〃　　　（2級）　　　　　　　　　　　　　【3年】 | 283 | | | 1 |
| 板金「建築板金作業」・建築板金・板金工「建築板金作業」（1級） | 184 | | 2 | |
| 〃　　　　　　　　　　　　　　　（2級）　【3年】 | 284 | | | 1 |
| 板金・板金工・打出し板金（1級） | 185 | | 2 | |
| 〃　　　　　　　　（2級）　　　　　　　　【3年】 | 285 | | | 1 |
| かわらぶき・スレート施工（1級） | 186 | | 2 | |
| 〃　　　　　　　（2級）　　　　　　　　　【3年】 | 286 | | | 1 |
| ガラス施工（1級） | 187 | | 2 | |
| 〃　　　（2級）　　　　　　　　　　　　　【3年】 | 287 | | | 1 |
| 塗装・木工塗装・木工塗装工（1級） | 188 | | 2 | |
| 〃　　　　　　　　（2級）　　　　　　　　【3年】 | 288 | | | 1 |
| 建築塗装・建築塗装工（1級） | 189 | | 2 | |
| 〃　　　　　　（2級）　　　　　　　　　　【3年】 | 289 | | | 1 |
| 金属塗装・金属塗装工（1級） | 190 | | 2 | |
| 〃　　　　　　（2級）　　　　　　　　　　【3年】 | 290 | | | 1 |
| 噴霧塗装（1級） | 191 | | 2 | |
| 〃　　　（2級）　　　　　　　　　　　　　【3年】 | 291 | | | 1 |
| 路面標示施工 | 167 | | 2 | |
| 畳製作・畳工（1級） | 192 | | 2 | |
| 〃　　　　（2級）　　　　　　　　　　　　【3年】 | 292 | | | 1 |
| 内装仕上げ施工・カーテン施工・天井仕上げ施工・床仕上げ施工・表装・表具・表具工（1級） | 193 | | 2 | |
| 〃　　　　　　　　　　　　（2級）　　　　【3年】 | 293 | | | 1 |
| 熱絶縁施工（1級） | 194 | | 2 | |
| 〃　　　　（2級）　　　　　　　　　　　　【3年】 | 294 | | | 1 |
| 建具製作・建具工・木工・カーテンウォール施工・サッシ施工（1級） | 195 | | 2 | |
| 〃　　　　　〃　　　〃　　　　〃　　　　　〃　（2級）　【3年】 | 295 | | | 1 |
| 造園（1級） | 196 | | 2 | |
| 〃　（2級）　　　　　　　　　　　　　　　【3年】 | 296 | | | 1 |
| 防水施工（1級） | 197 | | 2 | |
| 防水施工（2級）　　　　　　　　　　　　　【3年】 | 297 | | | 1 |
| さく井（1級） | 198 | | 2 | |
| 〃　　（2級）　　　　　　　　　　　　　　【3年】 | 298 | | | 1 |
| 地すべり防止工事士　　　　　　　　　　　　【1年】 | 061 | | | 1 |
| 基礎ぐい工事 | 040 | | 2 | |
| 建築設備士　　　　　　　　　　　　　　　　【1年】 | 062 | | | 1 |
| 計装（1級）　　　　　　　　　　　　　　　【1年】 | 063 | | | 1 |
| 解体工事施工技士 | 060 | | 2 | |
| 基幹技能者 | 064 | | 3 | |
| レベル3技能者 | 703 | | 2 | |
| レベル4技能者 | 704 | | 3 | |
| その他（法第7条第2号ハ該当（実務経験要件緩和）） | 099 | | | 1 |

（注）4　職業能力開発促進法による技能士の実務経験年数については、2003年度以前の合格者は1年。
（注）5　外国人技術者については、その技術者の外国での資格、学歴、経験の内容に応じて国土交通大臣の認定を受けることで、5ないし2あるいは1点が配点される。

**申請工種の区分**　（グレーの工種は指定建設業）

| 土 | 建 | 大 | 左 | と | 石 | 屋 | 電 | 管 | タ | 鋼 | 筋 | 舗 | し | 板 | ガ | 塗 | 防 | 内 | 機 | 絶 | 通 | 園 | 井 | 具 | 水 | 消 | 清 | 解 | |
|---|---|---|---|---|---|---|---|---|---|---|---|---|---|---|---|---|---|---|---|---|---|---|---|---|---|---|---|---|---|
|  |  |  |  |  |  |  |  | ■ |  |  |  |  |  |  |  |  |  |  |  |  |  |  |  |  |  |  |  |  | 職業能力開発促進法（技能検定） |
|  |  |  |  |  |  |  |  | ▲ |  |  |  |  |  |  |  |  |  |  |  |  |  |  |  |  |  |  |  |  |  |
|  |  |  |  |  |  |  |  | ■ |  |  |  |  |  |  |  |  |  |  |  |  |  |  |  |  |  |  |  |  |  |
|  |  |  |  |  |  |  |  | ▲ |  |  |  |  |  |  |  |  |  |  |  |  |  |  |  |  |  |  |  |  |  |
|  |  |  |  |  |  |  | ■ | ■ |  |  |  |  |  | ■ |  |  |  |  |  |  |  |  |  |  |  |  |  |  |  |
|  |  |  |  |  |  | ▲ |  | ▲ |  |  |  |  |  | ▲ |  |  |  |  |  |  |  |  |  |  |  |  |  |  |  |
|  |  |  |  |  |  |  |  |  | ■ |  |  |  |  |  |  |  |  |  |  |  |  |  |  |  |  |  |  |  |  |
|  |  |  |  |  |  |  |  |  | ■ |  |  |  |  |  |  |  |  |  |  |  |  |  |  |  |  |  |  |  |  |
|  |  |  |  |  |  |  |  |  | ▲ |  |  |  |  |  |  |  |  |  |  |  |  |  |  |  |  |  |  |  |  |
|  |  |  |  |  | ■ |  |  |  | ■ |  |  |  |  |  |  |  |  |  |  |  |  |  |  |  |  |  |  |  |  |
|  |  |  |  |  | ▲ |  |  |  | ▲ |  |  |  |  |  |  |  |  |  |  |  |  |  |  |  |  |  |  |  |  |
|  |  |  |  |  | ■ |  |  |  |  |  |  |  |  |  |  |  |  |  |  |  |  |  |  |  |  |  |  |  |  |
|  |  |  |  |  | ▲ |  |  |  |  |  |  |  |  |  |  |  |  |  |  |  |  |  |  |  |  |  |  |  |  |
|  |  |  |  |  |  |  |  |  |  | ■ |  |  |  |  |  |  |  |  |  |  |  |  |  |  |  |  |  |  |  |
|  |  |  |  |  |  |  |  |  |  |  | ■ |  |  |  |  |  |  |  |  |  |  |  |  |  |  |  |  |  |  |
|  |  |  |  |  |  |  |  |  |  |  | ▲ |  |  |  |  |  |  |  |  |  |  |  |  |  |  |  |  |  |  |
|  |  |  |  |  |  |  |  |  |  |  |  |  |  | ■ |  |  |  |  |  |  |  |  |  |  |  |  |  |  |  |
|  |  |  |  |  |  |  |  |  |  |  |  |  |  | ▲ |  |  |  |  |  |  |  |  |  |  |  |  |  |  |  |
|  |  |  |  |  |  |  | ■ |  |  |  |  |  |  | ■ |  |  |  |  |  |  |  |  |  |  |  |  |  |  |  |
|  |  |  |  |  |  |  | ▲ |  |  |  |  |  |  | ▲ |  |  |  |  |  |  |  |  |  |  |  |  |  |  |  |
|  |  |  |  |  |  |  |  |  |  |  |  |  |  | ■ |  |  |  |  |  |  |  |  |  |  |  |  |  |  |  |
|  |  |  |  |  |  |  |  |  |  |  |  |  |  | ▲ |  |  |  |  |  |  |  |  |  |  |  |  |  |  |  |
|  |  |  |  |  |  |  | ■ |  |  |  |  |  |  |  |  |  |  |  |  |  |  |  |  |  |  |  |  |  |  |
|  |  |  |  |  |  |  | ▲ |  |  |  |  |  |  |  |  |  |  |  |  |  |  |  |  |  |  |  |  |  |  |
|  |  |  |  |  |  |  |  |  |  |  |  |  |  |  | ▲ |  |  |  |  |  |  |  |  |  |  |  |  |  |  |
|  |  |  |  |  |  |  |  |  |  |  |  |  |  |  |  | ■ |  |  |  |  |  |  |  |  |  |  |  |  |  |
|  |  |  |  |  |  |  |  |  |  |  |  |  |  |  |  | ▲ |  |  |  |  |  |  |  |  |  |  |  |  |  |
|  |  |  |  |  |  |  |  |  |  |  |  |  |  |  |  | ■ |  |  |  |  |  |  |  |  |  |  |  |  |  |
|  |  |  |  |  |  |  |  |  |  |  |  |  |  |  |  | ▲ |  |  |  |  |  |  |  |  |  |  |  |  |  |
|  |  |  |  |  |  |  |  |  |  |  |  |  |  |  |  | ■ |  |  |  |  |  |  |  |  |  |  |  |  |  |
|  |  |  |  |  |  |  |  |  |  |  |  |  |  |  |  | ▲ |  |  |  |  |  |  |  |  |  |  |  |  |  |
|  |  |  |  |  |  |  |  |  |  |  |  |  |  |  |  | ■ |  |  |  |  |  |  |  |  |  |  |  |  |  |
|  |  |  |  |  |  |  |  |  |  |  |  |  |  |  |  |  |  | ■ |  |  |  |  |  |  |  |  |  |  |  |
|  |  |  |  |  |  |  |  |  |  |  |  |  |  |  |  |  |  | ▲ |  |  |  |  |  |  |  |  |  |  |  |
|  |  |  |  |  |  |  |  |  |  |  |  |  |  |  |  |  |  | ■ |  |  |  |  |  |  |  |  |  |  |  |
|  |  |  |  |  |  |  |  |  |  |  |  |  |  |  |  |  |  | ▲ |  |  |  |  |  |  |  |  |  |  |  |
|  |  |  |  |  |  |  |  |  |  |  |  |  |  |  |  |  |  |  |  |  |  | ■ |  |  |  |  |  |  |  |
|  |  |  |  |  |  |  |  |  |  |  |  |  |  |  |  |  |  |  |  |  |  | ▲ |  |  |  |  |  |  |  |
|  |  |  |  |  |  |  |  |  |  |  |  |  |  |  |  |  |  |  |  |  |  |  | ■ |  |  |  |  |  |  |
|  |  |  |  |  |  |  |  |  |  |  |  |  |  |  |  |  |  |  |  |  |  |  | ▲ |  |  |  |  |  |  |
|  |  |  |  |  |  |  |  |  |  |  |  |  |  |  |  |  |  |  |  |  |  |  |  | ■ |  |  |  |  |  |
|  |  |  |  |  |  |  |  |  |  |  |  |  |  |  |  |  |  |  |  |  |  |  |  | ▲ |  |  |  |  |  |
|  |  |  |  |  |  |  |  |  |  |  |  |  |  |  |  |  |  |  |  | ■ |  |  |  |  |  |  |  |  |  |
|  |  |  |  |  |  |  |  |  |  |  |  |  |  |  |  |  |  |  |  | ▲ |  |  |  |  |  |  |  |  |  |
|  |  |  |  |  |  |  |  |  |  |  |  |  |  |  |  |  |  |  |  |  |  |  |  |  | ■ |  |  |  |  |
|  |  |  |  |  |  |  |  |  |  |  |  |  |  |  |  |  |  |  |  |  |  |  |  |  | ▲ |  |  |  |  |
|  |  | ▲ |  |  |  |  |  |  |  |  |  |  |  |  |  |  |  |  |  |  |  |  |  |  |  |  |  |  | 建設業法 |
|  |  |  | ■ |  |  |  |  |  |  |  |  |  |  |  |  |  |  |  |  |  |  |  |  |  |  |  |  |  |  |
|  |  |  | ▲ | ▲ |  |  |  |  |  |  |  |  |  |  |  |  |  |  |  |  |  |  |  |  |  |  |  |  |  |
|  |  |  | ▲ | ▲ |  |  |  |  |  |  |  |  |  |  |  |  |  |  |  |  |  |  |  |  |  |  |  |  |  |
|  |  |  |  |  |  |  |  |  |  |  |  |  |  |  |  |  |  |  |  |  |  |  |  |  |  |  |  | ■ |  |

| 登録基幹技能者（Q32）として認められた業種について■ |
| （認定能力評価基準ごとに２工種以内に限り２点ずつ）▲ |
| （認定能力評価基準ごとに２工種以内に限り３点ずつ）▲ |
| （申請２工種に限り１点ずつ）▲ |

（注）6　施工管理技士および技術士は、解体工事業の技術職員とする場合、2015年度以前の合格者については、合格後に解体工事の実務経験1年以上または講習受講が必要。

（注）7　「その他」の専任技術者の実務経験要件緩和については、『建設業許可Ｑ＆Ａ』（日刊建設通信新聞社刊）を参照。

# Q
## 30 経審で認められる技術職員とは （＊改正）

**経審で認められる技術職員は、審査基準日における建設業に従事する職員のうちで、経審を受ける業種について認められる一定の資格または要件を満たす者です。**

2011年4月の改正により技術職員に必要な雇用期間が明確に示されました。

評価対象とする技術職員は、審査基準日以前に6カ月を超える恒常的な雇用関係があり、かつ雇用期間を特に限定することなく、常時雇用されている建設業に従事する職員（常用労務者を含む労務者またはこれに準ずる者を除く）および常勤の役員（個人の場合は事業主）の中で、一定の資格または要件を満たす者です。

ただし、法人の役員のうち監査役、会計参与は認められません。

また、雇用期間が限定されている技術職員のうち、審査基準日において「高齢者の雇用の安定等に関する法律」に規定する制度対象者（65歳以下の者に限る）も認められます。

技術職員は、技術職員点数の計算の基礎となる技術職員数値によって、

① 1級技術者で監理技術者資格者証保有者かつ監理技術者講習受講者（1級監理受講者、Q33参照）

② ①以外の1級技術者、技術士

③ 監理技術者補佐、監理技術者となる資格を有する者

④ 基幹技能者（登録基幹技能者講習修了者）、能力評価基準レベル4

⑤ 2級技術者、1級技能者、能力評価基準レベル3

⑥ その他の技術者

——の6つに分類されます。

それぞれの内容は、以下の表を参照ください。

ただし、経審上、認められる技術資格は、1人2業種までなので注意が必要です。

また、具体的な資格と業種の対応は122〜125ページの表を参照ください。

**【評価対象となる技術職員】**

| 技術職員の区分（数値） | 資格要件 | 該当者 |
|---|---|---|
| 1級監理受講者<br>（技術職員数値6） | Q33参照 | 下記の1級技術者で有効な監理技術者資格者証および監理技術者講習修了証を所持している者 |
| 1級監理受講者以外の1級技術者、技術士<br>（技術職員数値5） | 建設業法上、特定建設業の専任技術者、監理技術者の資格を満たす国家資格の保有者 | 1級技術検定合格者、1級建築士、技術士 |

| | | |
|---|---|---|
| 監理技術者補佐、監理技術者となる資格を有する者（技術職員数値4） | 128ページ参照 | 主任技術者要件となる資格を有し、1級技士補である者（2021年度からの技術検定が対象）、監理技術者要件を満たす者 |
| 基幹技能者（登録基幹技能者講習修了者）、能力評価基準レベル4（技術職員数値3） | Q32、Q43参照 | 有効な登録基幹技能者講習修了証を所持している者、能力評価基準によりレベル4と判定された者 |
| 2級技術者、1級技能者、能力評価基準レベル3（技術職員数値2） | 建設業法上の一般建設業の専任技術者、主任技術者の資格を満たす国家資格の保有者 Q43参照 | 2級技術検定合格者、2級建築士、木造建築士、第1種電気工事士、1級技能士、登録基礎ぐい工事試験合格者など、能力評価基準によりレベル3と判定された者 |
| その他の技術者（技術職員数値1） | 上記以外の国家資格（一定の実務経験必要）により建設業法上の一般建設業の専任技術者、主任技術者の資格を満たす者 | 2級技能士、第2種電気工事士、電気主任技術者、給水装置工事主任技術者、電気通信主任技術者（2006年5月1日以降に該当する者に限る）、工事担任者資格者証の交付を受けた者（第1級アナログ通信および第1級デジタル通信の両方の工事担任者資格者証の交付を受けた者または総合通信の工事担任者資格者証の交付を受けた者。2022年4月以降に該当する者に限る） |
| | 一定の民間資格の保有者（一定の実務経験必要）で建設業法上の一般建設業の専任技術者、主任技術者の資格を満たす者 | 建築設備士、1級計装士、地すべり防止工事士 |
| | 一定の実務経験者あるいは大臣が認定した者で、建設業法上の特定または一般建設業の専任技術者、主任技術者の資格を満たす者 | 実務経験10年以上で指定学科卒業した一定の実務経験者、大臣特認者（特認制度は終了。すでに認定された者のみ） |

＊外国建設業者の技術職員の取扱いは省略

　以上の表中に「一定の民間資格の保有者」として建築設備士、1級計装士、地すべり防止工事士、基礎ぐい工事士があげられています。この民間資格とは、公益法人などが実施している資格制度のうち、国土交通大臣が認定したものを指します。民間資格の保有者は、大臣の認定資格者として経審での技術力評点Zの対象資格者となるばかりでなく、建設業許可申請の際の専任技術者資格や配置技術者資格の対象にもなります。

　現在は、この4つの資格しか大臣認定されていませんが、今後、増加する可能性があります。ただし、試験の実施状況が変化して不適切と判断されると除外されることになっています。いずれにしても、これらの動向についても注目していく必要があります。

　2015年度以前の合格者である、1級土木施工管理技士、2級土木施工管理技士（土木）、

1級建築施工管理技士、2級建築施工管理技士（建築・躯体）、技術士（建設「鋼構造及びコンクリート」・総合技術監理部門（建設「鋼構造及びコンクリート」））の資格を有する者が、経審上、解体工事業で評価されるためには、合格後に登録解体工事講習を修了する、または解体工事に関し1年以上実務の経験を有することが必要です。技能検定（とび・とび工2級）合格者については、合格後、解体工事に関し3年（2003年以前の合格者は1年）以上の実務経験が必要です。

　また、実務経験は緩和される場合があります（125ページ（注）7参照）。詳細は、行政書士に問合わせてください。


## 監理技術者補佐、監理技術者となる資格を有する者とは（＊改正）


### ①監理技術者補佐

　主任技術者要件となる資格を有し、1級技士補である者が経審上評価の対象となります。1級技士補の資格を有するだけでは「監理技術者を補佐する資格を有する者」にはならないため、主任技術者要件も満たす必要があります。なお、1級技士補とは、2021年度から再編された技術検定制度において、第1次試験合格者に与えられる称号です。


### ②監理技術者となる資格を有する者（実務経験者、国土交通大臣特別認定者）

　一定の条件により、実務経験での監理技術者としての要件が認められます。実務経験により監理技術者要件を満たすことができるのは、指定建設業以外の22業種に限られます。

　また、大臣特別認定者とは、特定の業種で経過措置で認定された資格者です。監理技術者講習を有効なまま継続して受講していることが必要です。1級国家資格を取得するまでの救済処置とされていました。現在、この新規認定は行われていないので新たに取得することはできません。


**【実務経験者（指定建設業（＊1）を除く）】**

| | 学歴または資格 | 必要な実務経験年数 | |
|---|---|---|---|
| | | 実務経験 | 指導監督的実務経験（＊2） |
| イ | 学校教育法による大学・短期大学・高等専門学校（5年制）・専修学校の専門課程を卒業し、指定学科を履修した者（＊3） | 指定学科卒業後3年以上 | 2年以上（左記年数と重複可） |
| | 学校教育法による高等学校・専修学校の専門課程を卒業し、かつ、指定学科を履修した者 | 指定学科卒業後5年以上 | 2年以上（左記年数と重複可） |

| | 国家資格等を有している者 | | |
|---|---|---|---|
| ロ | ①技能検定2級または技能検定1級など（＊4）を有している者（「解体工事業」については、技術検定2級の合格年度により右記の指導監督的実務経験に加え、実務経験または登録解体工事講習の修了が必要な場合がある） | 2年以上 | 2年以上 |
| | ②2004年3月31日以前に技能検定2級など（＊5）を有している者 | 合格後1年以上 | 2年以上（左記年数と重複可） |
| | ③2004年4月1日以降に技能検定2級など（＊5）を有している者 | 合格後3年以上 | 2年以上（左記年数と重複可） |
| | ④電気通信主任技術者資格者証を有している者 | 交付後5年以上 | |
| ハ | イ、ロ以外の者 | 10年以上 | 2年以上 |

- （＊1）　指定建設業は、土木一式、建築一式、舗装、鋼構造物、管、電気、造園の7業種
- （＊2）　元請として発注者から直接請負った、下記のような一定の請負金額以上の工事で、工事全体の技術面を総合的に指導監督した経験。
  - ・1984年9月30日までは、請負代金の額が1,500万円以上の工事
  - ・1984年10月1日以降、1994年12月27日までは、請負代金の額が3,000万円以上の工事
  - ・1994年12月28日以降は、請負代金の額が4,500万円以上の工事
- （＊3）　高度専門士、専門士の称号を持つ者を含む
- （＊4）　二級建築士、木造建築士、消防設備士（甲種乙種）、登録基礎ぐい工事試験合格者、登録解体工事試験合格者（旧解体工事施工技士）を含む
- （＊5）　地すべり防止工事試験合格者、地すべり防止工事士を含む

　　　経審での確認書類は以下のとおり。

（1）　監理技術者資格者証が交付されている場合

　　　監理技術者資格者証（表面）の写し

（2）　監理技術者資格者証が交付されていない場合

　　　実務経験者（指定建設業を除く）は、次の確認資料を提出してください。

　　　実務経験証明書の写し（建設業法施行規則様式第9号）

　　　指導監督的実務経験証明書の写し（建設業法施行規則様式第10号）

# Q
## 31 技術者の資格の取得方法は

　建設業法にもとづく国家資格は、国土交通大臣が指定した試験機関が行っており、その他の資格試験は一般社団および財団法人や公益社団および財団法人などが実施しています。受験資格や試験実施時期などは各実施機関に問合わせてください。ホームページで資料請求やダウンロード、問合わせなどのサービスをしている団体も増えています。また、監理技術者については（Q33）を参照してください。

　経審上、技術職員の評価は１人につき２業種までと大幅に制限されています。したがって、今後の評価向上には資格取得に対する取組みが大変重要になり、経審だけでなく、現場の配置技術者についても資格取得者の重要性はますます高まっています。

　現在、国家資格、民間資格を含めて多くの資格が存在しますが、検討にあたっては経審で認められている資格であることを必ず確認してください。

　たとえば、技能士は2023年１月現在、131（そのうち建設関係は32）職種の検定が実施されていますが、建設業法に指定されていない種目もありますので、よく確認のうえ受験してください。

　なお、指定試験機関や各種団体あるいは各資格と紛らわしい名称を使って電話、郵便などで勧誘し、安易な資格取得（このような場合、法的な資格でない場合が多い）を勧める業者もありますので注意してください。

**【技術資格と試験実施機関】**

| 資格の種類 | 実施機関・問合わせ先 | | |
|---|---|---|---|
| 土木施工管理技士 | （一財）全国建設研修センター　試験業務課 | | |
| 管工事施工管理技士 | | 土木 | TEL042-300-6860 |
| 電気通信工事施工管理技士 | | 管 | TEL042-300-6855 |
| | | 電通 | TEL042-300-0205 |
| 造園施工管理技士 | https://www.jctc.jp/ | 造園 | TEL042-300-6866 |
| 建築施工管理技士 | （一財）建設業振興基金 | | TEL03-5473-1581 |
| 電気工事施工管理技士 | https://www.kensetsu-kikin.or.jp/ | | |
| 建設機械施工技士 | （一財）日本建設機械施工協会<br>https://www.jcmanet.or.jp/ | | TEL03-3433-1575 |
| 建築士 | （公財）建築技術教育普及センター<br>https://www.jaeic.or.jp/ | | TEL03-6261-3310 |
| 電気工事士 | （一財）電気技術者試験センター | | TEL03-3552-7691 |
| 電気主任技術者 | https://www.shiken.or.jp/ | | |

| | | |
|---|---|---|
| 電気通信主任技術者 | （一財）日本データ通信協会　電気通信国家試験センター<br>https://www.dekyo.or.jp/shiken/ | TEL03-5907-6556 |
| 技能士 | 中央職業能力開発協会<br>https://www.javada.or.jp/ | TEL03-6758-2859 |
| 技術士 | （公社）日本技術士会<br>https://www.engineer.or.jp/ | TEL03-6432-4585 |
| 消防設備士 | （一財）消防試験研究センター<br>https://www.shoubo-shiken.or.jp/shoubou/ | TEL03-3460-7798 |
| 建築設備士 | （公財）建築技術教育普及センター<br>http://www.jaeic.or.jp/shiken/bmee/ | TEL03-6261-3310 |
| 計装士 | （一社）日本計装工業会<br>https://www.keiso.or.jp/ | TEL03-5846-9165 |
| 地すべり防止工事士 | （一社）斜面防災対策技術協会<br>https://www.jasdim.or.jp/ | TEL03-3438-0493 |
| 給水装置工事主任技術者 | （公財）給水工事技術振興財団<br>https://www.kyuukou.or.jp/ | TEL03-6911-2711 |
| 登録基礎ぐい工事 | （一社）コンクリートパイル・ポール協会<br>https://www.c-pile.or.jp/ | TEL03-5733-5881 |
| | （一社）日本基礎建設協会<br>https://www.kisokyo.or.jp/ | TEL03-6661-0128 |
| 工事担任者 | （一財）日本データ通信協会　電気通信国家試験センター<br>https://www.dekyo.or.jp/shiken/ | TEL03-5907-6556 |
| 解体工事施工技士 | （公社）全国解体工事業団体連合会<br>https://www.zenkaikouren.or.jp/ | TEL03-3555-2196 |
| 登録基幹技能者 | 制度の内容についてはQ32を参照してください | |

# Q 32 登録基幹技能者講習とは

**2008年4月改正の建設業法施行規則により、国土交通大臣に登録を受けた登録基幹技能者講習実施機関の講習を受けた基幹技能者は、経審で加点されることになっています。**

2008年1月31日の建設業法施行規則の改定により、登録基幹技能者講習制度が誕生しました。2008年4月1日以降に、登録基幹技能者講習実施機関として国土交通省に登録した機関が実施する基幹技能者講習を受講した者は、登録基幹技能者講習修了者となり、経審で技術者として加点対象となっています。

経審の技術者点数は3点が与えられ、2級技術者や1級技能者（技能検定1級合格者）の2点よりも高い点数です。今後、技術職員としても高い評価が与えられる可能性があります。また、登録基幹技能者であることを証明するため講習修了証の様式も定められています（建設業法施行規則別記様式第25号の8）。

また、登録基幹技能者制度のより一層の普及・活用と、信頼性・専門性の高い公的資格保有者の配置を推進していく観点から、登録基幹技能者のうち、専門工事に関する実務経験年数が主任技術者と同等以上と認められる者について、主任技術者の要件を満たす者として位置付けられ、建設業法施行規則及び施工技術検定規則の一部を改正する省令（平成29年国土交通省令第67号）により、許可を受けようとする建設業の種類に応じて国土交通大臣が認める登録基幹技能者については、主任技術者の要件を満たすこととされました。

登録基幹技能者講習実施機関は、以下の表のとおりです（2023年3月1日時点）。詳しくは、実施機関に問合わせてください。

**【登録基幹技能者認定講習実施機関】**

| 講習の種類 | 実施機関 | 問合わせ先 |
|---|---|---|
| 登録電気工事基幹技能者 | （一社）日本電設工業協会 | TEL03-5413-2161<br>http://www.jeca.or.jp/ |
| 登録橋梁基幹技能者 | （一社）日本橋梁建設協会 | TEL03-3507-5225<br>http://www.jasbc.or.jp/ |
| 登録造園基幹技能者 | （一社）日本造園建設業協会 | TEL03-5684-0011<br>http://www.jalc.or.jp/ |
| | （一社）日本造園組合連合会 | TEL03-3293-7577<br>http://jflc.or.jp/ |
| 登録コンクリート圧送基幹技能者 | （一社）全国コンクリート圧送事業団体連合会 | TEL03-3254-0731<br>http://www.zenatsuren.com/ |
| 登録防水基幹技能者 | （一社）全国防水工事業協会 | TEL03-5298-3793<br>http://www.jrca.or.jp/ |
| 登録トンネル基幹技能者 | （一社）日本トンネル専門工事業協会 | TEL03-5251-4150<br>http://www.tonnel.jp/ |

| 講習の種類 | 実施機関 | 問合わせ先 |
|---|---|---|
| 登録建設塗装基幹技能者 | （一社）日本塗装工業会 | TEL03-3770-9901<br>http://www.nittoso.or.jp/ |
| 登録左官基幹技能者 | （一社）日本左官業組合連合会 | TEL03-3269-0560<br>http://www.nissaren.or.jp/ |
| 登録機械土工基幹技能者 | （一社）日本機械土工協会 | TEL03-3845-2727<br>http://www.jemca.jp/ |
| 登録海上起重基幹技能者 | （一社）日本海上起重技術協会 | TEL03-5640-2941<br>https://www.kaigikyo.jp/ |
| 登録PC基幹技能者 | （一社）プレストレスト・コンクリート工事業協会 | TEL03-3260-2545<br>http://www.pckouji.jp/ |
| 登録鉄筋基幹技能者 | （公社）全国鉄筋工事業協会 | TEL03-5577-5959<br>http://www.zentekkin.or.jp/ |
| 登録圧接基幹技能者 | 全国圧接業協同組合連合会 | TEL03-5821-3966<br>http://www.assetsu.com/ |
| 登録型枠基幹技能者 | （一社）日本型枠工事業協会 | TEL03-6435-6208<br>http://www.nikkendaikyou.or.jp/ |
| 登録配管基幹技能者 | （一社）日本空調衛生工事業協会<br>（一社）日本配管工事業団体連合会<br>全国管工事業協同組合連合会 | 登録配管基幹技能者講習委員会事務局<br>TEL03-3553-6431<br>http://www.nikkuei.or.jp/ |
| 登録鳶・土工基幹技能者 | （一社）日本建設躯体工事業団体連合会 | TEL03-3972-7221<br>http://www.nihonkutai.or.jp/ |
| | （一社）日本鳶工業連合会 | TEL03-3434-8805<br>http://www.nittobiren.or.jp/ |
| 登録切断穿孔基幹技能者 | ダイヤモンド工事業協同組合 | TEL03-3454-6990<br>http://www.dca.or.jp/ |
| 登録内装仕上工事基幹技能者 | （一社）全国建設室内工事業協会 | TEL03-3666-4482<br>http://www.zsk.or.jp/ |
| | 日本建設インテリア事業協同組合連合会 | TEL03-3239-6551<br>http://jeicif.or.jp |
| | 日本室内装飾事業協同組合連合会 | TEL03-3431-2775<br>http://www.nissouren.jp/ |
| 登録サッシ・カーテンウォール基幹技能者 | （一社）日本サッシ協会 | TEL03-6721-5934<br>http://www.jsma.or.jp/ |
| | （一社）建築開口部協会 | TEL03-6459-0730<br>http://www.cw-fw.or.jp/ |
| 登録エクステリア基幹技能者 | （公社）日本エクステリア建設業協会 | TEL03-3865-5671<br>https://www.jpex.or.jp/ |
| 登録建築板金基幹技能者 | （一社）日本建築板金協会 | TEL03-3453-7698<br>http://www.zenban.jp/ |
| 登録外壁仕上基幹技能者 | 日本外壁仕上業協同組合連合会 | TEL03-3379-4338<br>http://www.n-gaiheki.jp/ |
| 登録ダクト基幹技能者 | （一社）日本空調衛生工事業協会 | 登録ダクト基幹技能者講習委員会事務局<br>TEL03-5567-0071<br>http://www.duct-jp.net/ |
| | （一社）全国ダクト工業団体連合会 | |
| 登録保温保冷基幹技能者 | （一社）日本保温保冷工業協会 | TEL03-3865-0785<br>https://www.jtia.org/index.html |
| 登録グラウト基幹技能者 | （一社）日本グラウト協会 | TEL03-3816-2681<br>http://japan-grout.jp/ |
| 登録冷凍空調基幹技能者 | （一社）日本冷凍空調設備工業連合会 | TEL03-3435-9411<br>http://www.jarac.or.jp/ |

| 講習の種類 | 実施機関 | 問合わせ先 |
|---|---|---|
| 登録運動施設基幹技能者 | （一社）日本運動施設建設業協会 | TEL03-6683-8865<br>http://www.sfca.jp/ |
| 登録基礎工基幹技能者 | （一社）全国基礎工業団体連合会 | TEL03-3612-6611<br>http://www.kt.rim.or.jp/~zenkiren/ |
| | （一社）日本基礎建設協会 | TEL03-6661-0128<br>http://www.kisokyo.or.jp/ |
| 登録タイル張り基幹技能者 | （一社）日本タイル煉瓦工事工業会 | TEL03-3260-9023<br>http://www.nittaren.or.jp/ |
| 登録標識・路面標示基幹技能者 | （一社）全国道路標識・標示業協会 | TEL03-3262-0836<br>http://www.zenhyokyo.or.jp/ |
| 登録消火設備基幹技能者 | （一社）消防施設工事協会 | TEL03-3288-0352<br>http://www.sskk-net.or.jp/ |
| 登録建築大工基幹技能者 | （一社）JBN・全国工務店協会 | TEL03-5540-6678<br>https://www.jbn-support.jp/ |
| | 全国建設労働組合総連合 | TEL03-3200-6221<br>https://www.zenkensoren.org/ |
| | （一社）全国住宅産業地域活性化協議会 | TEL03-3537-0287<br>https://www.jyukatsukyo.or.jp/ |
| | （一社）日本ツーバイフォー建築協会 | TEL03-5157-0831<br>https://www.2x4assoc.or.jp |
| | （一社）日本木造住宅産業協会 | TEL03-5114-3010<br>https://www.mokujukyo.or.jp/ |
| | （一社）日本ログハウス協会 | TEL03-3588-8808<br>http://www.loghouse.jpn.com/ |
| | （一社）プレハブ建築協会 | TEL03-5280-3124<br>https://www.purekyo.or.jp/ |
| 登録硝子工事基幹技能者 | 全国板硝子工事協同組合連合会 | TEL03-6413-6222<br>http://www.zenshouren.jp |
| | 全国板硝子商工協同組合連合会 | TEL03-5649-8577<br>http://www.zenshouren.jp |
| 登録ALC基幹技能者 | （一社）ALC協会 | TEL03-5256-0432<br>http://www.alc-a.or.jp/ |
| 登録土工基幹技能者 | （一社）機械土工協会 | TEL03-3845-2727<br>http://www.jemca.jp/ |
| 登録ウレタン断熱基幹技能者 | （一社）日本ウレタン断熱協会 | TEL03-3667-1075<br>http://www.jua.cc/ |
| 登録発破・破砕基幹技能者 | （一社）日本発破・破砕協会 | TEL03-5644-8750<br>https://www.happakk.com/ |
| 登録建築測量基幹技能者 | （一社）全国建築測量協会 | TEL03-6416-0845<br>http://www.zenkensoku.or.jp/ |
| 登録解体基幹技能者 | （公社）全国解体工事業団体連合会 | TEL03-3555-2196<br>https://www.zenkaikouren.or.jp/ |
| 登録圧入工基幹技能者 | （一社）全国圧入協会 | TEL03-5781-9155<br>https://atsunyu.gr.jp/general/ |
| 登録送電線工事基幹技能者 | （一社）送電線建設技術研究会 | TEL03-3253-6200<br>http://www.sou-ken.or.jp/ |
| 登録さく井基幹技能者 | （一社）全国さく井協会 | TEL03-3551-7524<br>https://www.sakusei.or.jp/ |

＊登録あと施工アンカー基幹技能者（実施機関：（一社）日本建設あと施工アンカー協会）が追加予定

# Q 33 １級監理受講者とは （＊改正）

　2008年４月の改正で、新たに１級技術者で監理技術者資格者証を所持し、監理技術者講習を受講している者が評価の対象となっています。

　　１級監理受講者として評価の対象となるのは、以下のすべてを満たす者です。これらを満たす技術職員は１級監理受講者として、１級技術者（５×人数）よりも高い評価（６×人数）が与えられます。
① 　１級技術者（法第15条第２号イ該当）
② 　審査基準日において、有効な監理技術者資格者証の交付を受けている
③ 　審査基準日において、監理技術者講習を受講した日の属する年の翌年から起算して５年以内
＊ （例）講習受講日が2018年２月28日の場合→2018年２月28日から2023年12月31日までの間

　　監理技術者としては、１級技術者（法第15条第２号イ該当）以外に国土交通大臣の認定による者（法第15条第２号ハ該当）や一定の実務経験を満たしている者（法第15条第２号ロ該当）がいますが、これらの者は該当しません。
　　また、有効な監理技術者資格者証は所持しているが監理技術者講習は受けていない者、あるいは監理技術者講習の有効期限が切れている者、監理技術者資格者証の有効期限が切れている者や監理技術者資格者証を所持せずに監理技術者講習のみを受講している者なども認められません。
　　なお、建設業法施行規則の一部改正により、2021年１月１日から監理技術者講習の有効期間が変更になりました。この改正により、講習を受講した日の属する年の翌年１月１日が起算日となり、５年後の12月31日までが有効期間となりました。
　　また、この改正を受け、経審も2022年８月15日に一部改正され、経審における有効期間も、監理技術者講習を受講した日の属する年の翌年の１月１日から起算する５年間となりました。
　　監理技術者資格者証の交付手続は、
　　　　（一財）建設業技術者センター　TEL03-3514-4711　https://www.cezaidan.or.jp/
　で行います。
　　監理技術者講習は国土交通省の登録を受けた登録講習実施機関が行っています。
　　　　監理技術者講習の実施機関一覧（国土交通省のホームページ）
　　　　https://www.mlit.go.jp/totikensangyo/const/1_6_bt_000094.html

発注者から4,000万円以上（建築一式工事の場合は、8,000万円以上）の工事を直接請負った特定建設業者が、総額4,500万円以上（建築一式工事の場合は7,000万円以上）の下請契約を締結する場合、専任の監理技術者を配置しなければなりません。

　この監理技術者は、監理技術者資格者証の交付を受けている者で監理技術者講習を受講した者から選任しなければなりません。

# その他の審査項目（社会性等）Wとは （＊改正）

　建設工事の担い手の育成及び確保に関する取組の状況W₁、建設業の営業継続の状況W₂、防災活動への貢献の状況W₃、法令遵守の状況W₄、建設業の経理の状況W₅、研究開発の状況W₆、建設機械の保有状況W₇、国又は国際標準化機構が定めた規格による認証又は登録の状況W₈の8項目について審査され、各項目の合計点をもとに評点化されます。なお、2023年1月の改正をうけ、2023年8月14日以降を審査基準日とする申請については、総合評定値算出に係る係数が、P点に占めるW点のウェイトが14.40％になるよう変更されています。

　その他の審査項目（社会性等）の配点は、以下のとおりです。

① 　建設工事の担い手の育成及び確保に関する取組の状況W₁（2012年7月と2018年4月の改正により減点措置が厳格化。2021年4月に一部改正。2023年1月の改正により再編、4項目追加）
　　－120点～77点

② 　建設業の営業継続の状況W₂
　　－60点～60点

③ 　防災活動への貢献の状況W₃（2018年4月の改正により加点幅が拡大）
　　0点あるいは20点

④ 　法令遵守の状況W₄
　　－30点～0点

⑤ 　建設業の経理の状況W₅（2021年4月に一部改正）
　　0点～30点

⑥ 　研究開発の状況W₆
　　0点～25点

⑦ 　建設機械の保有状況W₇（2015年4月の改正により加点対象機械が追加され、2018年4月に配点テーブルが改正。2023年1月の改正により対象機械がさらに追加）
　　0点～15点

⑧ 　国又は国際標準化機構が定めた規格による認証又は登録の状況W₈
　　0点～10点

## Q35 建設工事の担い手の育成及び確保に関する取組の状況W₁とは （＊改正）

　「建設工事の担い手の育成及び確保に関する取組の状況W₁」は、2023年1月の改正で再編され、従来の6つの項目（旧「労働福祉の状況」にあたるW₁₋₁〜W₁₋₆）に加え、「若年の技術者及び技能労働者の育成及び確保の状況W₁₋₇」（旧W₉）と「知識及び技術又は技能の向上に関する取組の状況W₁₋₈」（旧W₁₀）が編入され、「ワーク・ライフ・バランスに関する取組の状況W₁₋₉」と「建設工事に従事する者の就業履歴を蓄積するために必要な措置の実施状況W₁₋₁₀」が新設となり、計10項目となりました（4ページ参照）。

　そのうち、法律上の義務の履行に係るW₁₋₁〜W₁₋₃の事項は義務不履行の場合に減点評価し、W₁₋₄〜W₁₋₆の事項は制度に加入・対応している場合に加点評価します。W₁₋₇〜W₁₋₁₀についてはQ39〜Q42をご覧ください。

### 義務不履行の場合に減点（1つについて－40点）評価される事項

　　W₁₋₁　雇用保険への加入（適用除外の場合は評価対象としない）
　　W₁₋₂　健康保険への加入（上記に同じ）
　　W₁₋₃　厚生年金保険への加入（上記に同じ）

　　W₁₋₁〜W₁₋₃については、加入している、または適用除外の場合は減点されず、加入義務があるにもかかわらず未加入の場合はそれぞれ40点減点評価されます。

### 加入、対応している場合に加点（1つについて＋15点）評価される事項

　　W₁₋₄　建設業退職金共済制度（Q36参照）
　　W₁₋₅　退職一時金制度あるいは企業年金制度（Q37参照）
　　W₁₋₆　法定外労働災害補償制度（Q38参照）

　　W₁₋₄〜W₁₋₆は、加入・対応している場合に15点加点評価されます。

　なお、従来は減点評価と加点評価の合計がマイナスの場合でも下限が0点とされていましたが、2008年4月の改正で、この措置が廃止されたことにより、マイナス評価もされることになっています。

　また、退職一時金制度と企業年金制度はそれぞれ加点評価されていましたが、1つの評価項目に統合されました。

# 建設工事の担い手の育成及び確保に関する取組の状況W₁での適用除外とは

　建設工事の担い手の育成及び確保に関する取組の状況W₁での適用除外とは、雇用保険、健康保険、厚生年金保険の加入の適用除外のことです。適用除外の場合は減点されません。

　これらの保険の適用除外の事業所とは、以下のケースです。

⑴　雇用保険の場合

　雇用保険は、1人でも従業員を雇用していれば適用事業所となります。したがって、個人事業主または常勤役員のみの事業所は適用除外となります。しかし、使用人兼務（名義上の役員で実際は従業員を含む）の場合は加入できますので、適用除外とはなりません。

　また、パートタイマーなどの短時間労働者のみを雇用している場合も、条件によっては加入義務があるので、適用除外とはなりません。日雇労働者にも日雇労働被保険者の制度によって加入義務が生じる場合があるので、注意が必要です。

⑵　健康保険、厚生年金保険の場合

　国民健康保険組合の事業所は、国民健康保険法の適用を受けるので、適用除外となります。ただし、厚生年金保険に加入している場合は、みなし適用で適用除外とせず、加入扱いとなります。

　健康保険と厚生年金保険は、法人事業所の場合は強制適用ですが、個人事業所の場合、事業主は含めず、従業員5人未満は任意適用です。したがって、4人以下の個人事業所は未加入でも適用除外となります。

　なお、後期高齢者制度の対象者は、健康保険の適用を受けません。

# 建退共のしくみ、加入方法は

**正式な名称は「建設業退職金共済制度」といい、中小企業退職金共済法にもとづき、国が制定した制度です。経審申請用の加入・履行証明書などを提示することにより、社会性等の評価Wで加点評価されます。**

　この制度は、建設業の事業主が勤労者退職金共済機構の建設業退職金共済事業と共済契約を結んで共済契約者となり、建設現場で働く作業員を被共済者として、その作業員に交付される手帳（退職金共済手帳）に働いた日数分の共済証紙（2023年3月現在、1日320円）を貼り、消印をし、その作業員が建設業で働くのをやめたときに、退職金が支払われる制度です。

　2020年10月に改正中小企業退職金共済法が施行され、建退共の掛金納付方式に、従来の「証紙貼付方式」に加え、「電子申請方式」が追加されました。それにともない、各種申請等様式が改正されています。詳しくは建退共が発行する電子申請方式のパンフレットやホームページを参照してください。

　建設業を営む事業主であれば、総合・専門、元請・下請の別を問わず、専業でも兼業でもすべて加入できます。被共済者は、現場の作業員であれば、月給・日給にかかわらず、共済手帳の交付が受けられます。事業主、役員報酬のみの役員は被共済者にはなれません。

　加入するには、「建設業退職金共済契約申込書」と「建設業退職金共済手帳申込書」に必要事項を記入し、事業所所在地の建退共事業本部の各都道府県支部に提出してください。退職金契約を結ぶと「共済契約者証」と「共済手帳」が交付されます。

　従来の証紙添付の場合、共済証紙は、取扱い金融機関の窓口で「契約者証」を示して、その証票と同じ色の証紙を購入してください。共済証紙には、赤色（中小企業者用）と青色（従業員300人を超え、かつ資本金3億円を超えた事業者、大企業者用）の2種類があり、1日券と10日券が販売されます。1日券は320円、10日券は3,200円です。

　電子申請方式の場合、月に一度、共済契約者が就労日数を電子申請専用サイトに報告し、あらかじめPay-easy（ペイジー）または口座振替で購入した「退職金ポイント」（電子掛金）を就労日数に応じて掛金として充当し、掛金を納付します。

　掛金は、法人の場合は損金、個人企業の場合は必要経費として、全額控除の対象となります。

　加入・履行証明書は、契約者が申請すると、年間を通じて共済証紙の購入および手帳の更新が適正になされているかの確認を受けて、交付されます（142ページ参照）。なお、2022年度より加入・履歴証明書の発行における審査が厳格化されます。詳しくは建退共のパンフレットやホームページを参照してください。

　公共工事を受注すると、その工事種別、発注者別に一定の割合で証紙を購入し、その領

収書（掛金収納書）の提出を発注者から求められることがあります。工期中の現場作業員の退職金分を発注者が積算に計上しているので、証紙の購入状況を確認するためです。元請負人は下請負人に、就労期間内の被共済者数（労働者数）および延べ就労日数に応じて、共済証紙を交付することとされています。元請・下請間で証紙の受渡しがあったときは、確認書類が必要です（143ページ参照）。

　工事請負代金に対する共済証紙購入額の割合は、発注者により異なりますので、詳細は発注者に問合わせてください。

　なお、加入・履行証明書を発行する際、「共済手帳受払簿」と「共済証紙受払簿」の提出が必要です。これは、対象労働者に支給される共済手帳と共済証紙の管理を徹底する目的で行われるもので、証紙の購入と労働者への支給状況を記載した2つの受払簿の作成が、事実上義務付けられています。


問合わせ先

独立行政法人勤労者退職金共済機構　建設業退職金共済事業本部　建退共相談コーナー
　　　　　　TEL03-6731-2841（勤労者退職金共済事業本部のホームページでも内容を紹介）
または各都道府県支部窓口


　様式や証明書発行料は、変更されることがありますので申請のたびに確認が必要です。東京都の証明手数料は一部500円ですが、郵送の場合は、定額小為替（無記名）または現金書留となっています。郵送を希望する場合は事前にFAXなどで確認する必要があります。

# 建設業退職金共済事業加入・履行証明願

共済事業加入及び共済契約の履行状況を下記により証明願います。

令和　　　年　　　月　　　日

独立行政法人
勤労者退職金共済機構
建退共東京都支部長　　　殿

|  |  |
|---|---|
| 申請者<br>（共済契約者） | 住　　　所<br>名　　　称<br>代　表　者<br>電話番号 |

| | | | |
|---|---|---|---|
| ① | 共済契約成立年月日　昭和 平成 令和　　年　　月　　日 | ⑩ | 直前決算日における直近1か年間の<br>元請から受けた電子申請による<br>掛　金　充　当　額　　　　円 |
| ② | 共済契約者番号　　63　－ | ⑪ | 直前決算日における直近1か年間の<br>下請に行った電子申請による<br>掛　金　充　当　額　　　　円 |
| ③ | 建設キャリアアップシステム<br>事　業　者　I　D | ⑫ | 事　務　受　託　者　番　号 |
| ④ | 直前決算日における<br>被　共　済　者　数　　　　人 | ⑬ | 決算日及び決算期間 |
| ⑤ | 直前決算日における直近1か年間の<br>手　帳　更　新　数　　　　冊 | | 令和　　年　　月　　日 ～ 令和　　年　　月　　日 |
| ⑥ | 直前決算日における直近1か年間の<br>証　紙　購　入　額　　　　円 | ⑭ | 工　事　施　工　高 |
| ⑦ | 直前決算日における直近1か年間の<br>元請から現物で交付を受けた<br>証　紙　の　金　額　　　　円 | | 　　（　土　木　）　　　　（建築・その他）<br><br>公共工事　　　　　　千円　　　　　　千円 |
| ⑧ | 直前決算日における直近1か年間の<br>下請へ現物で交付した<br>証　紙　の　金　額　　　　円 | | 民間工事　　　　　　千円　　　　　　千円<br>合　計　　　　　千円 |
| ⑨ | 直前決算日における直近1か年間の<br>電子申請による掛金充当額<br>（　自　社　分　）　　　円 | ⑮ | その他 |

# 建設業退職金共済事業加入・履行証明書

上記のとおり相違ないことを証明します。

証第　　　　　　号

令和　　　年　　　月　　　日

独立行政法人
勤労者退職金共済機構
建退共東京都支部

支部長　　　今　井　雅　則

**【建退共制度に係る被共済者就労状況報告書の記入例】**

建退共事務受託様式第2号

### 建退共制度に係る被共済者就労状況報告書
### （兼建設業退職金共済証紙交付依頼書）

整理番号　　　111

2023 年 11 月 1 日

交付元
事業所　　**元請建設株式会社　殿**

報　告　事　業　所　　A建設株式会社

住　　　　　　　所　　〒170-0013　東京都豊島区東池袋7丁目7

電　話　番　号　　03-8901-2345

共　済　契　約　者
番　　　　　　号　　**63-99999**

建設キャリアアップシステム
事　業　者　I　D　　34567890123456

工事番号および
工　　　事　　　名　　**12-第34号　　建設小学校改修工事**

工　事　コ　ー　ド　　99-999-9999号

建設キャリアアップシステム
現　　場　　I　D　　56789012345678

> 工事ごとに定められている場合にご記入ください。
> （建退共で定めているものではありません。）

> 就労期間をご記入ください。

> 元請に選任された下請の現場責任者のサイン等をご記入ください。

以下のとおり報告します。

記

期　　間　　2023 年 10 月 1 日　　～　　2023 年 10 月 31 日

被共済者数　　**12**　人　　延べ就労日数　　**252**　日

現場責任者確認

> 就労期間内の被共済者数（労働者数）及び延べ就労日数をご記入ください。

### 建 設 業 退 職 金 共 済 証 紙 受 領 書

整理番号　　　111

交付元
事業所　　**元請建設株式会社　殿**

1日券　　**102**　枚

10日券　　**15**　枚

> 上記の延べ就労日数を1日券、10日券に換算して同じになるように、証紙枚数をご記入ください。

上記の共済証紙を受領いたしました。

2023 年 11 月 1 日

受領者確認

報告事業所　　**A建設株式会社**

# 退職一時金制度とは

　退職一時金制度とは、従業員の退職時に一時金を支給する制度です。企業ごとの自社退職金制度の採用状況、中小企業退職金共済制度の加入状況によって、決算日に「定められていた」あるいは「契約を締結していた」場合、加点評価されます。

　審査の対象としている退職一時金制度は、以下の４つです。
① 労働協約において退職手当に関する定めがあること
② 就業規則に退職手当の定めがあること、または退職手当に関する事項について規則が定められていること（従業員10人以上の場合、届出が必要）
③ 勤労者退職金共済機構中小企業退職金共済事業本部（中退共）との間で退職金共済契約を締結していること
④ 所得税法施行令による特定退職金共済団体（特退共）との間で、その行う退職金共済について退職金共済契約を締結していること

　経審の審査にあたって、自社退職金制度については労働協約、就業規則、退職手当に関する規則などによって確認され、中小企業退職金共済制度（中退共）に加入している場合は加入証明書など、特退共との契約締結の場合は加入証明書、契約書または領収書などを提示します。
　なお、中小企業の退職金制度としては、建退共（Q36参照）と中退共がありますが、１人の人が両方に加入することは禁じられています。現場技術者は建退共に加入し、事務職や営業職は中退共に加入することが望ましいといえます。
　また、就業規則の中に退職手当の定めとして「建退共による退職金の支払い」とあるだけでは加点対象として認められません。別途、退職給与引当金を設定して、退職手当の定めも変更する必要があります。

## 中退共とは

　中退共の正式名称は「中小企業退職金共済制度」といい、中小企業退職金共済法にもとづいて、勤労者退職金共済機構中小企業退職金共済事業本部が、国の援助を受けて運営する中小企業向けの退職金制度です。加入証明を提示すると、社会性等の評価Wの「退職一時金制度」で加点評価されます。
　建設業、製造業、卸売・小売業、サービス業などを対象として、事業主、役員、建退共加入者、臨時の雇用者を除き、誰でも加入できますが、「中小」と命名されているように、建設業では常用労働者が300人以下または資本金が３億円以下の企業に制限されます。掛

金は、損金または必要経費として処理できます。

　加入方法は、中退共事業本部の取扱い代理店として金融機関、生保、商工会議所などの窓口に加入用紙がありますから、そこで申込みます。月額掛金は5,000円から3万円までの中から、従業員個人ごとに決めてください。

　加入証明が必要なときは、中退共のホームページから必要事項を入力することでダウンロードできます（即時交付）。郵送を希望する場合、交付依頼書に①共済者契約者番号、②名称、③住所、④必要枚数を明記のうえ、切手を貼った返信用封筒を同封して請求してください。

問合わせ先

独立行政法人勤労者退職金共済機構　中小企業退職金共済事業本部（中退共）

TEL03-6907-1234（勤労者退職金共済機構のホームページの「中退共」でも内容を紹介）

## 企業年金制度とは

　経審では、以下の4つの場合、社会性等の評価Wで加点評価することになっています。

① 厚生年金基金制度

　厚生年金保険法にもとづき、企業ごと、または職域ごとに厚生年金基金を設立して老齢厚生年金の上乗せ給付を行うもので、この基金によって運営される退職年金

② 適格退職年金制度

　企業が拠出金を信託銀行、生命保険会社などに預託して退職年金を支給するもので、税法上の優遇措置が認められた社外積立型の退職年金

③ 確定給付企業年金制度

　事業主と従業員が年金内容を約し、高齢期において従業員がその内容にもとづいた年金の給付を受けるもので、厚生年金基金制度の代行部分を国に返上した「基金型」と適格退職年金制度に受給権保護などを加えた「規約型」がある

④ 確定拠出年金制度（企業型）

　厚生年金保険の被保険者を使用する事業主が、単独または共同して、その使用人に対して安定した年金給付を行うもの

　なお、以上のうち、適格退職年金契約（当該年金契約は、2002年3月31日までに締結されたもの）については、2012年3月31日までの経過期間をもって、他の企業年金制度に移行などをすることになるため、経審でも2012年3月31日をもって加点対象から削除されています。

# 法定外労働災害補償制度とは （＊改正）

**「法定外労働災害補償制度」とは、建設労働災害の発生に際し、政府の労働災害補償制度とは別に上乗せ給付などを行うもので、（公財）建設業福祉共済団、（一社）全国建設業労災互助会、（一社）全国労働保険事務組合連合会、中小企業等協同組合法の認可を受けて共済事業を行う者の互助事業のほか、労働災害総合保険など民間の保険事業があります。これらの給付に関する契約を締結することにより、社会性等の評価Wで加点評価されます。**

　経審では、審査基準日において、（公財）建設業福祉共済団、（一社）全国建設業労災互助会、（一社）全国労働保険事務組合連合会、中小企業等協同組合法の認可を受けて共済事業を行う者、または保険会社との間の契約内容が、以下の4点のすべてを満たしていることが必要です。

① 業務災害および通勤災害が対象とするものであること

② 当該給付が申請者の直接使用関係にある職員だけでなく、申請者が請負った建設工事を施工する下請負人の直接使用関係にある職員も対象とするものであること

③ 少なくとも労働災害補償保険の障害等級第1級から第7級に係る障害補償給付および障害給付、ならびに遺族補償給付および遺族給付の起因となった災害すべてを対象とするものであること（補償金額については問いません）

④ すべての工事が対象とするものであること（JV工事および海外工事を除く）

　国土交通省は公共工事費算定にあたり、法定外労災補償費を積算し、労災補償上乗せ（上積み）制度の積極的な加入促進を指導しています。

問合わせ先

（公財）建設業福祉共済団（建設共済）　TEL03-3591-8451（ホームページでも内容を紹介）

（一社）全国建設業労災互助会　TEL03-3518-6551（ホームページでも内容を紹介）

（一社）全国労働保険事務組合連合会　TEL03-3234-1481（ホームページでも内容を紹介）

　経審の審査では、加入証明書などや労働災害総合保険の機能を持つ保険会社の保険証券などにより確認されます。

　準記名式の普通傷害保険も審査対象となりますが、上記①～④を網羅していることが条件となります（詳細は、審査庁へ確認してください）。

　加入証明書や保険証券の特約の内容として、上記①～④のすべての記載があるかどうか確認してください。

# Q 39 若年の技術者及び技能労働者の育成及び確保の状況W₁₋₇とは （＊改正）

　公共工事の品質確保の促進に関する法律の一部改正法（改正品確法）が2014年6月4日に公布・施行されました。背景には、ダンピング受注、現場の担い手不足・若年入職者減少、発注者のマンパワー不足、地域の維持管理体制の懸念、受発注者の負担増大などの課題があり、改正の主たる目的として、「インフラの品質確保とその担い手の中長期的な育成・確保」が掲げられました。この法改正をふまえ、対応策の一つとして、経審において若手技術者および技能労働者の育成および確保の状況を評価することになり、2023年1月の改正でW₁に再編されました。

## W₁₋₇₋₁　継続的に若手の技術職員の育成・確保に取組んできた建設業者 （継続的な取組みの評価）

　技術職員名簿に記載された35歳未満の技術職員数が技術職員名簿（別紙2、216ページ参照）全体の15％以上の場合、一律1点加点。

## W₁₋₇₋₂　審査対象年において若手の技術職員を育成し、確保した建設業者 （審査対象年における取組みの評価）

　新たに技術職員名簿に記載された35歳未満の技術職員数が技術職員名簿全体の1％以上の場合、一律1点加点。

　技術職員名簿（別紙2、216ページ参照）の新規掲載者欄に○を記載します。

## 確認書類（大臣許可の場合）

　健康保険及び厚生年金保険に係る標準報酬の決定を通知する書面で生年月日を確認
　住民税特別徴収税額を通知する書面の場合は、下記イ、ロのいずれかの書類で生年月日を確認
　イ　事業所の名称が記載された健康保険被保険者証（本人の記号・番号および保険番号はマスキングが必要）
　ロ　雇用保険被保険者資格取得確認通知書

# 知識及び技術又は技能の向上に関する取組の状況W₁-₈とは （＊改正）

　2020年10月施行の改正建設業法において、「建設工事に従事する者は、建設工事を適正に実施するために必要な知識及び技術又は技能の向上に努めなければならない」とされました。そのため、継続的な教育意欲を促進する観点から、2021年4月の経審改正では、建設業者による技術者および技能者の技術または技能の向上の取組みの状況についての評価項目が新設され、2023年1月の改正でW₁に編入されました。

　以下の計算式で評点化しますが、大きく分けて、技術者についての評価と、技能者についての評価で構成されています。

$$\underbrace{\left(\frac{技術者数a}{技術者数a＋技術者数b}\times\frac{CPD単位取得数}{技術者数a}\right)}_{技術者についての評価}＋\underbrace{\left(\frac{技術者数b}{技術者数a＋技術者数b}\times\frac{技能レベル向上者数}{技術者数b－控除対象者数}\right)}_{技能者についての評価}$$

### 技術者数a

　監理技術者になる資格を有する者、主任技術者になる資格を有する者、1級技士補および2級技士補、CPD単位を取得した技術者名簿（様式第4号、218ページ参照）に記載された者の数。

　なお、2級技士補は、技術職員名簿（別紙2、216ページ参照）には記載できませんが、ここでは評価対象となります。

### 技能者数b

　審査基準日以前3年間に建設工事の施工に従事し、作業員名簿を作成する場合に氏名が記載される者（ただし建設工事の施工管理のみに従事した者は除く）の数（技能者名簿（様式第5号）、219ページ参照）。

### CPD単位取得数

　各技術者が審査対象年にCPD認定団体によって取得を認定された単位の合計数。

　基本的には技能者として従事していても、主任技術者となる資格を有している場合は、技術者と技能者の両方で評価の対象となる場合があります（ダブルカウントが可能）。

【算出方法】

　まず、各技術者が審査対象年にCPD認定団体によって取得を認定された単位数を算出します。認定団体ごとに認定基準が異なるため、以下の計算式により算出します。また、上限は30となり、これを超える場合は30とします。

$$\frac{\text{審査対象年にCPD認定団体によって取得を認定された単位数}}{\text{CPD認定団体ごとに決められた数値（告示別表第18の右欄の数字、150ページ参照）}} \times 30$$

（小数点以下切捨）

　この計算式により算出した各技術者の数値を合計したものがCPD単位取得数となります（218ページ参照）。

　なお、１人の技術者が複数のCPD認定団体によって単位取得が認定されている場合は、いずれか１つのCPD認定団体において取得が認定された単位をもとに算出します。

$$\frac{\text{CPD単位取得数}}{\text{技術者数 a}} \quad \leftarrow \text{この部分をcとします}$$

　技術者一人当たりのCPD単位取得数（CPD単位取得数÷技術者数 a ）を、表１（150ページ参照）にあてはめて求めた数値（計算方法は12ページ参照）。

　なお、CPD単位を取得した技術者については、技術職員名簿（別紙２、216ページ参照）に記載のある者を除き、CPD単位を取得した技術者名簿（様式第４号、218ページ参照）に記載します。

### 技能レベル向上者数

　審査基準日以前３年間に、認定能力評価基準により受けた評価が１以上向上（レベル１からレベル２、レベル３からレベル４など）した者の数（219ページ、Q43参照）。

　なお、認定能力基準による評価を受けていない場合は、レベル１として審査され、技能レベル向上者数には含みません。

### 控除対象者数

　審査基準日の３年前の日以前にレベル４の評価を受けていた者の数（219ページ参照）。

$$\frac{\text{技能レベル向上者数}}{\text{技能者数 b －控除対象者数}} \quad \leftarrow \text{この部分をdとします}$$

　技能レベル向上者数÷（技能者数 b －控除対象者数）の数値の百分率で表した数値を、表２（150ページ参照）にあてはめて求めた数値。

　なお、技能者数 b －控除対象者数＝０の場合、０として審査されます。

　また、審査基準日における許可を受けた建設業に従事する職員のうち、審査基準日以前３年間に建設工事の施工に従事し、法施行規則第14条の２第１項第２号チまたは同第４号チに規定する建設工事に従事する者（建設工事の施工の管理のみに従事した者は除く。151ページ参照）がいる場合も技能者名簿（様式第５号、219ページ参照）に記載できます。

　148ページの計算式により算出した値（14ページの(1)＋(2)）を、表３（150ページ参照）にあてはめて求めた数値が$W_{1\text{-}8}$の点数となります。具体例はＱ２を参照してください。

**表1**

| CPD単位取得数÷技術者数a | 数値 |
|---|---|
| 30 | 10 |
| 27以上　30未満 | 9 |
| 24以上　27未満 | 8 |
| 21以上　24未満 | 7 |
| 18以上　21未満 | 6 |
| 15以上　18未満 | 5 |
| 12以上　15未満 | 4 |
| 9以上　12未満 | 3 |
| 6以上　9未満 | 2 |
| 3以上　6未満 | 1 |
| 3未満 | 0 |

**表2**

| 技能レベル向上者数÷<br>（技能者数b−控除対象者数） | 数値 |
|---|---|
| 15%以上 | 10 |
| 13.5%以上　15%未満 | 9 |
| 12%以上　13.5%未満 | 8 |
| 10.5%以上　12%未満 | 7 |
| 9%以上　10.5%未満 | 6 |
| 7.5%以上　9%未満 | 5 |
| 6%以上　7.5%未満 | 4 |
| 4.5%以上　6%未満 | 3 |
| 3%以上　4.5%未満 | 2 |
| 1.5%以上　3%未満 | 1 |
| 1.5%未満 | 0 |

**表3**

| 知識及び技術又は<br>技能の向上に関する<br>取組の状況 | 評点 |
|---|---|
| 10 | 10 |
| 9以上　10未満 | 9 |
| 8以上　9未満 | 8 |
| 7以上　8未満 | 7 |
| 6以上　7未満 | 6 |
| 5以上　6未満 | 5 |
| 4以上　5未満 | 4 |
| 3以上　4未満 | 3 |
| 2以上　3未満 | 2 |
| 1以上　2未満 | 1 |
| 1未満 | 0 |

**告示別表第18**

| | |
|---|---|
| 公益社団法人空気調和・衛生工学会 | 50 |
| 一般財団法人建設業振興基金 | 12 |
| 一般社団法人建設コンサルタンツ協会 | 50 |
| 一般社団法人交通工学研究会 | 50 |
| 公益社団法人地盤工学会 | 50 |
| 公益社団法人森林・自然環境技術教育研究センター | 20 |
| 公益社団法人全国上下水道コンサルタント協会 | 50 |
| 一般社団法人全国測量設計業協会連合会 | 20 |
| 一般社団法人全国土木施工管理技士会連合会 | 20 |
| 一般社団法人全日本建設技術協会 | 25 |
| 土質・地質技術者生涯学習協議会 | 50 |
| 公益社団法人土木学会 | 50 |
| 一般社団法人日本環境アセスメント協会 | 50 |
| 公益社団法人日本技術士会 | 50 |
| 公益社団法人日本建築士会連合会 | 12 |
| 公益社団法人日本造園学会 | 50 |
| 公益社団法人日本都市計画学会 | 50 |
| 公益社団法人農業農村工学会 | 50 |
| 一般社団法人日本建築士事務所協会連合会 | 12 |
| 公益社団法人日本建築家協会 | 12 |
| 一般社団法人日本建設業連合会 | 12 |
| 一般社団法人日本建築学会 | 12 |
| 一般社団法人建築設備技術者協会 | 12 |
| 一般社団法人電気設備学会 | 12 |
| 一般社団法人日本設備設計事務所協会連合会 | 12 |
| 公益財団法人建築技術教育普及センター | 12 |
| 一般社団法人日本建築構造技術者協会 | 12 |

**【建設業法施行規則第14条の2第1項第2号チ】**

（施工体制台帳の記載事項等）

第十四条の二　法第二十四条の八第一項の国土交通省令で定める事項は、次のとおりとする。

（中略）

二　作成建設業者が請け負つた建設工事に関する次に掲げる事項

（中略）

チ　建設工事に従事する者に関する次に掲げる事項（建設工事に従事する者が希望しない場合においては、(6)に掲げるものを除く。）

(1)　氏名、生年月日及び年齢

(2)　職種

(3)　健康保険法又は国民健康保険法（昭和三十三年法律第百九十二号）による医療保険、国民年金法（昭和三十四年法律第百四十一号）又は厚生年金保険法による年金及び雇用保険法による雇用保険（第四号チ(3)において「社会保険」という。）の加入等の状況

(4)　中小企業退職金共済法（昭和三十四年法律第百六十号）第二条第七項に規定する被共済者に該当する者（第四号チ(4)において単に「被共済者」という。）であるか否かの別

(5)　安全衛生に関する教育を受けているときは、その内容

(6)　建設工事に係る知識及び技術又は技能に関する資格


**【同第3号】**

三　前号の建設工事の下請負人に関する次に掲げる事項

イ　商号又は名称及び住所

ロ　当該下請負人が建設業者であるときは、その者の許可番号及びその請け負つた建設工事に係る許可を受けた建設業の種類

ハ　健康保険等の加入状況


**【同第4号チ】**

四　前号の下請負人が請け負つた建設工事に関する次に掲げる事項

（中略）

チ　建設工事に従事する者に関する次に掲げる事項（建設工事に従事する者が希望しない場合においては、(6)に掲げるものを除く。）

(1)　氏名、生年月日及び年齢

(2)　職種

(3)　社会保険の加入等の状況

(4)　被共済者であるか否かの別

(5)　安全衛生に関する教育を受けているときは、その内容

(6)　建設工事に係る知識及び技術又は技能に関する資格

# ワーク・ライフ・バランスに関する 取組の状況W₁₋₉とは （＊改正）

「ワーク・ライフ・バランスに関する取組の状況W₁₋₉」は、2023年1月の改正で新設された評価項目です。内閣府による「女性の活躍推進に向けた公共調達及び補助金の活用に関する実施要領」（2016年3月22日内閣府特命担当大臣（男女共同参画）決定）に基づき、「えるぼし認定」、「くるみん認定」、「ユースエール認定」を審査基準日において取得していれば加点評価されます。

## えるぼし認定について

女性の職業生活における活躍の推進に関する法律（女性活躍推進法）に基づき、一定基準を満たし、女性の活躍促進に関する状況などが優良な企業が厚生労働省により認定されます。また、えるぼし認定企業のうち、より高い水準の要件を満たした企業は「プラチナえるぼし認定」を受けることができます。

採用されてから仕事をしていく上で、女性が能力を発揮しやすい職場環境であるかという観点から、5つの評価項目が定められており、その実績を「女性の活躍推進企業データベース」に公表することが必要です。公表は毎年必要なため、公表しなかった場合は、要件を満たさないことになり、認定取消しの対象となります。

えるぼし認定には3段階あり、5つの評価項目のうち、基準を満たしている項目数に応じて取得できる段階が決まります。なお、2023年1月末時点でのえるぼし認定は2,062社となります（企業の意向により、非公表の企業を除く）。

**【えるぼし認定の評価項目と認定要件】**

| 5つの評価項目 | | | | |
|---|---|---|---|---|
| ①採用 | ②継続就業 | ③労働時間等の働き方 | ④管理職比率 | ⑤多様なキャリアコース |

| 要件 | 段階 |
|---|---|
| 5つ（すべて）の基準を満たしている | えるぼし認定（3段階目） |
| 3〜4つの基準を満たしている | えるぼし認定（2段階目） |
| 1〜2つの基準を満たしている | えるぼし認定（1段階目） |

（注）詳細は厚生労働省のホームページを確認してください。

プラチナえるぼし認定を受けるためには、えるぼし認定の3段階のうちのいずれかを受けているのみならず、次の要件が必要となります。なお、2023年1月末時点でのプラチナえるぼし認定は36社となります（企業の意向により、非公表の企業を除く）。

## 【プラチナえるぼし認定の認定要件】

| プラチナえるぼし認定の要件 |
| --- |
| 5つの評価項目を、プラチナえるぼしの基準で全て満たしている |
| 策定した一般事業主行動計画に基づく取組みを実施し、当該行動計画に定めた目標を達成している（一般事業主行動計画の策定・届出義務は常時雇用する労働者が101人以上の場合） |
| 男女雇用機会均等推進者、職業家庭両立推進者を選任している |
| 女性活躍推進法に基づく情報公表項目（社内制度の概要を除く）のうち、必要項目数以上を「女性の活躍推進企業データベース」で公表している（公表義務は常時雇用する労働者が101人以上の場合） |

　また、改正厚生労働省令（2022年7月8日施行）により、労働者が301人以上の事業主は、「男女の賃金の差異」を情報公表することが必須となりました。初回の情報公表は、施行後に最初に終了する事業年度の実績を、その次の事業年度の開始後おおむね3カ月以内にすることが必要です。また、女性の活躍に関する情報公表項目も追加されています。

## 【女性活躍推進法に基づく情報公表項目】

| 常時雇用する労働者数 | 事業主が公表することが必要な項目 |
| --- | --- |
| 301人以上 | 下の表中の①〜⑧から任意1項目以上、⑨は必須、⑩〜⑯から任意1項目以上 |
| 101人以上300人以下 | 下の表中の①〜⑯から任意の1項目以上 |

| 女性労働者に対する職業生活に関する機会の提供に関する項目 | 職業生活と家庭生活との両立に関する項目 |
| --- | --- |
| ①採用した労働者に占める女性労働者の割合 | ⑩男女の平均継続勤務年数の差異 |
| ②男女別の採用における競争倍率 | ⑪10事業年度前およびその前後の事業年度に採用された労働者の男女別の継続雇用割合 |
| ③労働者に占める女性労働者の割合 | |
| ④係長級にある者に占める女性労働者の割合 | ⑫男女別の育児休業取得率 |
| ⑤管理職に占める女性労働者の割合 | ⑬労働者の1カ月当たりの平均残業時間 |
| ⑥役員に占める女性の割合 | ⑭雇用管理区分ごとの労働者の1カ月当たりの平均残業時間 |
| ⑦男女別の職種または雇用形態の転換実績 | |
| ⑧男女別の再雇用または中途採用の実績 | ⑮有給休暇取得率 |
| ⑨男女の賃金の差異 | ⑯雇用管理区分ごとの有給休暇取得率 |

（注）1　⑨は、男性労働者の賃金の平均に対する女性労働者の賃金の割合（%）の公表が必要。
（注）2　「全労働者」「正規雇用労働者（正社員）」「非正規雇用労働者（パート・有期社員等）」に分けてすべての割合（%）の公表が必要。
（注）3　事業年度の明記が必要。

## くるみん認定について

　次世代育成支援対策推進法（次世代法）に基づき、行動計画を策定した企業のうち、行動計画に定めた目標を達成し、一定の要件を満たした企業は、子育てサポート企業として、

厚生労働大臣の認定「くるみん認定」、「トライくるみん認定」を受けることができます。

　さらに、くるみん認定・トライくるみん認定を受けた企業のうち、より高い水準の取組みを行った企業が、一定の要件を満たした場合に特例認定「プラチナくるみん認定」を受けることができます。なお、2023年2月末時点でのくるみん認定は4,084社、プラチナくるみん認定は540社、トライくるみん認定は1社となります（ただし、認定決定された企業のうち、企業名公表を了解している企業数）。

**【主な認定基準】**

|  | プラチナくるみん | くるみん | トライくるみん |
|---|---|---|---|
| 男性の育児休業取得率 | 30％以上 | 10％以上 | 7％以上 |
| 女性の育児休業取得率 | 75％以上＊ | | |
| 労働時間数 | 計画期間の属する事業年度において以下のいずれも満たしていること<br>・フルタイム労働者の月平均時間外・休日労働が45時間未満<br>・全労働者の月平均時間外労働が60時間未満 | | |

＊くるみん認定は、さらに厚生労働省のウェブサイト「両立支援のひろば」で公表していることが必要。
（注）　詳細は厚生労働省のホームページを確認してください。

　また、現在のところ経審の加点対象にはなっていませんが、くるみんなどの認定を受けた企業のうち、不妊治療と仕事との両立に取組む企業が一定の認定基準を満たした場合には、プラス認定「くるみんプラス」、「プラチナくるみんプラス」、「トライくるみんプラス」を受けることができます。

## ユースエール認定

　青少年の雇用の促進等に関する法律（若者雇用促進法）に基づき、若者の採用・育成に積極的で、若者の雇用管理の状況などが優良な中小企業が厚生労働大臣により認定されます。認定を受けた企業は、ユースエール認定企業と呼ばれます。

　認定を受けると、ハローワークなどで重点的にPR（情報を掲載）されたり、自社の商品や広告などに認定マークの使用が可能となったり、日本政策金融公庫の融資などのさまざまな支援を受けることができるというメリットもあります。

　認定の申請は、電子政府の総合窓口（e–Gov）から電子申請により行うことができます。電子申請が利用できない場合には、事業主の住所を管轄する都道府県の労働局へ持参または郵送で申請します。提出書類確認後、各都道府県の労働局から認定通知書が交付されます（認定審査の処理は、原則として申請日から30日以内）。認定の申請は、管轄労働局が指揮監督するハローワークを通じて行うことができる場合もあります。なお、2022年12月時点では975社がユースエール認定企業として認められています。

## 【ユースエール認定の認定要件】

| | |
|---|---|
| ① | 学卒求人[*1]など、若者対象の正社員の求人申込みまたは募集を行っている[*2] |
| ② | 若者の採用や人材育成に積極的に取組む企業である |
| ③ | 以下の要件をすべて満たしている<br>・直近3事業年度の新卒者など[*3]の正社員として就職した人の離職率が20%以下[*4]<br>・「人材育成方針」と「教育訓練計画」を策定している<br>・前事業年度の正社員の月平均所定外労働時間が20時間以下かつ、月平均の法定時間外労働60時間以上の正社員が1人もいない<br>・前事業年度の正社員の有給休暇の年間付与日数に対する取得率が平均70%以上または年間取得日数が平均10日以上[*5]<br>・直近3事業年度で、男性労働者の育児休業等取得者が1人以上または女性労働者の育児休業等取得率が75%以上[*6] |
| ④ | 以下の雇用情報項目について公表している<br>・直近3事業年度の新卒者などの採用者数・離職者数、男女別採用者数、平均継続勤務年数<br>・研修内容、メンター制度の有無、自己啓発支援・キャリアコンサルティング制度・社内検定の制度の有無とその内容<br>・前事業年度の月平均の所定外労働時間、有給休暇の平均取得日数、育児休業の取得対象者数・取得者数（男女別）、役員・管理職の女性割合 |
| ⑤ | 過去に認定を取り消された場合、取り消しの日から起算して3年以上経過している |
| ⑥ | 過去に⑦〜⑫に掲げる基準を満たさなくなったため認定辞退を申出て取消した場合、取消しの日から3年以上経過している[*7] |
| ⑦ | 過去3年間に新規学卒者の採用内定取消しを行っていない |
| ⑧ | 過去1年間に事業主都合による解雇または退職勧奨を行っていない[*8] |
| ⑨ | 暴力団関係事業主ではない |
| ⑩ | 風俗営業等関係事業主ではない |
| ⑪ | 雇用関係助成金の不支給措置を受けていない |
| ⑫ | 重大な労働関係法令違反を行っていない |

*1　少なくとも卒業後3年以内の既卒者が応募可であることが必要。

*2　正社員とは、直接雇用であり、期間の定めがなく、社内の他の雇用形態の労働者（役員を除く）に比べて高い責任を負いながら業務に従事する労働者をいう。

*3　新規学卒者を対象とした正社員求人または採用枠で就職した者を指し既卒者等であって新卒者と同じ採用枠で採用した者を含む。

*4　直近3事業年度の採用者数が3人または4人の場合は、離職者数が1人以下であれば可。また直近3事業年度において新卒者等の採用実績がない場合、他の要件を満たしていれば本要件は不問。

*5　有給休暇に準ずる休暇として、「企業の就業規則等に規定する」、「有給である」、「毎年全員に付与する」、という3つの条件を満たす休暇について、労働者1人あたり5日を上限として加算することが可能。

*6　男女ともに育児休業等の取得対象者がいない場合は、育休制度が定められていれば可。また、「くるみん認定」を取得している企業については、くるみんの認定を受けた年度を含む3年度間はこの要件は不問。

*7　③、④の基準を満たさなくなったことを理由に辞退の申出をし、取消された場合、取消しの日から3年以内でも再度の認定申請が可能。

*8　離職理由に虚偽があることが判明した場合（実際は事業主都合であるにもかかわらず自己都合であるなど）は取消しとなる。

## 経審での加点要件と算出方法

　　上記の認定を審査基準日に取得しており、厚生労働省により認定企業として認められていることが確認できる場合に加点されます。審査基準日時点で認定取消または辞退が行われている場合は加点されません。

　　また、取得している認定のうち、最も配点の高いものが評価されます。例えば「プラチナえるぼし認定」と「トライくるみん認定」と「ユースエール認定」を取得している場合、この中で最も配点の高い「プラチナえるぼし認定」（5点）だけが評価され、$W_{1-9}$の点数は5となります（最大5点、最小2点）。複数の認定を取得していても合算されません。

### 【各認定の配点】

| 認定の区分 | | 配点 |
|---|---|---|
| えるぼし認定 | プラチナえるぼし | 5 |
| | えるぼし（第3段階） | 4 |
| | えるぼし（第2段階） | 3 |
| | えるぼし（第1段階） | 2 |
| くるみん認定 | プラチナくるみん | 5 |
| | くるみん | 3 |
| | トライくるみん | 3 |
| ユースエール認定 | ユースエール | 4 |

## 確認書類

　　「基準適合事業主認定通知書」、「基準適合一般事業主認定通知書」など

## Q 42 建設工事に従事する者の就業履歴を蓄積するために必要な措置の実施状況W₁₋₁₀とは （＊改正）

「建設工事に従事する者の就業履歴を蓄積するために必要な措置の実施状況W$_{1-10}$」は、2023年1月の改正で追加された評価項目です。建設工事の担い手の育成・確保に向け、技能労働者等を適正に評価するためには、就業履歴の蓄積が必須となります。そのため、建設キャリアアップシステム（CCUS）の就業履歴の蓄積に必要な処置の実施状況が加点対象となりました。審査基準日が2023年8月14日以降の申請より加点されます。

　「公共工事の品質確保の促進に関する法律（平成17年法律第18号）」（品確法）の第8条第3項に示される受注者（元請企業）の努力義務のうち、条文中の「技術者、技能労働者等の（中略）賃金、労働時間その他の労働条件（中略）の改善」について、これまで経審では加点措置がありませんでした。

　技能労働者等の就業履歴を記録・蓄積する仕組みであるCCUSを元請企業が導入した場合、技能労働者等がほかの事業者の現場で就業する場合でも、過去の就業実績を証明することができるため、適切な処遇を受けることが可能となります。したがってCCUSを導入した元請企業は、自らの負担により、下請負人に雇用される者を含め、広く技能労働者等の労働条件を改善する役割を果たしていると考えられることから、CCUSの活用状況が加点対象となりました。加点を受けるには以下の条件を満たす必要があります。

### 審査対象工事

　審査基準日以前1年以内に発注者から直接請負った建設工事が対象となります。
　ただし、以下の工事は除きます。
・日本国内以外の工事
・建設業法施行令で定める軽微な工事
　工事1件の請負代金の額が500万円（建築一式工事の場合は1,500万円に満たない工事）
　建築一式工事のうち面積が150㎡に満たない木造住宅を建設する工事
・災害応急工事
　防災協定に基づく契約または発注者の指示により実施された工事

### 該当措置

　以下の①〜③のすべてを実施している場合に加点となります。
①　CCUS上での現場・契約情報の登録
②　建設工事に従事する者が直接入力によらない方法＊でCCUS上に就業履歴を蓄積で

きる体制の整備

③　経営事項審査申請時に様式第6号に掲げる誓約書（259ページ参照）の提出

\*　就業履歴データ登録標準API連携認定システムにより、入退場履歴を記録できる措置を実施していることなど。認定済みのシステムの一覧は、同システム認定審査受付ホームページ（https://www.auth.ccus.jp/p/certified）を参照。

## 加点条件と評点

・審査対象工事のうち、民間工事を含むすべての建設工事で該当措置を実施した場合、15点
・審査対象工事のうち、すべての公共工事で該当措置を実施した場合、10点

　ただし、審査基準日以前1年のうちに、審査対象工事を1件も発注者から直接請負っていない場合には加点しません。また、審査基準日が2023年8月13日以前の場合は、上記の条件を満たしていても加点対象にはなりません。

　CCUSは、建設工事従事者の適正な処遇などを実現するための制度です（159ページ、Q43参照）。CCUSを適切に活用し、建設工事で該当措置を実施すれば加点につながると思われますが、現在のところ、CCUS自体が普及・浸透の途上にありますので、すべての建設工事での該当措置の実施は難しいかもしれません。たとえば、民間工事の件数が少なかったり、年間の売上高のすべてが公共工事といった場合であれば、加点条件を達成する可能性は高くなりますが、そうでない場合には「該当なし」となることも考えられます。本書では、㈱日本一郎建設は、非該当として設定しています。

## 建設キャリアアップシステムの概要

　建設キャリアアップシステム（Construction Career Up System、略称CCUS）は、技能者１人ひとりの就業履歴や保有資格、社会保険加入状況等の登録・蓄積・管理・閲覧などができるクラウドシステムです。技能者の実績を客観的かつ業界統一の基準で評価することを可能とし、技能者の処遇改善、下請事業者の社会的信用や施工能力の「見える化」、元請事業者の現場管理の効率化などにつなげることを目指しています。

　システム構築の背景には、建設業就労者の年齢構成の高齢化に加え、技能者の経験や能力が統一的に評価される業界横断的な仕組みが存在しないため、技能や現場管理などのスキルアップや、後進の指導といった貢献が処遇の向上につながりにくいという構造的問題があり、担い手確保・育成を進める上で大きな課題となっていました。

　この状況を変革すべく、国土交通省の建設産業活性化会議（2015年５月）では、技能者の経験を蓄積するシステムの構築が表明され、2016年４月に「建設キャリアアップシステムの構築に向けた官民コンソーシアム」が発足。その後、同省や建設関係団体などで構成する「建設キャリアアップシステム運営協議会」が設立され、検討を経て、（一財）建設業振興基金を開発・運営主体としてCCUSが構築されました。

　CCUSは2019年４月に本格運用が開始され、2022年10月に登録技能者数が100万人に達しました。

# 建設キャリアアップシステムのしくみ、登録方法は

建設キャリアアップシステム（CCUS）は、その利用に先立ち、事業者、技能者双方の登録が必要です。また、**現場利用にあたって元請事業者は、現場管理者IDの登録と現場・契約情報の登録などを行うとともに、カードリーダーの設置など就業履歴を蓄積する環境を整備します。**

CCUSでは技能者が現場に到着した際にICカードをカードリーダーにタッチすることで就業履歴を蓄積しますが、それには事前に建設業者と技能者の双方がシステムに登録する必要があります。建設業者は会社の情報や現場情報を登録（事業者登録）し、技能者は資格などの自分の情報を登録（技能者登録）します。登録には費用がかかります。

CCUSの運用開始以来、行政書士および行政書士法人は、CCUS認定アドバイザーに登録するなどして、CCUS登録申請のお手伝いをしてきましたが、2022年2月より行政書士のCCUS登録代行のための事業者登録（ID取得）が可能となりました。CCUS登録代行申請は、建設業者や建設業団体以外では唯一、行政書士だけに認められており、講習を修了した行政書士は、建設業振興基金の名簿に「CCUS登録行政書士」として掲載することができます。

### 事業者登録

元請事業者は、現場が決まると現場管理者の決定や契約情報の登録などを行います。現場管理者IDや現場IDも取得します。下請事業者との協力がなければできませんので、慎重に下請事業者との合意形成をしなければなりません。

また、元請事業者だけが登録すればよいのではなく、その工事にかかわる事業者は下請や孫請などすべての事業者が登録しなければなりません。たとえば2次下請事業者が登録していないと、3次下請事業者が登録しても、元請事業者は3次以下の下請事業者と施工体制を組むことができず、2次下請事業者に所属する技能者の履歴の蓄積も当然のことながらできません。つまり、すべての下請事業者を含めた施工体制の構築が必要となります。

事業者登録料は、資本金によって異なります。個人事業主の場合は6,000円（税込み。以下同じ）、一人親方は無料です。新規登録時より5年ごとに更新が必要です。

事業者がCCUSの事業者情報（現場情報を含む）を管理するために必要となる管理者IDの利用料は、1IDあたり11,400円、一人親方は2,400円です。毎年支払います。

現場利用料は、就業履歴1件ごとに10円です。こちらは元請事業者（現場を登録する事業者）が負担します。

**【事業者登録料】**

| 資本金 | 登録料（税込） |
|---|---|
| 一人親方 | 無料 |
| 500万円未満（個人事業主含む） | 6,000円 |
| 500万円以上1,000万円未満 | 12,000円 |
| 1,000万円以上2,000万円未満 | 24,000円 |
| 2,000万円以上5,000万円未満 | 48,000円 |
| 5,000万円以上1億円未満 | 60,000円 |

| 資本金 | 登録料（税込） |
|---|---|
| 1億円以上3億円未満 | 120,000円 |
| 3億円以上10億円未満 | 240,000円 |
| 10億円以上50億円未満 | 480,000円 |
| 50億円以上100億円未満 | 600,000円 |
| 100億円以上500億円未満 | 1,200,000円 |
| 500億円以上 | 2,400,000円 |

### 技能者登録

　現場が決まり、施工体制情報の登録が終わると、現場に入る技能者の登録が必要となります。技能者本人が自ら登録することも可能ですが、所属している事業者や行政書士による登録も可能です。

　技能者登録には、技能者の本人情報等の基本情報のみ登録する「簡略型」と、保有資格情報等も登録する「詳細型」の２段階の登録方法があります。登録料は、インターネット申請の場合、簡略型が2,500円、詳細型が4,900円です。認定登録機関窓口での申請の場合、詳細型（4,900円）のみとなります。

　申請の際は、健康保険や基礎年金の番号や写真も登録しますが、ファイル形式（JPG）やサイズも決められており、個人情報部分にはマスキングが必要な箇所もあります。

　システムに蓄積される就業履歴には、就業年月や現場名、入場日時、退場日時が記録され、日をまたいだ夜勤などの登録も可能です。また、どのような立場で就業したか（職長など）、有害物質の取扱いの有無なども記録されます。

### 建設キャリアアップカードと能力評価

　技能者のICカードは４種類あります。レベルによって色分けされており、レベル１はホワイト（初級技能者）、レベル２はブルー（中堅技能者）、レベル３はシルバー（職長として現場に従事できる技能者）、レベル４はゴールド（登録基幹技能者などの高度なマネジメント能力を有する技能者）となります。なお、カードの紛失・破損・券面書換えの場合、1,000円の再発行料がかかります。

　能力評価は、技能者登録（詳細型）をしたうえで、分野ごとの能力評価実施団体により、国土交通大臣が認定した能力評価基準に基づいて行われます（163ページ参照）。職種にもよりますが、レベル１からレベル２になるには就業日数（１年215日換算）で２〜３年、レベル３になるには７〜８年、レベル４になるには10〜15年といった例があります。

　2023年３月現在、39分野で能力評価基準が策定されており、対象分野などは順次拡大される予定です。

　技能者にとってのメリットとして、資格や実務経験などの実績を証明できること、キャリアパスが見通せることなどがあり、若年者の新規参入の増加が期待されています。

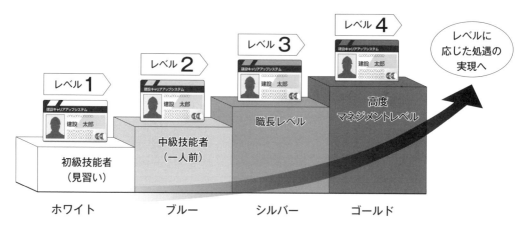

＊出典：国土交通省ホームページ

問合わせ先

（一財）建設業振興基金　建設キャリアアップシステム　https://www.ccus.jp/
　　　お問合わせフォーム　https://www.ccus.jp/contact#ContactAddForm

## 経審での評価

　経審では、技術力Z（技術職員数$Z_1$）において、レベル3判定された技能者は評点2、レベル4と判定された技能者は評点3が与えられます（Q30参照）。また、社会性等の評価W（知識及び技術又は技能の向上に関する取組の状況$W_{1-8}$）において、技能者のうち認定能力評価基準により受けた評価が審査基準日以前3年間に1以上向上している者が、その他の審査項目（社会性等）（別紙3、217ページ参照）の項番50の技能レベル向上者数となります（Q40参照）。いずれも能力評価（レベル判定）結果通知書が必要です。

　また、能力評価基準のレベル3の保有資格として技能士をあげている分野もあり、その場合は技能士資格での経審加点も可能となるので、経審では申請前にシミュレーションをしてみるとよいでしょう。

　さらに2023年1月の改正では、「建設工事に従事する者の就業履歴を蓄積するために必要な措置の実施状況$W_{1-10}$」として、CCUSの活用状況が加点対象となりました（審査基準日が2023年8月14日以降の申請より適用。Q42参照）。

　このようにCCUSは経審において軽視できない要素です。経審での加点アップを目指すにはCCUSの活用が必須であり、レベル判定3や4に該当する優秀な技能者を多く抱える事業者がより加点されることから、人材の育成がこれまで以上に重要となります。

【能力評価実施団体一覧】

| 評価分野 | 団体番号 | 能力評価実施団体名 | 電話 | 案内・申込 |
|---|---|---|---|---|
| 電気工事 | 1 | (一社)日本電設工業協会 | 03-5413-2161 | https://www.zenkensoren.org ＊1 |
| 橋梁 | 2 | (一社)日本橋梁建設協会 | 03-3507-5225 | https://www.zenkensoren.org ＊1 |
| 造園 | 3 | (一社)日本造園建設業協会 | 03-5684-0011 | http://www.jemca.jp ＊2 |
| 造園 | 4 | (一社)日本造園組合連合会 | 03-3293-7577 | |
| コンクリート圧送 | 5 | (一社)全国コンクリート圧送事業団体連合会 | 03-3254-0731 | https://www.zenatsuren.com |
| 防水 | 6 | (一社)全国防水工事業協会 | 03-5298-3793 | http://www.jemca.jp ＊2 |
| トンネル | 7 | (一社)日本トンネル専門工事業協会 | 03-5251-4150 | http://www.tonnel.jp |
| 建設塗装 | 8 | (一社)日本塗装工業会 | 03-3770-9901 | https://www.zenkensoren.org ＊1 |
| 左官 | 9 | (一社)日本左官業組合連合会 | 03-3269-0560 | http://www.nissaren.or.jp ＊1 |
| 機械土工 | 10 | (一社)日本機械土工協会 | 03-3845-2727 | http://www.jemca.jp ＊2 |
| 海上起重 | 11 | (一社)日本海上起重技術協会 | 03-5640-2941 | https://www.kaigikyo.jp |
| PC | 12 | (一社)プレストレスト・コンクリート工事業協会 | 03-3260-2545 | http://www.jemca.jp ＊2 |
| 鉄筋 | 13 | (公社)全国鉄筋工事業協会 | 03-5577-5959 | https://www.zentekkin.or.jp |
| 圧接 | 14 | 全国圧接業協同組合連合会 | 03-5821-3966 | https://www.zenkensoren.org ＊1 |
| 型枠 | 15 | (一社)日本型枠工事業協会 | 03-6435-6208 | http://www.nikkendaikyou.or.jp |
| 配管 | 16 | (一社)日本空調衛生工事業協会 | 03-3553-6431 | http://www.jemca.jp ＊2 |
| 配管 | 17 | (一社)日本配管工事業団体連合会 | 03-6803-2563 | |
| 配管 | 18 | 全国管工事業協同組合連合会 | 03-5981-8957 | |
| とび | 19 | (一社)日本建設躯体工事業団体連合会 | 03-6709-0201 | https://nihonkutai.or.jp |
| とび | 20 | (一社)日本鳶工業連合会 | 03-3434-8805 | https://nittobiren.or.jp |
| 切断穿孔 | 21 | ダイヤモンド工事業協同組合 | 03-3454-6990 | https://www.dca.or.jp |
| 内装仕上工事 | 22 | (一社)全国建設室内工事業協会 | 03-3666-4482 | http://www.zsk.or.jp |
| 内装仕上工事 | 23 | 日本建設インテリア事業協同組合連合会 | 03-3239-6551 | http://jeicif.or.jp |
| 内装仕上工事 | 24 | 日本室内装飾事業協同組合連合会 | 03-3431-2775 | http://www.nissouren.jp |
| サッシ・カーテンウォール | 25 | (一社)日本サッシ協会 | 03-6721-5934 | https://www.jsma.or.jp |
| サッシ・カーテンウォール | 26 | (一社)建築開口部協会 | 03-6459-0730 | |
| エクステリア | 27 | (公社)日本エクステリア建設業協会 | 03-3865-5671 | https://jpex.or.jp |
| 建築板金 | 28 | (一社)日本建築板金協会 | 03-3453-7698 | http://www.jemca.jp ＊2 |

| 評価分野 | 団体番号 | 能力評価実施団体名 | 電話 | 案内・申込 |
|---|---|---|---|---|
| 外壁仕上 | 29 | 日本外壁仕上業協同組合連合会 | 03-3379-4338 | http://www.n-gaiheki.jp/ |
| ダクト | 30 | （一社）全国ダクト工業団体連合会 | 03-5567-0071 | http://www.jemca.jp　＊2 |
| | 16 | （一社）日本空調衛生工事業協会 | 03-3553-6431 | |
| 保温保冷 | 31 | （一社）日本保温保冷工業協会 | 03-3865-0785 | https://www.jtia.org |
| グラウト | 32 | （一社）日本グラウト協会 | 03-3816-2681 | http://www.jemca.jp　＊2 |
| 冷凍空調 | 33 | （一社）日本冷凍空調設備工業連合会 | 03-3435-9411 | http://www.jemca.jp　＊2 |
| 運動施設 | 34 | （一社）日本運動施設建設業協会 | 03-6683-8865 | https://www.sfca.jp/index.html |
| 基礎ぐい工事 | 35 | （一社）全国基礎工事業団体連合会 | 03-3612-6611 | http://www.kt.rim.or.jp/~zenkiren |
| | 36 | （一社）日本基礎建設協会 | 03-6661-0128 | http://www.kisokyo.or.jp |
| タイル張り | 37 | （一社）日本タイル煉瓦工事工業会 | 03-3260-9023 | https://www.zenkensoren.org　＊1 |
| 道路標識・路面標示 | 38 | （一社）全国道路標識標示業協会 | 03-3262-0836 | https://zenhyokyo.or.jp/ |
| 消防施設 | 39 | （一社）消防施設工事協会 | 03-3288-0352 | http://www.sskk-net.or.jp |
| 建築大工 | 41 | 全国建設労働組合総連合 | 03-3200-6221 | https://www.zenkensoren.org　＊1 |
| | 40 | （一社）JBN・全国工務店協会 | 03-5540-6678 | |
| | 42 | （一社）全国住宅産業地域活性化協議会 | 03-3537-0287 | |
| | 45 | （一社）日本ログハウス協会 | 03-3588-8808 | |
| | 46 | （一社）プレハブ建築協会 | 03-5280-3124 | |
| 硝子 | 47 | 全国板硝子工事協同組合連合会 | 03-6413-6222 | https://www.zenkensoren.org　＊1 |
| | 48 | 全国板硝子商工協同組合連合会 | 03-5649-8577 | |
| ALC | 49 | （一社）ALC協会 | 03-5256-0432 | http://www.jemca.jp　＊2 |
| 土工 | 10 | （一社）日本機械土工協会 | 03-3845-2727 | http://www.jemca.jp　＊2 |
| ウレタン断熱 | 51 | （一社）日本ウレタン断熱協会 | 03-3667-1075 | https://www.jua.cc |
| 発破・破砕 | 52 | （一社）日本発破・破砕協会 | 03-5644-8750 | http://www.jemca.jp　＊2 |
| 建築測量 | 53 | （一社）全国建築測量協会 | 03-6416-0845 | https://www.zenkensoku.or.jp |
| 圧入 | 54 | （一社）全国圧入協会 | 03-5781-9155 | https://atsunyu.gr.jp/general |

＊1　全国建設労働組合総連合に事務委託しているもの。
＊2　日本機械土工協会に事務委託しているもの。

## Q 44 建設業の営業継続の状況W₂とは

「建設業の営業継続の状況W₂」は、営業年数W₂₋₁と民事再生法または会社更生法の適用の有無W₂₋₂を加算したものです。W₂₋₁は建設業の許可または登録を受けてからの年数を指します。評価の上限・下限は35～5年で、加点幅は最低点30～最高点60です。W₂₋₂は再生企業に対する減点措置で、再生期間中は一律60点を減点します。

### 営業年数W₂₋₁

創業当初に建設業の許可または登録を受けていなかった期間や、途中で何らかの理由で許可または登録が切れていた期間は、営業年数には計算しません。

また、個人から法人に組織変更した場合、個人からの営業の継続性（事業承継）が認められ、法人としての許可または登録を切らすことなく受けた場合は、個人の最初の許可または登録から計算します。なお、1年未満の端数は切捨てます。

具体的なケースを想定して計算してみます。1936年3月に個人として創業し、1952年8月に初めて建設業の登録を受け、1960年4月に個人から法人に営業の継続性を損なうことなく変更し、1967年4月から1969年12月の間は登録なしで営業、その後、再登録を行い、建設業法の改正にともない、1972年に登録から許可へ移行して、現在に至っている会社を想定します。なお、決算期は3月とします。

営業年数の起算点は1952年8月で、基準日を2023年3月31日としますと、

$$2023年3月－1952年8月＝70年7カ月$$

となり、登録のない期間の1967年4月から1969年12月の2年9カ月を差引いて、

$$70年7カ月－2年9カ月＝67年10カ月$$

という営業年数になりますが、経審の営業年数の評価は、35年が上限ですから、「35年」の評価となります（16ページ参照）。

### 再生企業に対する減点措置W₂₋₂

下請企業などに多大な負担を強いた再生企業（民事再生企業および会社更生企業などの法的整理を行う企業）について、以下の減点措置を行います。

再生期間中（手続開始決定日から手続終結日まで）は、一律60点の減点を行います。再生期間終了後は、営業年数評価は0年から再スタートし、評価します。なお、この措置は2011年4月1日以降に民事再生手続開始または会社更生手続開始の申立を行う企業から適用します。

# Q 45 防災活動への貢献の状況W₃とは

「防災活動への貢献の状況$W_3$」とは、審査基準日において、国、独立行政法人など、または地方自治体との間で災害時の建設業者の防災活動などについて定めた協定を締結しているかをいいます。防災協定を締結している建設業者は、社会的責任の評価を重要視する観点から加点評価されます。

　経審の対象になる防災協定の締結は、以下の2つです。

① 　建設業者が、国、独立行政法人など、または地方自治体と災害時の防災活動などについて定めた協定を締結している（確認書類として防災協定書の写しが必要）

② 　建設業者が加入する団体が、国、独立行政法人など、または地方自治体と災害時の防災活動などについて定めた協定を締結している（確認書類として当該団体が国などと締結している防災協定書の写し、当該団体に加入し、その構成員として災害時の防災活動に一定の役割を果たすことが確認できる書類が必要）

## Q 46 法令遵守の状況W₄とは

**「法令遵守の状況W₄」とは、審査期間内に国土交通省または都道府県から営業停止処分や指示処分を受けたことがないかをいいます。社会的責任の評価を重要視する観点から減点評価されます。**

　営業停止処分を受けた場合は−30点、指示処分を受けた場合は−15点と減点評価されます（17ページ参照）。

　なお、営業停止処分を受けた建設業者は国土交通省のホームページ上の「ネガティブ情報等検索サイト」で公表されています。

　監督処分の具体的基準は大きく分けると、以下の5つあります。

① 　建設業者の業務に関する談合、贈賄など（刑法違反、補助金等適正化法違反、独占禁止法違反）の場合、営業停止30日から1年

② 　請負契約に関する不誠実な行為（虚偽の申請、一括下請負、主任技術者などの不設置など、粗雑工事などによる重大な瑕疵、施工体制台帳などの不作成、無許可業者などとの下請契約）の場合、指示処分から営業停止7日以上

③ 　事故（公衆危害、工事関係者事故）の場合、指示処分から営業停止3日以上

④ 　建設工事の施工などに関する他法令違反（建築基準法違反、廃棄物処理法違反、労働基準法違反等、特定商取引に関する法律違反など、役員などによる信用失墜行為など）の場合、指示処分から営業停止3日以上

⑤ 　履行確保法違反の場合、指示処分から営業停止15日以上

　なお、経審などで虚偽の申請を行った場合、営業停止30日以上、また、監査の受審状況W₅₁で加点の対象となっていたにもかかわらず、財務諸表等の内容に虚偽があった場合、営業停止45日以上になります（Q13参照）。

# 建設業の経理の状況W₅とは （＊改正）

「建設業の経理の状況W₅」は、経理の信頼性の向上に取組む建設業者に対し、以下の2つの項目で加点評価されます。

**監査の受審状況W₅₋₁（Q48参照）**

　　会計監査人を設置していた場合に20点、会計参与を設置していた場合に10点、社内の経理実務責任者が一定の確認項目にもとづき自主監査を行っていた場合に2点加点評価されます

**公認会計士等（登録2級建設業経理士を含む）の数W₅₋₂（Q49参照）**

　　① 　公認会計士等には1点が与えられます

　　② 　登録2級建設業経理士には0.4点が与えられます

　　計算式は、以下のとおりです。

　　　1点×公認会計士等の人数＋0.4点×登録2級建設業経理士の人数

　　この計算式で得られた数値が年間平均完成工事高に応じて評価されます（29ページ参照）。

　　なお、建設業の経理の状況W₅については、2021年4月の改正（3ページ参照）に加え、「建設業法施行規則第18条の3第3項第2号のニの同号イからハまでに掲げる者と同等以上の建設業の経理に関する知識を有すると認める者を定める告示」（令和2年9月30日付国土交通省告示第1060号）を参照してください。

# Q 48 監査の受審状況W₅₋₁とは （＊改正）

**「監査の受審状況W₅₋₁」は、以下の経理の信頼性の向上に取組む建設業者に加点評価されます。**

① 会計監査人設置会社の場合（＋20点）

　会計監査人が該当会社の財務諸表に対して、無限定適正意見（＊1）または限定付適正意見（＊2）を表明している場合。確認書類として有価証券報告書または監査証明書の写しが必要です。

② 会計参与設置会社の場合（＋10点）

　会計参与が会計参与報告書を作成している場合。確認書類として会計参与報告書の写しが必要です。

③ 社内の経理実務責任者が一定の確認項目にもとづいて自主監査を行っている場合（＋2点）

　建設業に従事する職員（常時雇用職員）のうち、経理実務の責任者であって公認会計士、税理士、登録1級建設業経理士（＊3）、1級建設業経理士試験合格者（＊4）の資格を有する者が「建設業の経理が適正に行われたことに係る確認項目」（「経営事項審査の事務取扱いについて」（別添）、252ページ参照）を使って経理処理の適正を確認した場合。確認書類として、その旨を別記様式第2号（251ページ参照）の書類に自らの署名を付したものが必要です。

＊1　財務諸表監査に関連する用語で、経営者の作成した財務諸表が、企業の財政状況、経営成績およびキャッシュ・フローの状況のすべての重要な事項について、適正に表示していると判断したときに表明する意見

＊2　一部不適正な部分があり、無限定適正意見を表明することはできないが、全体として虚偽の表示にあたるほどではないと判断したときに表明する意見

＊3　1級建設業経理士試験に合格し、登録講習を受講した日の翌年度の開始日から5年を経過しない者

＊4　W₅₋₂の公認会計士等として加点対象となる者（Q49参照）

**Q**

**49** 公認会計士等の数W₅₋₂とは （＊改正）

「公認会計士等（登録２級建設業経理士を含む）の数W$_{5-2}$」とは、建設業に従事する職員（常時雇用職員）で公認会計士等の資格を持っている者の数です。

公認会計士等（登録２級建設業経理士を含む）の数について、以下の２つの加点項目があります。

① 公認会計士等（＋1点）

公認会計士等として加点対象となる資格者は、以下のとおりです。

・公認会計士または税理士であって、国土交通大臣の定めるところにより、建設業の経理に必要な知識を習得させるものとして国土交通大臣が指定する研修を受けた者

・公認会計士または税理士であって、これらとなる資格を有した日の属する年度の翌年度の開始日から起算して１年を経過しない者

・１級登録経理試験に合格した者であって、合格日の属する年度の翌年度の開始日から起算して５年を経過しない者

・１級登録経理講習を受講した者であって、受講日の属する年度の翌年度の開始日から起算して５年を経過しない者

・１級登録経理試験に合格した者であって、（一財）建設業振興基金が実施する講習を受講した者で、受講日の属する年度の翌年度の開始日から起算して５年を経過しない者

② 登録２級建設業経理士（＋0.4点）

登録２級建設業経理士として加点対象となる資格者は、以下のとおりです。

・２級登録経理試験に合格した者であって、合格日の属する年度の翌年度の開始日から起算して５年を経過しない者

・２級登録経理講習を受講した者であって、受講日の属する年度の翌年度の開始日から起算して５年を経過しない者

・２級登録経理試験に合格した者であって、（一財）建設業振興基金が実施する講習を受講した者で、受講日の属する年度の翌年度の開始日から起算して５年を経過しない者

2006年４月の法令改正で登録経理試験が創設され、登録経理試験は国土交通大臣の登録を受けた機関が行っています。現在、登録している（一財）建設業振興基金では、「建設業経理士検定試験（１級・２級）」を実施しています。

合格者の称号は「１級建設業経理士」「２級建設業経理士」となり、2021年４月の改正により、経審では原則として試験合格に加えて登録講習を受講していることが評価の条件となりました。また、同改正により、従前は認められていた会計士補は評価の対象から外れました。

登録経理試験は、2006年4月の法改正前、建設業経理事務士試験として実施されていました。合格者で試験実施機関である（一財）建設業振興基金が実施する講習を受講した者には、登録1級建設業経理士、登録2級建設業経理士の称号が付与されます。2020年、建設業法施行規則に「登録経理講習」が創設されてからも、経審においては、「建設業経理士登録講習会」を受講した者は、「登録経理講習」を受講した者と同等に扱われています。

## 建設業経理検定試験について

　建設業経理に関する知識と処理能力の向上を図るための資格試験です。2023年現在、検定試験は年2回（上期9月、下期3月）、主要都市50カ所程度で実施されています。1級と2級との同日受験はできません。また、1級は原価計算、財務諸表、財務分析の3科目全てに合格する必要があります（同日受験が可能。各科目の合格は、合格通知書の交付日から5年間有効）。

**【建設業経理検定試験（1級・2級）の受験料・試験時間・合格率（2022年9月実施分）】**

| 級別 | 受験料（税込） | 試験時間 | 合格率 |
|---|---|---|---|
| 1級（1科目受験） | 8,120円 | | 原価計算15.2% |
| 1級（2科目同日受験） | 11,420円 | 1科目　1時間30分 | 財務諸表21.2% |
| 1級（3科目同日受験） | 14,720円 | | 財務分析44.5% |
| 2級 | 7,120円 | 2時間 | 33.8% |

　検定試験に関する問合わせ先
　（一財）建設業振興基金　経理試験課　TEL 03-5473-4581　http://www.keiri-kentei.jp

## 登録経理講習について

　登録経理講習は、登録経理士試験合格者（1級・2級建設業経理士）の継続教育を目的とする講習です。ここでは（一財）建設業振興基金が実施する「建設業経理士CPD講習」について説明します。

**【建設業経理士CPD講習（1級・2級）の概要】**

| 受講対象者 | 受講料（税込） | 講習時間 | 講習形態 | 受講日 |
|---|---|---|---|---|
| 登録経理試験1級合格者 | | 講義 6時間＋試験 1時間計7時間 | オンライン講習会場講習（映像・対面） | 下記の問合わせ先に確認してください |
| 登録経理試験2級合格者 | 18,000円 | | | |
| 1級・2級建設業経理士登録講習会の受講者（建設業経理検定1級・2級合格者） | | | | |

（注）　有効期限は、修了年月日から5年を経過した日の属する年度の年度末（3月31日）まで

　同講習に関する問合わせ先
　建設業経理士CPD講習受付センター　TEL 0570-018-081　https://kssc-keiri.com

# 研究開発の状況W₆とは

「研究開発の状況W₆」は、企業の社会的責任（CSR）を評価するという方向性のなか
で、研究開発費の金額を評価する項目です。加点対象は会計監査人設置会社に限定し、公
認会計士協会の指針などで定義された研究開発費の金額を評価し、計上される研究開発費
の額（5,000万円以上）により、1〜25点が加点されます（29ページ参照）。

　研究開発の状況W₆については、監査の受審状況W₅₋₁における「①会計監査人設置会社」
に該当する場合に評価されます（Q48参照）。研究開発費の金額は、有価証券報告書など
によって確認することができます。
　建設業法施行規則別記様式第17号の2「注記表」に「研究開発費の総額」が記載されて
いる場合は、有価証券報告書の提出は省略できる場合があります。
　また、2年平均の数値をとるため、2期分必要となります。

# 建設機械の保有状況W7とは （＊改正）

　「建設機械の保有状況W7」は、2015年4月の改正と2023年1月の改正により評価対象が拡大されました。地域防災への備えとして、災害の応急復旧時に使われることの多い建設機械の保有状況が評価されます。ショベル系掘削機、ブルドーザー、トラクターショベル、モーターグレーダー、ダンプ車、移動式クレーン、締固め機械、解体用機械、高所作業車を保有しているだけでなく、特定自主検査等を受けていることが必要です。審査基準日から1年7カ月以上の契約期間がまだ残っているリース契約を結んでいる場合も対象となり、台数によってそれぞれ加算されます。

　　建設機械の保有状況W7の評価対象となるのは、建設機械抵当法第2条に規定する建設機械のうち、ショベル系掘削機、ブルドーザー、トラクターショベル、モーターグレーダー、ダンプ車、労働安全衛生法施行令に掲げる移動式クレーン、締固め機械、解体用機械、高所作業車です。

　　建設機械抵当法施行令によれば、ショベル系掘削機とはショベル、バックホウ、ドラグライン、クラムシェル、クレーンまたはパイルドライバーのアタッチメントを有するもの、ブルドーザーは自重が3トン以上のもの、トラクターショベルはバケット容量が0.4㎥以上のものとされています。

　　また、モーターグレーダーは自重5t以上のもの、ダンプ車は土砂等を運搬可能な全てのダンプ（自動車検査証に「ダンプ」、「ダンプフルトレーラ」、「ダンプセミトレーラ」と記載されているもの）が評価対象になります。移動式クレーンについては、つり上げ荷重3t以上のものが評価対象になります。

　　締固め用機械はロードローラー、タイヤローラー、振動ローラー、ハンドガイドローラーなどが評価対象になります。解体用機械はブレーカ、鉄骨切断機、コンクリート圧砕機、解体用つかみ機など評価対象になります。高所作業車は作業床の高さ2m以上のものが評価対象になります。

　　1台目は5点となり、台数によってそれぞれ加算されていきますが、上限は15点ですので、16台以上保有していても（たとえば20台保有していても）、15点の加算となります。

## 【加点される点数】

| 台数 | 点数 | | 台数 | 点数 | | 台数 | 点数 |
|---|---|---|---|---|---|---|---|
| 14台、15台以上 | 15点 | | 7台 | 11点 | | 3台 | 7点 |
| 12台、13台 | 14点 | | 6台 | 10点 | | 2台 | 6点 |
| 10台、11台 | 13点 | | 5台 | 9点 | | 1台 | 5点 |
| 8台、9台 | 12点 | | 4台 | 8点 | | 保有なし | 0点 |

## 確認書類

(1) 保有状況を確認する書類

① 自社所有の場合

　確認書類は、売買契約書の写しなどですが、販売店の販売証明書や法人税申告書の減価償却に関する明細書（別表16）なども確認書類として認められる可能性もあります。個別の内容については、審査行政庁に必ず確認してください。

② リースによる保有の場合

　リース契約により保有している場合は、リース契約書の写しなどが確認書類となります。ただし、その契約が審査基準日から1年7カ月以上の保有残存期間を有していることが必要です。

　リース契約証明書なども確認書類として認められる可能性もあります。また、審査基準日以降の契約保有期間が1年7カ月は残っていなくても、契約を自動更新する旨などが明記されていれば、確認書類として認められる可能性もありますが、個別の内容については、審査行政庁に必ず確認してください。


(2) 特定自主検査記録表

　以上の書類に加えて、正常に稼働する状態にあることの確認のために、特定自主検査記録表の写しも必要です。

　特定自主検査とは、労働安全衛生法上、特定の機械について1年に1回行わなければならないもので、また、その結果を記録しておかなければならないとされています（労働安全衛生法第45条）。この検査を行わなかったり、検査結果を記録しておかないと、50万円以下の罰金が科されます（同法第120条第1号）。

　また、同法同条第2号では、その特定自主検査は、一定の資格を持つ者に実施させなければならないとされています。検査方法としては、自社で使う機械を、①一定の資格を持つ検査者に検査をさせる事業内検査、②登録検査業者に依頼して実施してもらう検査業者検査があります。

　以上の特定自主検査を行うには一定の資格が必要です。①の事業内検査を行うには厚生労働大臣が定める研修を修了した者、または国家検定取得者等の一定の有資格者であること、②の検査業者検査を行うには厚生労働大臣に登録した検査業者、または都道府県労働局に登録した検査業者であることが必要です。

　検査の結果、機械などに異常が見つかったときは、危険を防止するために直ちに補修その他の必要な措置を講じなければならないとされています（労働安全衛生法第20条、同法施行規則第171条）。必要な措置を講じなかったときは、6カ月以下の懲役または50万円以下の罰金が科されます（労働安全衛生法第119条）。

(3) 検査証

　ダンプ車は自動車検査証の写しが必要です。なお、2023年１月より、車検証は電子化されました。経審で提示する場合は、登録事項の証明書（車検証のカードと記録表）をコピーするなどの方法となります。

　移動式クレーンは労働安全衛生法・クレーン等安全規則に規定される製造時等検査、性能検査による移動式クレーン検査証の写しが必要です。

　また、検査証は、審査基準日直前に実施された有効期間内のものを提出することが必要です。

(4) その他の書類

　機械の仕様などが、$W_7$の建設機械に該当するかどうかが審査担当者にわかりやすいように、型式などを記載する書類や、機械の仕様について説明などがされているカタログなどを追加書類として求める場合もありますので、必ず審査行政庁に確認してください。また、保有している建設機械の一覧表などの提出を求められる場合もありますので、各申請先に確認が必要です。

**【法的根拠と検査方法】**

| 法的根拠 | 機種 | 検査方法 |
|---|---|---|
| 建設機械抵当法施行令 | ショベル系掘削機（バックホウ等であり、掘削するアタッチメントを有していること） | 特定自主検査 |
| | ブルドーザー（自重３ t 以上） | |
| | トラクターショベル（バケット容量0.4㎡以上） | |
| | モーターグレーダー（自重５ t 以上） | |
| 安衛法施行令 | 移動式クレーン（つり上げ荷重３ t 以上） | 製造時検査または性能検査 |
| 道路運送車両法 | ダンプ（土砂の運搬が可能なすべてのダンプ）「ダンプ」「ダンプフルトレーラ」「ダンプセミトレーラ」 | 自動車検査 |
| 安衛法施行令 | 締固め用機械 | 特定自主検査 |
| | 解体用機械 | |
| | 高所作業車（作業床の高さ２ｍ以上） | |

（注）１　地域防災の観点から、災害復旧対応に使用され、定期検査により保有・稼働を確認できる代表的な建設機械保有状況が加点評価されます。
（注）２　１年７カ月を超えるリース契約も保有と同様に加点されます。

**【建設機械の保有状況一覧表の記入例】**

# 建設機械の保有状況一覧表

許可番号　　123456

| 申請者名 | 株式会社日本一郎建設 | 審査基準日 | 令和　5年　9月　30日 |
|---|---|---|---|

| 通番 | 建設機械の種類 | メーカー名 | 形式 | 車台番号又は製造番号 | 特記事項 | 所有又はリース | 購入日又はリース契約期間 |
|---|---|---|---|---|---|---|---|
| 1 | シ・ブ・ト モ・ダ・ク | ○○ | 000AAA | 112233 | | 所有 リース | 令和2年3月1日～ |
| 2 | シ・ブ・ト モ・ダ・ク | △△ | 000BBB | 445566 | | 所有 リース | 令和3年4月1日～ |
| 3 | シ・ブ・ト モ・ダ・ク | □□ | AABB | 東京　建789 | | 所有 リース | 令和4年5月1日～ |
| 4 | シ・ブ・ト モ・ダ・ク | | | | | 所有 リース | ～ |
| 5 | シ・ブ・ト モ・ダ・ク | | | | | 所有 リース | ～ |
| 6 | シ・ブ・ト モ・ダ・ク | | | | | 所有 リース | ～ |
| 7 | シ・ブ・ト モ・ダ・ク | | | | | 所有 リース | ～ |
| 8 | シ・ブ・ト モ・ダ・ク | | | | | 所有 リース | ～ |
| 9 | シ・ブ・ト モ・ダ・ク | | | | | 所有 リース | ～ |
| 10 | シ・ブ・ト モ・ダ・ク | | | | | 所有 リース | ～ |
| 11 | シ・ブ・ト モ・ダ・ク | | | | | 所有 リース | ～ |
| 12 | シ・ブ・ト モ・ダ・ク | | | | | 所有 リース | ～ |
| 13 | シ・ブ・ト モ・ダ・ク | | | | | 所有 リース | ～ |
| 14 | シ・ブ・ト モ・ダ・ク | | | | | 所有 リース | ～ |
| 15 | シ・ブ・ト モ・ダ・ク | | | | | 所有 リース | ～ |

記載要領
1 「建設機械の種類」の欄には、ショベル系掘削機の場合は「シ」、ブルドーザーの場合は「ブ」、トラクターショベルの場合
　は、「ト」、モーターグレーダーの場合は「モ」、ダンプ車の場合は「ダ」、移動式クレーンの場合は「ク」と該当するもの
　に○を付けること。
2 「特記事項」の欄は、下記のとおり記載すること。
（1）ショベル系掘削機は、フロントアタッチメント（付属装置）の種類（ショベル、バックホウ、ドラグライン、クラムシェル、
　　クレーン、パイルドライバーなど）を記入すること。
（2）ブルドーザーは、自重を記載すること。※自重3トン以上であること。
（3）トラクターショベルは、バケット容量を記載すること。※バケット容量0．4立方メートル以上あること。
（4）モーターグレーダーは自重を記載すること。※自重5トン以上であること。
（5）ダンプ車は土砂等の運搬に供されるもので、種類（ダンプ、ダンプフルトレーラ、ダンプセミトレーラなど）を記載すること。
（6）移動式クレーンの場合はつり上げ荷重を記載すること。※つり上げ荷重3トン以上であること。
（7）高所作業者は、作業床の高さを記載すること。※作業床の高さ2メートル以上であること。
（8）締固め用機械は種類（ロードローラー、タイヤローラー、振動ローラー、ハンドガイドローラーなど）を記載すること。
（9）解体用機械は種類（ブレーカ、鉄骨切断機、コンクリート圧砕機、解体用つかみ機など）を記載すること。
3 「所有又はリース」の欄には、該当する方に○を付けること。
4 「購入日又はリース契約期間」の欄には、売買契約書等の契約日又はリース契約書等における契約期間を記載すること。
5 下の誓約書は、リース契約書等において審査基準日から1年7か月以上の使用期間が定められていない建設機械につい
　て、リース期間終了後契約を更新し、引き続き審査基準日から1年7か月以上の期間使用する場合に記入し押印すること。

---

## 誓　約　書

　東京都知事　殿

　　　上の通番（　　　　　　　　　）の建設機械については、リース契約書等において1年7か月以上の使用期間
　　が定められていないため、リース期間終了後、リース契約の更新又は建設機械の買取りにより、引き続き審査
　　基準日から1年7か月以上の期間使用することを誓約します。

　　上記に該当する場合はレ点（チェックマーク）を記入してください。　　　　　チェック欄　□

# Q 52 国又は国際標準化機構が定めた規格による 認証又は登録の状況W₈とは （＊改正）

2023年1月の改正において、ISO9001（品質マネジメントシステム）およびISO14001（環境マネジメントシステム）に加え、環境配慮に関する取組みとして環境省が定めるエコアクション21の認証も経審の対象に追加されました。ISOやエコアクション21の認証を受けていればどんなケースでも加点されるというわけではなく、以下の条件があります。

① 認証範囲に建設業が含まれていること
　認証範囲に建設業法で定める29業種のいずれかが明記されていることが条件です。
② ISOについては認証取得した際の審査登録機関が、（公財）日本適合性認定協会（JAB）の認定を受けていること
③ 会社全体が認証範囲であること
　ISOについては建設業を営んでいない支店があり、その支店が認証範囲に含まれていなくても加点となる可能性があります。エコアクション21については、認証範囲に建設業が含まれていない場合や、認証範囲で一部の支店などに限られる場合は加点原則されません。
　詳細は、審査行政庁へ問合わせてください。
④ ISO14001とエコアクション21は重複加点されない
　いずれも環境配慮に関する認証であるため、両方の認証を取得している場合、評点は合算されず、ISO14001のみが加点となります。

**【加点される点数】**

| 国または国際標準化機構が定めた規格による認証または登録 | | ISO9001登録有 | ISO9001登録無 |
|---|---|---|---|
| ISO14001登録有 | エコアクション21登録有 | 10点 | 5点 |
| | エコアクション21登録無 | | |
| ISO14001登録無 | エコアクション21登録有 | 8点 | 3点 |
| | エコアクション21登録無 | 5点 | 0点 |

# ＩＳＯの概要

　国際標準化機構（International Organization for Standardization、略称ISO）は、電気分野を除く工業分野の国際的な標準である国際規格を策定するための民間組織です。本部はスイスのジュネーヴで、160カ国あまりが参加しています。この国際標準化機構が策定した国際規格の中に、ISO9001とISO14001があります。

　ISO9001は、品質目標を達成し、顧客の要求を満たし、品質マネジメントシステムを改善することによって、製品（完成物）およびサービスの品質を改善するために必要な計画、方法、什器や人および文書類についての組織構造を、規格として要求しています。

　ISO9001は、製品およびサービスの品質というビジネスの重要部分の能力を評価する一方、ISO14001は、環境という次世代社会に対する保証が主題となっています。

　認証取得は、審査登録機関の審査を受け、組織（企業）がISO9001またはISO14001、もしくは双方の規格要求事項を満たしているかを判断し、満たしていれば認証されます。認証範囲（業務範囲および組織範囲）は、組織（企業）が自由に決められ、会社全体でも支店のみでも認証を受けることができます。

　日本では、1993年11月に㈶日本適合性認定協会（JAB）が設立され、これをもって日本のISO9001が確立されました。認定機関であるJABは、審査登録機関が企業などを審査するとき、公平・公正な認証を行う力があるかどうかを確かめます。この一連の手続を「認定」と呼びます。

　JABの設立から四半世紀以上たった現在、将来のISOについて、さまざまな議論が起きています。審査登録機関も、以前のわが国のISOには誤解が多かったと認識しています。ISOとは、認証を受けるために文書の作成などの負担を企業に課すものではなく、品質などを保つ仕組みの構築と業務改善のための道具なのです。

# エコアクション21の概要

　エコアクション21は、1996年に環境省が策定した日本独自の環境マネジメントシステムです。2004年に認証・登録制度に活用できるものに改訂し、その後、パリ協定やSDGs（持続可能な開発目標）の採択といった情勢の変化に合わせて更新しています。

　エコアクション21は、国際標準化機構のISO14001規格を参考としつつ、中小事業者にとっても取組みやすい環境経営システムのあり方を規定しています。そしてエコアクション21ガイドラインに基づき、環境への取組みや環境経営のための仕組みの構築・運用・維持し、環境コミュニケーションを行っている事業者を認証し登録する制度がエコアクション21認証・登録制度です。第三者機関の（一財）持続性推進機構エコアクション21中央事務局が認証・登録を行います。

　エコアクション21の実践は、環境への取組みの推進だけでなく、経営面でも効果が見込まれるとともに、CSR（企業の社会的責任）にもつながることから、自治体からの補助や入札参加資格審査での加点を受けられる場合もあります（187ページ参照）。

# 第3章

## 困ったときのヒント

# Q
# 53 再審査の申立とは

　経審に改正があった場合などには、再審査を申立てることができます。申請書には再審査の申立の書式が組込まれています。「再審査を求める事項」と「理由」は改正時に記載方法が公告されるので、それに従って記載し、変更前に受領した経営規模等評価結果通知書と総合評定値通知書の原本、および必要に応じてその他の資料を添えて申請します。再審査の申立期間は、改正日から120日間と定められています。

　2023年1月の改正にともなう再審査の申立期間は、同年1月1日から同年4月30日までとなり、これ以降は再審査の申立はできません（受付期間は審査行政庁によって若干異なる場合があります）。参考までに、以下に2023年1月の改正にともなう再審査の申立の手続について説明します。

　このほか、経営規模等評価結果通知書に異議がある場合も再審査の申立ができます。「再審査を求める事項」と「理由」を明記し、上記と同様の手続で申請します（Q54参照）。

　再審査の必要性は発注者によって異なりますので、確認が必要です。

　　資料A（212ページ）は、通常の申請の記載例ですが、再審査の申立をするときは、「経営規模等評価申請書」と「総合評定値請求書」を二重線で消し、「経営規模等評価再審査申立書」を残しておきます。

　　同様に、続く記載の「建設業法第27条の28の規定により、経営規模等評価の再審査の申立をします」は消さずに、そのほかの2つを二重線で消します。

## 2023年1月1日の改正にともなう再審査申請のポイント

　　改正前の評価方法にもとづく経営規模等評価結果の通知を受けているときは、再審査を申立てることができます。また、再審査を申立てるかどうかは任意となっています。発注者が再格付をするときや、発注者から新基準による結果通知書を求められた場合などには、再審査を申立てるかどうか判断します。

① 　再審査の対象者
　　再審査を申立てることができるのは、2023年1月1日より前の直前の審査基準日に係る「経営規模等評価結果」の通知を受けた者です。また、再審査を申立てる日において「結果通知書」の有効期間（審査基準日から1年7カ月）内であることが必要で、有効期間が過ぎている場合には、再審査の申立はできません。

② 　再審査の申立期間

再審査の申立期間は120日間です（2023年1月の改正にともなう申立期間は2023年1月1日（日）から2023年4月30日（日）まで）。

③　再審査申請書の提出先
審査行政庁の担当課または出先機関が提出先です。

④　再審査手数料
経営規模等評価および総合評定値に係る再審査は無料で受けられます。ただし、持参してもその場では審査をせず、後で結果通知とともに郵送される場合や郵送申請ができる場合は郵送料が必要となり、返信用の封筒も用意する必要があるかもしれませんので、提出先に確認してください。

⑤　再審査申請の申請書類
　イ　経営規模等評価および総合評定値に係る再審査申立書
　　　建設業法施行規則別記様式第25号の11　別紙1、別紙2、別紙3を含む必要に応じて建設機械の保有状況一覧表（必要部数は提出先へ確認が必要）
　ロ　再審査の対象となる現在有効な経審結果通知書の写し
　ハ　ロを申請した際の経審申請書の写し一式（副本）
　ニ　当初申請時における経営状況分析結果通知書の写し
　ホ　行政書士が代理で申請したり、結果通知書を受取る場合は、その旨が記載された委任状

その他にも、以下の確認書類の写しなどは、提出を求められるものが多いと思われますので、提出先へ必ず確認してください。

⑥　再審査の申立の確認書類について
　イ　各えるぼし、各くるみん、ユースエールについて、「基準適合一般事業主認定通知書」、「基準適合事業主認定通知書」等の認定を受けていることを証する書面の写し
　ロ　建設機械に係る売買契約書の写しまたはリース契約書の写し等の所有を証明する書類、建設機械の規格が確認できる書類（カタログ等）と建設機械の種類に応じた以下の書類（※追加する建設機械のみ必要）
　　　・ダンプ：自動車検査証の写し
　　　・締固め用機械、解体用機械、高所作業車：特定自主検査記録表の写し
　ハ　エコアクション21取組み事業者として、（一財）持続性推進機構において認証されていることを証する書面の写し

# Q 54 経営規模等評価結果通知書に異議がある場合は

経営規模等評価結果通知を受けた日から30日以内に、再審査を申立てることができます。

　経営規模等評価結果通知書に審査行政庁による誤入力を発見したときなど、異議のある申請者は、審査をした都道府県知事あるいは国土交通大臣に対して再審査を申立てることができます。再審査申立書は、経営規模等評価結果の通知を受けた日から30日以内に審査を行った機関に提出してください。

　ただし、申請者側の誤りによるものは再審査の対象となりません。

　たとえば、土木一式工事を受注した実績があるにもかかわらず、管工事のみで経審を受審したとしても、土木一式工事を追加するといった再審査の申立は認められません。したがって、自社の入札参加先の発注工事を確認したうえで、どの工事の種類で経審を受審すればいいかを十分に検討して、申請工種を決める必要があります。

　また、税務上の修正申告をしたために、点数が上がることになったというような理由による再審査は原則として認められませんので、提出前に提出先へ再審査の対象となるかどうかを確認してください。

　再審査による経営規模等評価の結果は申請者に通知され、その申請者があわせて総合評定値の通知も受けている場合は、再審査による総合評定値も通知されます。その際、総合評定値請求の手数料はかかりません。

# Q 55 通知書が届かなかったり 紛失したりした場合は

　経営規模等評価結果通知書、総合評定値通知書と経営状況分析の結果通知書は、申請者宛に郵送されます。配達できなかった場合は、発送者に戻されます。経審の結果通知書は、再発行はされません。

　経営状況分析の結果通知書は、エラーや誤入力があった場合、発行や発送が遅れることがあります。また、発行後に再発行が必要となったときは、その原因が申請者側にあるときは手数料がかかることがあります。

　申請書に所在地を誤って記入したり、所在地が変わったりしたため、結果通知書が発送者に戻った場合は、受取れなかった事情を説明し、再度郵送を依頼するか、受取りに行きます。

　経審の結果通知書を紛失してしまった場合は、再発行はされませんが、同じ内容の写しを発行してもらえます。その申請方法については各地方整備局や都道府県ごとに定められています。184ページは、その様式の参考例ですので、詳細や、様式のダウンロードが可能かどうか、発行手数料などは、各申請先へ問合わせるか、ホームページなどで確認してください。

# 建設業関係証明書等交付申請書（神奈川県の例）

令和　　年　　月　　日

県土整備局事業管理部建設業課長　　殿

(所　在　地)

(商号又は名称)

(代表者氏名)

(申請者氏名)

(連絡先電話番号)

次のとおり、建設業に関わる証明書の交付を受けたいので申請します。

| 許可番号 | □国土交通大臣 □神奈川県知事 ※該当枠にチェック | 許可　第　　　　　　号 | | 希望部数 | 合計金額 |
|---|---|---|---|---|---|
| 1 | □建設業許可証明書 | | ３５０円× | 部＝ | 円 |
| 2 | □経営規模等評価結果及び総合評定値内容証明書 | | ４００円× | 部＝ | 円 |
| 3 | □経営規模等評価結果内容証明書 | | ４００円× | 部＝ | 円 |
| 4 | □経営規模等評価申請書及び総合評定値請求書提出済証明書 | | ３５０円× | 部＝ | 円 |
| 5 | □経営規模等評価申請書提出済証明書 | | ３５０円× | 部＝ | 円 |

| 使用目的 | 証　紙 | | |
|---|---|---|---|
| ※該当枠にチェック 1 □入札参加 | 証紙貼付欄 | 証紙貼付欄 | 証紙貼付欄 |
| 2 □金融機関融資提出 | | | |

| 使用目的 | 行政庁側記入欄 | | |
|---|---|---|---|
| 3 □元請会社提出 | 申請者確認 | 発行部数(部) | |
| 4 □通知書紛失 | □申請書副本 | 証紙金額計(円) | |
| 5 □その他 | □通知書 | 交付番号 | ～ |

(ご注意)
1　発行対象者は、神奈川県内に主たる事業所（本店）がある方に限ります。
2　建設業許可で届出済みのデータをもとに発行します。業種追加などの場合は許可通知書がお手元に届いてから、変更届などの場合は提出の日の概ね１週間後から新しい内容で証明します。
3　名称等をＪＩＳ第１、第２水準以外の文字で申請している場合は、その文字は空欄に置き換わります。
4　経営事項審査関係証明は、国土交通大臣許可の方へはお出しできません。

### 神奈川県収入証紙を貼付してください

# 発注者が審査する事項とは

発注者が審査する事項には、**客観的事項**と**主観的事項**があります。**客観的事項には経審の総合評定値Pが使われています。主観的事項とは、発注者が独自に項目を決めて審査し、客観的事項に加算したうえで、格付などを行うために使います。その評点は主観点**と呼ばれます。

主観的事項は、都道府県などの多くの発注者により採用されていますが、市町村の一部などでは採用されていないところもあり、その場合は客観的事項つまり経審の総合評定値Pのみで格付などが行われます。

主観的事項を採用しているかどうかは、各発注者に確認する必要があります。

## 格付とは

格付は、工事の規模等に応じて、入札に参加できる建設業者をあらかじめ分けておくグループ分けの枠組みのようなものです。

格付は、すべての業種について行われないこともあり、ある業種についてはA ～ E、別の業種についてはA、Bなどではなく、番号のみで1番、2番のように表示されることもあります。また、3,000万円以上の工事の入札を行うときにはAランクの業者から募集したり、1,000万円ぐらいの工事であればBとCランクから募集したりする、などのように使われます。

なお、格付の方法は、地方自治体などによって異なり、また、何点から何点までがどのランクとなるかについては公表されないこともあります。

経審の総合評定値Pが同じでも、主観的事項で差があればランクが分かれてしまう場合もあります。また、主観的事項では、マイナス評価が採用されることもあるので、186ページの例2のように主観的事項での評価が加わると、経審の総合評定値Pが大きい業者のほうが、格付ではランクが1つ下がったりすることもあります。

主観的事項にはさまざまなものがありますが、時代の変化により見直され、変更されることもあります。

187ページに、さいたま市の2023・2024年度の入札参加資格審査時の例を掲載します。

## 主観点マニュアル

国土交通省がまとめた「主観点マニュアル」では、評価項目を重要度によって、①導入すべき項目、②導入が望ましい項目、③必要に応じて導入する項目、④個別ニーズに応じ

て導入する項目——の4つに分類しています。

① 導入すべき項目として、工事成績は地方自治体等自らが発注する工事の工事成績評定を使うほか、評定を実施していない場合は都道府県などの成績評定を活用することができるとしています。技術力では、国家資格や民間資格の保有状況、技術者の雇用状況、優良工事表彰などを使うことも可能としています。

② 導入が望ましい項目では、地域貢献として災害発生時の活動実績、防災協定の締結状況、地域貢献団体への加入などを評価の対象にあげています。

③ 必要に応じて導入する項目としては、営業停止、指名停止などの処分と措置、コンプライアンス（法令遵守）、新分野進出や企業連携などについて評価するとしています。

④ 個別ニーズに応じた導入として示した社会性の項目では、雇用・労働対策、福祉対策、環境対策など発注者が評価したい項目が設定できるとしています。

【経審による客観点と発注者による主観点】

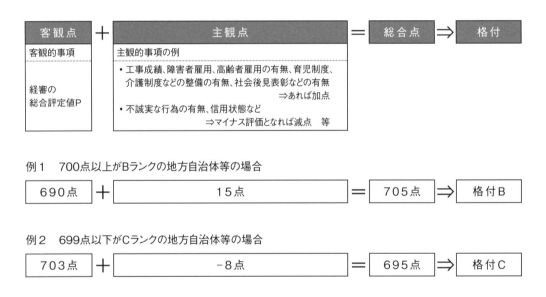

例1 700点以上がBランクの地方自治体等の場合

690点 ＋ 15点 ＝ 705点 ⇒ 格付B

例2 699点以下がCランクの地方自治体等の場合

703点 ＋ −8点 ＝ 695点 ⇒ 格付C

## 【さいたま市の2023・2024年度建設工事等競争入札参加資格審査における発注者別評価項目および発注者別評価点（主観点）】

| 発注者別評価項目 | 対象者 | 対象業種 | 評点（主観点） |
|---|---|---|---|
| 災害時復旧協力協定締結 | 協定締結団体に加盟または協定を締結している者 | 申請全業種 | 30点 |
| 品質管理（ISO9001） | 全者 | 申請全業種 | 10点 |
| 優秀建設工事業者表彰 | 受賞者 | 該当業種 | 受賞1案件につき　20点 |
| 入札参加停止 | 全者 | 申請全業種 | 1月につき　－5点 |
| 工事成績 | 全者 | 該当業種 | 工事成績平均点　　　加減点<br>82点以上　　　　30点<br>79点以上82点未満　20点<br>76点以上79点未満　10点<br>65点以上76点未満　0点<br>65点未満　　　　－20点<br>＊算出の基礎となった工事成績中65点に満たない案件があった場合<br>1案件につき　－5点 |
| 地域加算 | さいたま市内に本店を有する者 | 申請全業種 | 20点 |
| 女性技術者または若手技術者の雇用 | さいたま市内に本店を有する | 申請全業種 | 10点 |
| CPDS／CPD（継続学習）の取組み状況 | さいたま市内に本店を有する者 | 該当業種 | 1～10点<br>＊申請業種ごとの上限は10点とする |
| 障害者雇用 | さいたま市内に本店を有する者 | 申請全業種 | 20点 |
| 環境への配慮等（ISO14001またはエコアクション21） | 全者 | 申請全業種 | 10点 |
| 子育て支援 | さいたま市内に本店を有する者 | 申請全業種 | 10点 |
| 女性の活躍推進 | さいたま市内に本店を有する者 | 申請全業種 | 10点 |
| 消防団協力事業所 | さいたま市内に本店を有する者 | 申請全業種 | 10点 |
| 協力雇用主 | さいたま市内に本店を有する者 | 申請全業種 | 10点 |
| その他<br>・さいたま市と包括連携協定を締結している者<br>・さいたま市SDGs認定企業として認証されている者<br>・さいたま市健康経営企業として認定されている者 | 該当者 | 申請全業種 | 10点 |

（注）1　上記15の発注者別評価項目の合計が0点未満となった場合は、0点。
（注）2　「さいたま市に本店を有する者」は、さいたま市内に建設業法にもとづく主たる営業所を有する者。

# Q 57 地方自治体における 入札参加資格申請の電子申請とは

以前は地方公共団体ごとに別々に行われていた入札参加資格申請ですが、申請の電子化と電子入札の導入の流れの中で、都道府県や市町村などが共同で申請受付をする、いわゆる「一元受付」を採用する地方公共団体が増えています。入札参加資格申請については、さまざまな方式が採用され、地方公共団体ごとに異なっていましたが、今後は、標準書式が導入され、申請の簡素化が進んでいくと考えられます。

　公共工事を受注する前提として、入札に参加するためには、一般競争入札であれ、指名競争入札であれ、各発注者（地方公共団体）へ入札参加資格審査を申請して、競争入札参加資格者の名簿に登載される必要があります（Q11参照）。

　入札参加資格申請の手続には、インターネットを利用したWEB入力画面からデータを送信する方法、専用ソフトをダウンロードしてデータ作成後に送信する方法、従来からの紙書類の申請書を提出する方法などがあります。各地方公共団体により異なりますが、その多くはWEB入力方式であり、申請書データ送信後に必要な添付書類を郵送または電子データ（PDFファイルなど）で送信するという方法になります。また入札参加資格申請の電子申請では、本人確認方法としてID・パスワード方式を採用するところが多く、一部、電子入札の電子証明書を利用する地方公共団体もあります。

　内閣府規制改革推進室・国土交通省・総務省作成の資料「公共工事入札の申請書類の簡素化の検討状況・今後の方針について」（2020年9月1日）には、地方公共団体における競争入札参加資格審査に最低限必要とされる項目と添付書類の標準書式の作成に向け、提示した標準書式（案）に関する地方公共団体への聴取をふまえ、標準書式作成の基本的な考え方として、記載項目や添付書類の削減・簡素化を求める意見は基本的に反映し、追加を求める意見については慎重に判断することとし、押印の取扱いの明確化の求める意見については、これを一切不要とすることなどが示されました。

　これを受けて、令和3年10月19日付で総務省自治行政局行政課長から各地方自治体宛てに「地方公共団体の競争入札参加資格審査申請に係る標準項目の活用等について（通知）」（総行行第369号）が発出され、地方公共団体の競争入札参加資格審査申請書の標準項目を取りまとめるとともに、標準様式を作成・通知しています。

　現在、紙書類での申請方式をとっている地方公共団体においても、全国的な申請様式の標準化の動きを注視しつつ、申請者の利便性の向上に寄与し、なおかつ当該地方公共団体が利用可能なシステムの選定と、その導入に要するコストなどを総合的に勘案しながら、様式などの標準化や電子申請の導入の検討が進められているようです。

　こうした動向をふまえ、今後は、入札参加資格審査申請の標準書式が電子上で導入され、紙書類での申請書提出方式はほとんど無くなっていくものと考えられます。

# Q

## 58 電子入札とは

　多くの地方公共団体は、談合の防止、手続の透明化などの観点から、従来の紙で行ってきた入札ではなく、インターネットを利用して電子的に実施する電子入札を採用しています。また、発注者である地方公共団体が管理する電子入札においては「電子入札コアシステム」の利用が主流を占めています。

　　電子入札コアシステムとは、2001年に国土交通省が策定した「CALS/EC地方展開アクションプログラム（全国版）」の趣旨に則り、公共発注機関での円滑な電子入札システムの導入を支援するために開発された、複数の公共発注機関に適用可能な汎用性の高い電子入札システムのことです。（一財）日本建設情報総合センターが、電子入札システムの基盤となる「電子入札コアシステム」と呼ぶパッケージソフトウェアを提供しています。2019年11月時点において、国の機関や都道府県、政令指定都市、市町村など800以上の発注機関で採用、運用されており、なかでも、都道府県と政令指定都市は、そのすべてで採用されています。

　　なお、2020年9月をもって、従来方式（Java版）の電子入札コアシステムの発注機関向けのサポートは終了しています。

　　建設業者が電子入札を行うためには、地方公共団体が採用している電子入札システムに対応する「電子証明書」（ICカード方式が主流）を購入しなければなりません。また、商号、所在地、代表者に変更がある場合には、電子証明書を再度購入しなければならない場合が多いので注意が必要です。

【国土交通省電子入札コアシステム対応の民間認証局】（2022年1月現在）

| 会社名 | サービス名 |
|---|---|
| NTTビジネスソリューションズ㈱ | e-ProbatioPS2 |
| 三菱電機インフォメーションネットワーク㈱ | DIACERT-PLUSサービス |
| ㈱トインクス | TDB電子認証サービスTypeA |
| 東北インフォメーション・システムズ㈱ | TOiNX電子入札対応認証サービス |
| 日本電子認証㈱ | AOSignサービス |
| 電子認証登記所（商業登記に基づく電子認証制度） | 法人認証カードサービス |

## Q 59 インターネット一元受付とは

「インターネット一元受付」とは、国土交通省が窓口となって国土交通省本省・地方整備局や、他の省庁などへの建設工事及び測量・建設コンサルタント等業務の入札参加資格申請を一括して受付けるシステムです。

　国の省庁では、国土交通省が中心となって国土交通省本省・各地方整備局や、他の省庁、独立行政法人など（参加機関は以下のとおり）への建設工事および測量・建設コンサルタント等業務の競争入札参加資格審査申請を、一括して定期的にインターネットで受付けています。これをインターネット一元受付と呼んでいます。

　ただし、2点ほど注意が必要です。インターネット一元受付は、2年に1度の定期受付時（12月1日～翌年1月15日頃）にのみ実施されており、有効期間途中での、いわゆる随時受付は行っていません。さらに、総務省や外務省が参加しておらず、すべての省庁を網羅しているわけでもありません。

　また、これと似た仕組みとして、各省庁における物品の製造・販売等に係る一般競争（指名競争）の入札参加資格を審査する「全省庁統一資格審査」がありますが、まったく別のものです。

　なお、統一参加資格申請・調達情報提供サイトや政府電子調達システム（GEPS）で別個に提供されていた入札情報、契約情報を一元的に検索することができる「調達ポータル」もあります。

### 受付参加機関（2023・2024年度の建設工事の定期インターネット一元受付）

　①国土交通省大臣官房会計課所掌機関（大臣官房会計課、各地方運輸局、航空局、各地方航空局、気象庁、海上保安庁、運輸安全委員会、海難審判所、国土技術政策総合研究所（横須賀庁舎））、②国土交通省地方整備局（道路・河川・官庁営繕・公園関係及び港湾空港関係）、大臣官房官庁営繕部及び国土技術政策総合研究所（横須賀庁舎を除く）、③国土交通省北海道開発局、④法務省、⑤財務省財務局、⑥文部科学省、⑦厚生労働省、⑧農林水産省大臣官房予算課、農林水産省地方農政局、林野庁、⑨経済産業省、⑩環境省、⑪防衛省、⑫最高裁判所、⑬内閣府、内閣府沖縄総合事務局、⑭東日本高速道路㈱、⑮中日本高速道路㈱、⑯西日本高速道路㈱、⑰首都高速道路㈱、⑱阪神高速道路㈱、⑲本州四国連絡高速道路㈱、⑳独立行政法人水資源機構、㉑独立行政法人都市再生機構、㉒日本下水道事業団、㉓独立行政法人鉄道建設・運輸施設整備支援機構

# Q
## 60 合併会社の経審の取扱いは

　合併する会社の建設業許可と経審の事務取扱いについて、合併の効果を早く認め、事務処理も迅速にするよう国から各都道府県へ通知されています。経営の強化につながる建設業者同士の合併を支援するとともに、それまで不明確であった合併会社の事務取扱いを明確にしています。これによって、建設業許可の空白期間が短くなるとともに、決算の時期にかかわりなく、合併期日で経審を受けられるようになり、合併メリットを経営に反映させることができるようになりました。国土交通省は、以上の趣旨を盛込んだ通知を平成20年3月10日付で「建設業者の合併に係る建設業法上の事務取扱いの円滑化等について」（国総建第309号）を発しましたが、経審の項目と基準の改正にともない、平成23年3月31日付国総建第331号により一部が改正されました。

　建設業の再編において、合併という選択肢は重要な施策の1つといえます。合併のメリットとしては、以下のような点が考えられます。
① 合併することによって、企業規模を拡大させるなどスケールメリットを生かす
② 合併することによって、不得意な分野（地域）を解消し、その分野（地域）への進出を容易にする
③ 会社分割などにより、企業の優良な部分を取出し、その後、合併することによって優良な部分をさらに伸ばす

　経審は、合併後、決算期未到来の場合に限り、合併後の最初の決算後ではなく、合併時の状況で審査されることとなり、その際の審査基準日は合併期日（または合併登記の日）です（以下、この経審を「合併時経審」という）。
　合併時経審は、必ず受けなければならないものではありません。たとえば、10月31日に合併した存続会社の決算が12月31日とすれば、決算終了後に経審を受ければよいと考えられます。これとは逆に、同じく12月31日決算の存続会社が2月末日までに合併した場合には、合併時経審を受ければ合併の効果が早期に経審に反映されることになります。ただし、業種によって合併時経審を受けたり、受けなかったりと、扱いを異にすることはできません。
　以上の例のように、2月に合併することが決定している場合、12月31日の合併直前決算にもとづく経審を受ける必要はありません。その前年の経審が有効中（審査基準日から1年7カ月、この場合は7月まで有効）で、かつ合併時経審の結果通知は7月までに届くことになるからです（経営状況分析受付日から、経審の結果通知書発送までの標準の処理期間は3カ月ですので、2月末日に合併、3月末日に合併時経審の経営状況分析受付をすませれば、6月末日には結果通知が届くことになります（Q5、9参照））。

経審を受けるには通常、決算が確定していなくてはなりません。しかし、合併時経審を受ける際は、審査基準日は合併期日（または登記の日）になり、その日現在で審査されるのは、技術職員数や制度加入の有無などという特例が認められています。

また、年間平均完成工事高、年間平均元請完成工事高、自己資本額、経営状況は、存続会社の決算日で審査されるという特別扱いを受けることができます。この場合、存続会社、消滅会社の決算月によって、合算方法が異なります。特に、両社の決算月が近日月でずれている場合は、事務量緩和の方策がとられますので、事前に都道府県の担当窓口に照会することを勧めます。

ただし、その合算にあたっては、連結財務諸表の作成方法に準じて必要な項目について相殺消去が必要であり、また、合算された財務諸表には原則として公認会計士または税理士の証明が必要です。

決算月と合併日が隔たっている場合は、合併前に経審を受けて有効期間を切らさないようにしたうえで、合併時経審を原則どおり審査基準日現在の決算をして申請する必要があります。この場合、1年以内に2通の結果通知を受けることになりますが、公共工事の発注者へは合併時経審の結果通知が送付されることになっています。

また、合併時経審で使用する決算数値は、合併期日および存続会社の事業年度によっては、決算が確定するまでに日数を要することがあるため、円滑な引継ぎができないことが予想されます。このため、審査基準日の直前2年、または直前3年の各事業年度の数値を使用できるようになっています（「建設業者の合併に係る建設業法上の事務取扱いの円滑化等について」平成20年3月10日付国総建第309号）。

その後、ペーパーカンパニー対策などの評価の適正化の観点から、また、社会経済情勢をふまえた多様なニーズへ対応するという観点から、経審の項目と審査基準が改正（平成22年10月15日省令第1175号）されたことにより、以下のようになりました。


**吸収合併の場合（合併時経審）**

① 技術職員数は、審査基準日（合併期日）の状況にもとづいて審査されます。なお、恒常的な雇用関係の有無は、消滅会社における雇用関係も含めて審査されます。

② 建設業の営業継続の状況としての営業年数は、存続会社の建設業の営業年数となります。


**新設合併の場合（合併時経審）**

① 技術職員数は、設立時の状況にもとづいて審査されます。なお、恒常的な雇用関係の有無は、消滅会社における雇用関係も含めて審査されます。

② 建設業の営業継続の状況としての営業年数は、消滅会社の建設業の営業年数の算術平均により得られた値となります。なお、消滅会社が2011年4月1日以降の申立に係る再

生手続開始の決定または更生手続開始の決定を受けており、かつ、審査基準日以前に再生手続終結の決定または更生手続終結の決定を受けていない場合は、当該消滅会社の建設業の営業年数は０年として計算します。

## 合併後最初の事業年度終了の日以降の経審（合併後経審）

① 技術職員数は、合併後の最初の事業年度終了日の状況にもとづいて審査されます。なお、恒常的な雇用関係の有無は、消滅会社における雇用関係も含めて審査されます。

② 新設会社の建設業の営業継続の状況としての営業年数は、消滅会社の建設業の営業年数の算術平均により得られた値に新設会社の営業年数を加えたものとなります。なお、消滅会社が2011年４月１日以降の申立に係る再生手続開始の決定または更生手続開始の決定を受けており、かつ、審査基準日以前に再生手続終結の決定または更生手続終結の決定を受けていない場合は、当該消滅会社の建設業の営業年数は０年として計算します。

＊１　経審基準の改正の詳細は、技術職員数についてはＱ29、30を、建設業の営業年数についてはＱ44を参照してください。

＊２　新設合併とは、対等な立場で合同し、新たな会社を設立することをいいます。一方、吸収合併は、存続会社が消滅会社を併呑することをいいます。しかし、実質的に対等な合併でも、許認可などのわずらわしさから吸収合併の形態をとることが多いようです。建設業許可の取得、経審の受審、競争入札参加資格の取得という手続に時間がかかるため、公共工事の受注が相当期間できないという理由からです。

## 建設業許可の事業承継・相続について

　2020年10月の建設業法の改正により、事業承継に係る認可申請が法定化されました。改正前は、承継（事業譲渡・合併・分割）後の許可取得まで許可の空白期間が生じ、その間、500万円以上（建築一式工事は、1,500万円以上）の工事を請負うことができませんでしたが、新たに法定化された認可申請を経ることにより、許可の空白期間は生じず、受注機会を損なうことはなくなりました。また、個人事業主の死亡による相続についても認可申請の対象です。

　経営事項審査の結果も当然に承継されますが、営業年数などについては従来の事業承継と扱いは変わらないため、注意が必要です。

　認可申請の事例はまだ多くなく、審査行政庁も慣れていないため、早めに相談することを勧めます。

## Q 61 会社分割に関する特例とは

**合併や事業譲渡と同様に、建設業の再編にともなう会社分割（吸収分割および新設分割）についても、分割前の完成工事高や営業年数といった実績を分割後の会社に承継させることを認めています。**

　会社分割については、企業内での経営の効率化などを促進するため、建設業者がその業務の一部を分社化するなどの会社分割を行った場合（企業の地域分社化は対象としない）、できる限り速やかに新たな経営実態に即した企業の再評価を行うこととされています。これらは、「建設業者の会社分割に係る建設業法上の事務取扱いの円滑化等について」（平成20年3月10日付国総建第313号）で通知されましたが、経審の項目と審査基準の改正にともない、平成23年3月31日付国総建第333号により一部が改正されました。

### 吸収分割の場合（分割時経審）

　建設業の営業継続の状況としての営業年数は、分割会社の分割前の営業年数となります。なお、分割会社が複数ある場合は、すべての分割会社の分割前の営業年数の算術平均により得た値となります。なお、分割会社が2011年4月1日以降の申立に係る再生手続開始の決定または更生手続開始の決定を受け、かつ、審査基準日以前に再生手続終結の決定または更生手続終結の決定を受けていない場合は、当該分割会社の建設業の営業年数は0年として計算します。

### 新設分割の場合（分割時経審）

① 　分割会社および新設会社のそれぞれの技術職員数は、審査基準日におけるそれぞれの状況にもとづき審査されます。なお、新設会社における恒常的な雇用関係の有無は、分割会社における雇用関係も含めて審査されます。

② 　分割会社の建設業の営業継続としての営業年数は、分割会社の分割前の営業年数となります。新設会社の建設業の営業年数は、分割会社の分割前の営業年数（分割会社が複数ある場合は、すべての分割社会の分割前の営業年数の算術平均により得た値）となります。なお、分割会社が2011年4月1日以降の申立に係る再生手続開始の決定または更生手続開始の決定を受けており、かつ、審査基準日以前に再生手続終結の決定または更生手続終結の決定を受けていない場合は、当該分割会社の建設業の営業年数は0年として計算します。

**分割後最初の事業年度終了の日を審査基準日とする経審（分割後経審）**

①　技術職員数は、分割後最初の事業年度終了の日の状況にもとづいて審査されます。な お、恒常的な雇用関係の有無は、分割会社における雇用関係も含めて審査されます。

建設業の営業継続の状況としての営業年数

②-1　承継会社については、譲渡時経審（Q63）の審査方法の取扱いに準拠して算定し ますが、新規承継会社の建設業の営業年数については、分割会社の分割前の営業年 数（分割会社が複数ある場合は、すべての分割会社の分割前の営業年数の算術平均 により得た値）に新規承継会社の営業年数を加えたものとなります。

　　　　また、分割会社が2011年4月1日以降の申立に係る再生手続開始の決定または更 生手続開始の決定を受け、かつ、審査基準日以前に再生手続終結の決定または更生 手続終結の決定を受けていない場合は、当該分割会社の建設業の営業年数は0年と して計算します。

②-2　新設会社については、分割会社の分割前の営業年数（分割会社が複数ある場合は、 すべての分割会社の分割前の営業年数の算術平均により得た値）に新設会社の営業 年数を加えたものとなりますが、分割会社が2011年4月1日以降の申立に係る再生 手続開始の決定または更生手続開始の決定を受け、かつ、審査基準日以前に再生手 続終結の決定または更生手続終結の決定を受けていない場合には、当該分割会社の 建設業の営業年数は0年として計算します。

　会社分割時（吸収分割および新設分割）の経審の事務取扱いについては、原則として過 去の実績を承継するよう合併（Q60参照）および事業譲渡（Q63参照）の取扱いに準じて、 各項目の審査を行うこととされています。たとえば、審査基準日は、吸収分割では分割期 日（または分割登記の日）、新設分割では新設会社は分割登記の日、分割会社は分割期日（ま たは分割登記の日）などですが、分割期日については分割契約書に分割期日の定めがあり、 かつ、分割期日において新会社としての実体を備えると認められることなどの細かい決ま りがありますので、それぞれ確認が必要です。

　また、吸収分割で、許可の空白ができないよう事前に設立した会社（新規承継会社とい い、上記の審査基準日からさかのぼって6カ月以内に建設業許可を取得した会社）につい ても、実績が引継げるよう措置するものとされています。

　さらに、経審に使用する決算数値について、分割日と事業年度の兼合いによっては、決 算が確定するまでに日数を要することがあり、円滑な引継ぎができないことが予想される ため、審査基準日の直前2年（または直前3年）の各事業年度の数値を使用できるように なっています。

　また、主たる営業所が設けられた都道府県以外に、承継会社または新設会社の主たる営 業所が設けられる場合（地域分社化という）も、その承継会社または新設会社に係る経審

の各審査項目の審査方法について、実績の承継を認めることとされています。

　なお、会社分割にともなう取扱いについて会社の規模を限定していないので、中小建設会社でも適用を受けられる点が特徴的であるといえます。

# Q 62 技術者について注意すること（その１）──親会社と連結子会社の場合

　　親会社およびその連結子会社の間の出向社員は、一定の条件下に工事現場に配置される主任技術者または監理技術者として、直接的かつ恒常的な雇用関係があるものとして取扱うこととされています。また、「国土交通省が認定した企業集団に属する建設業者に係る経営事項審査の取扱いについて」が一部改正されました。

　　建設投資の低迷による経営環境の悪化などに対応するため、建設業者が会社分割、共同子会社化などにより企業集団を形成し、一体となって経営を行うことによって、経営基盤の強化や経営の合理化を進めています。このような親会社およびその連結子会社の間の出向社員は、以下の条件に該当する場合についてのみ、工事現場に配置する主任技術者または監理技術者として認めることになっています。

　　これは、平成28年５月31日付「親会社及びその連結子会社の間の出向社員に係る主任技術者又は監理技術者の直接的かつ恒常的な雇用関係の取扱い等について」（国土建第119号）によって規定されています。

① 　１つの親会社とその連結子会社からなる企業集団であること
② 　親会社が次のいずれにも該当するものであること
　・建設業者であること
　・金融商品取引法（昭和23年法律第25号）第24条の規定により有価証券報告書を内閣総理大臣に提出しなければならない者であること
③ 　連結子会社が建設業者であること
④ 　③の連結子会社がすべて①の企業集団に含まれる者であること
⑤ 　親会社または連結子会社（その連結子会社が２以上ある場合には、それらのすべて）のいずれか一方が経審を受けていない者であること
⑥ 　親会社または連結子会社が、既に本通知による取扱いの対象となっていないこと。

　　ただし、出向先の会社が出向社員を主任技術者または監理技術者として置く建設工事について、その企業集団を構成する親会社もしくはその連結子会社またはこの親会社の非連結子会社（連結財務諸表規則第２条第６号に規定する非連結子会社：連結の範囲から除かれる子会社）が、その下請負人（この建設工事の全部または一部について下請契約が締結されている場合の各下請負人をいう。以下同じ）となる場合は、この限りでないとされています。

　　なお、この取扱いを受けようとする者は、①〜⑥までの要件のいずれにも適合することについて、国土交通省土地・建設産業局建設業課長による確認（企業集団確認）を受けなければならないことになっています。

**直接的かつ恒常的な雇用関係の確認方法**

　工事現場では、以下に掲げる書面などにより、それぞれの事項について確認する必要があります。

① 　健康保険被保険者証等により、出向社員の出向元の会社との間の雇用関係

② 　出向であることを証する書面により、出向社員の出向先の会社との間の雇用関係

③ 　企業集団確認書により、出向先の会社と出向元の会社との関係が企業集団を構成する親会社およびその連結子会社の関係にあること＊

④ 　施工体制台帳などにより、出向社員を主任技術者または監理技術者として置く建設工事の下請負人に、この企業集団を構成する親会社もしくはその連結子会社またはこの親会社の非連結子会社が含まれていないこと


＊企業集団確認については、国土交通省土地・建設産業局建設業課長宛に所定の書式による申請書を企業集団の親会社から提出します。確認の手続後、該当者については企業集団確認書が交付されます。なお、この確認書の有効期間は、交付の日から1年間とされています。


　ペーパーカンパニー対策や、社会経済情勢をふまえた多様なニーズへ対応するため、企業集団についても経審の審査項目に民事再生法または会社更生法の適用の有無（Q44参照）、建設機械の保有状況（Q51参照）、国際標準化機構（ISO）が定めた認証による取得の状況（2023年1月の改正により「国または国際標準化機構が定めた規格による認証または登録の状況」に変更。Q52参照）が加わりました。

# Q 63
## 技術者について注意すること（その２）
## ──事業譲渡・会社分割の場合

　事業譲渡または会社分割によって、出向社員を工事現場の主任技術者および監理技術者として配置する場合、出向元企業がその建設工事に関する建設業の許可を廃止したときは、事業譲渡の日または出向先企業が会社分割の登記をした日から３年以内の間に限り、現場の主任技術者および監理技術者として認められます。

　「建設業者の営業譲渡または会社分割に係る主任技術者または監理技術者の直接的かつ恒常的な雇用関係の確認の事務取扱いについて」（平成13年５月30日付国総建第155号）では、建設業者の事業譲渡および会社分割にともなう出向社員の取扱いについて、以下のように定めています。

①　建設業許可を受けた企業が事業譲渡により、他の企業にその「建設業」を譲渡し、または会社分割により、他の企業がその「建設業」を承継する

②　その「建設業」を譲り受けまたは承継する企業（出向先企業）へ転籍すべき社員が、暫定的にその「建設業」を譲渡し、または当該会社分割を行った企業（出向元企業）からの出向社員となる

③　以上の場合に、その出向社員を工事現場に主任技術者または監理技術者として置こうとするときは、事業譲渡の契約上定められている譲渡の日または出向先企業が会社分割の登記をした日から３年以内の間に限り、その出向社員と出向先企業との間に直接的かつ恒常的な雇用関係があるものとして取扱う

　ただし、これは、出向元企業がその建設工事に関する建設業の業種を廃止していることが条件になります。

　また、上記の場合、監理技術者資格者証に記載された所属建設業者と、配置された現場の建設業者が異なるので、確認する際は、健康保険被保険者証などによる出向元企業との雇用関係の確認に加えて、以下の書類により、その監理技術者と出向先企業との雇用関係を確認することとしています。

①　出向元企業の建設業の廃業届、その建設業の取消し通知書またはその許可の取消しを行った旨が掲載された官報もしくは公報

②　事業譲渡契約書などの出向元企業と出向先企業の事業譲渡または会社分割についての関係を示す書類

　なお、事業譲渡については「建設業の譲渡に係る建設業法上の事務取扱いの円滑化等について」（平成20年３月10日付国総建第311号）において定められていますが、経審の項目と審査基準の改正にともない、平成23年３月31日付国総建第332号により、一部が改正さ

れました。

このなかで、譲渡人に対する企業評価の全部または一部を譲受人に係る平均完成工事高や自己資本額や経営状況や建設業の営業継続の状況などのいくつかの細目について、譲受人が新規設立法人の場合は、新設合併（平成20年3月10日付国総建第309号）の場合における合併時経審（Q60参照）、譲受人が新たに設立される法人以外の場合は、吸収合併の場合における合併時経審（Q60参照）の各審査項目の審査方法の取扱いに準拠して算定するとされました。

また、会社分割についても同様に、平成23年3月31日付国連建第333号により、一部が改正されました（Q61参照）。

ほかにも、譲受人から建設業許可の申請があったときには、当該建設業の譲受人への移行を円滑に進め、事業の空白を生じさせないよう、できる限り速やかに処理することとされており、経審についても全部譲渡や一部譲渡の場合、譲渡後の最初の事業年度終了日を待たずに譲受人の経審が受けられます。

また、この場合の審査基準日は、

①　譲受人が新たに設立される法人の場合は、設立登記の日

②　譲受人が①以外の場合は、「建設業」の譲渡契約で定められている譲渡の期日以降で、かつ、譲渡を受けたことにより、新たな経営実態が備わっていると認められる日

とされています。

そのほか、注意すべきこととして、以上の審査基準日に係る経審（以下、「譲渡時経審」という）を申請するときは、譲渡人は「建設業」の譲渡を行った後の新たな経営実態に即した譲渡時経審を、譲受人と同時に申請しなければならないとされています。

しかし、譲渡時経審は必ず受けなければならないとは限りません。譲渡人または譲受人（以下、「譲渡人等」という）は、建設業の譲渡前に、直前の事業年度終了の日を審査基準日とする経審（以下、「譲渡直前経審」という）を受けているときは、譲渡時経審を受けなくても、譲渡後最初の事業年度終了の日以降の経審を受ければ、その結果が出るまでは、譲渡直前経審が有効です。

また、「建設業」の譲渡前に法令違反となっていなければ、譲渡直前経審を受けなくても、譲渡時経審を受ければ足りるとされています。

# Q 64 技術者について注意すること（その3）
## ── 持ち株会社化の場合

　国土交通大臣の認定を受けた企業集団に属する親会社（持ち株会社）から、その子会社（持ち株会社による企業集団に属するものに限る）である建設業者への出向社員を、その子会社である建設業者が工事現場に主任技術者または監理技術者として置く場合、その出向社員とその子会社である建設業者の間に直接的かつ恒常的な雇用関係があるものとして取扱うこととされています。

　最近の建設投資の低迷による経営環境の悪化などに対応するため、建設業者が持ち株会社化により企業集団を形成し、一体となって経営を行うことによって、経営基盤の強化や経営の合理化を図っている場合には、出向社員でも主任技術者または監理技術者として認めることになっています。

　これは、平成28年12月19日付「持株会社の子会社が置く主任技術者又は監理技術者の直接的かつ恒常的な雇用関係の取扱いについて」（国土建第357号）によって規定されました。

　具体的には、その企業集団が平成20年1月31日付国土交通省告示第85号附則の規定による国土交通大臣の認定を受けた場合で、その企業集団の親会社（持ち株会社）からその企業集団に属する子会社への出向社員について、その子会社である建設業者の間に直接的かつ恒常的な雇用関係があるものとして取扱うことになりました。これにより、その出向社員は、工事現場に配置される主任技術者または監理技術者として認められることになりました。

　ただし、その出向社員を主任技術者または監理技術者として置く建設工事が、その企業集団に属する親会社または子会社（その出向社員が属する建設業者を除く）の下請工事となる場合は、認められません。

　この取扱いにあたっては、以下の3点によって、出向社員と出向元である建設業者との関係を確認することになっています。
① 　健康保険被保険者証など（雇用関係の確認）
② 　告示第85号附則の規定による国土交通大臣の認定を受けたことを証する書面
③ 　その工事の施工体制台帳（下請負人の確認）

# 技術者について注意すること（その4）

　国土交通省は、建設業者が経営の合理化を進める場合、その合理化のメリットを失わせることがないように、不良・不適格業者排除の観点もふまえて、一定の条件に限り技術者などの企業グループ内移動を認める取扱いを定めています。現状では、持ち株会社化を活用した企業集団を認定することにより、親会社から子会社への技術者などの移動を認めることとしています。

　国土交通省は、平成20年3月10日付の「持ち株会社の子会社に係る経営事項審査の取扱いについて」（国総建第319号）で、持ち株会社化にともなう企業結合について、新たに企業集団に属する会社がある場合など、経営基盤の強化を行おうとすることが前提でなければならないとした上で、持ち株会社化経審を受けられる企業集団を認定しています。

　企業集団の認定にあたっては、以下の点がポイントとなります。

① 　企業集団に属する会社は、建設業者である子会社がすべて含まれなければならない

② 　同一の会社が複数の企業集団に属することは認められない

③ 　新たに企業集団に属する会社がある場合など、企業結合により経営基盤の強化を行おうとする建設業者がある場合でなければならない

④ 　親会社は、主として企業集団全体の基本的な経営管理などのみを行うものであること

⑤ 　企業集団に属する会社が、新たに認定を受けようとする場合にあっては、当該認定に係る経審の審査基準日における企業集団の技術職員数および公認会計士等の数が企業結合前のそれぞれの数を超えないこと

⑥ 　認定の更新を受けようとする場合にあっては、当該更新に係る経審の審査基準日における企業集団の技術職員数および公認会計士等の数が更新前のそれぞれの数を超えないこと

⑦ 　企業集団に属する会社の変更は、株式の取得または売却による子会社の範囲の変動によるものなど相当の理由がある場合に限る（「国土交通大臣が認定した企業集団に属する建設業者に係る経営事項審査の取扱いについて」平成20年3月10日付国総建第317号）

　審査基準日は、原則として申請をする直前の親会社の事業年度終了の日ですが、建設業者の株式を取得することにより新たに当該建設業者を連結子会社とした場合の株式取得日等も審査基準日とすることができるとされています（平成20年3月10日付国総建第317号）。

　また、数値の認定は、技術職員数Zおよび公認会計士等の数Wにおいて、各々案分して行うものとしています。

　また、工事現場に配置される主任技術者または監理技術者の取扱いについては、平成14年4月16日付の「持ち株会社の子会社が置く主任技術者または監理技術者の直接的かつ恒

常的な雇用関係の取扱いについて」（国総建第97号）において規定しています（Q64参照）。

　ただし、認定にあたっては、親会社が「財務諸表などの用語、様式および作成方法に関する規則」（昭和38年大蔵省令第59号）第8条第3項に規定されるものであることと、金融商品取引法第24条1項の規定にもとづく有価証券報告書の提出を義務付けられています（平成20年1月31日付告示第85号附則4（1）、（2））。

　さらに、親会社は主として経営管理などのみを行うものであり、経審を受けていないことが条件になります。したがって、中小建設業者は認定を受けられないというのが、唯一の欠点といえるかもしれません。


　平成20年3月10日付国総建第317号の通知内容は、経審の項目と審査基準の改正にともない、平成23年3月31日付の国総建第334号において一部改正されました。

　国土交通大臣が認定した企業集団に属する建設業者の経審の項目の数値等の算定方法のうち、Wに以下の3つが加わりました。

① 民事再生法または会社更生法の適用の有無

　原則として、企業集団に属するすべての会社の民事再生法または会社更生法の適用の有無が審査されます（Q44参照）。

② 建設機械の保有状況

　企業集団に属するすべての会社の建設機械の保有台数を合算し、算定します（Q51参照）。

③ 国際標準化機構（ISO）が定めた規格による認証の取得状況（2023年1月の改正により「国または国際標準化機構が定めた規格による認証または登録の状況」に変更）

　原則として、企業集団に属するすべての会社が認証を受けている場合にのみ、認証を取得しているものとして認められます（Q52参照）。

　また、「企業集団及び企業集団についての数値等認定書」の様式についても一部改正されました（205ページ参照）。

# 新しい企業集団評価制度とは

企業形態の多様化へ的確に対応するため、一定の要件を満たす企業集団（連結子会社）については、国土交通大臣の認定を受けた上で、経営状況分析の評点を当該企業集団の連結財務諸表によって評価できるとされています（平成20年1月31日付告示第85号）。

　一定の要件とは、以下のとおりです（「一定の要件を満たす親会社および企業集団に属する建設業者に係る経営事項審査の取扱いについて」平成20年3月10日国総建第321号より）。

(1)　親会社が会計監査人設置会社であり、かつ次に掲げる要件のいずれかに該当するものであること

　①　有価証券報告書提出会社である場合は、子会社との関係において財務諸表等規則第8条第4項各号に掲げる要件のいずれかを満たすものであること

　②　有価証券報告書提出会社以外の場合は、子会社の議決権の過半数を自己の計算において所有しているものであること

(2)　子会社が次に掲げる要件のいずれにも該当する建設業者であること

　①　売上高が、親会社の提出する連結財務諸表に係る売上高の100分の5以上を占めているものであること

　②　単独で審査した場合の経営状況分析の評点が、親会社の提出する連結財務諸表を用いて審査した場合における経営状況の評点の3分の2以上であるものであること

　認定にあたって企業集団に属する会社は、親会社（「財務諸表等の用語、様式および作成方法に関する規則」（昭和38年大蔵省令第59号「財務諸表等規則」）第8条第3項に規定する親会社をいう）およびその子会社（同項に規定する子会社をいう）である必要があります。ただし、子会社については、(2)①②の要件を満たす子会社のすべてを企業集団に含むものとする必要はなく、連結経審を申請する子会社のみが含まれていれば足りるものとされています。企業集団についての数値の認定は、以下のとおりです。

(1)　審査基準日について

　原則として、連結経審を申請する日の直前の事業年度終了日とします。ただし、合併、事業譲渡または分割をともなう場合は、合併時経審、その他の経審の取扱いにあわせて連結経審を受けることができるとされています。

(2)　認定基準について

　経営状況分析の評点について、企業集団に属する親会社の連結財務諸表を用いて審査した場合の経営状況分析の評点を、親会社（親会社が経審を受審する場合に限る）および子会社の経営状況分析の評点として認定することになります。

認定の申請手続は「一定の要件を満たす親会社および企業集団に属する建設業者に係る経営事項審査の取扱いについて」（平成20年３月10日国総建第321号）に詳細が記載されています。

　なお、「国土交通大臣が認定した企業集団に属する建設業者に係る経営事項審査の取扱いについて」（平成20年３月10日国総建第317号）の一部が、経審の改正にともない、平成23年３月31日国総建334において改正されました（203ページ参照）。

　「企業集団及び企業集団についての数値等認定書」の書式にも、民事再生法または会社更生法の適用の有無、建設機械の保有状況、ISO認証の取得状況（2023年１月の改正により「国または国際標準化機構が定めた規格による認証または登録の状況」に変更）などが追加され、2011年４月から施行されています。

## Q 67 法人成りしたときは

個人の建設業者（個人に限る。被承継人）から営業の主たる部分を承継した者（法人に限る。承継法人）が、経審を受ける場合、完成工事高については、被承継人の完成工事高も加えて算定基礎とすることができます。

　平成20年1月31日付「経営事項審査の事務取扱いについて（通知）」（国総建第269号）において、経審を申請する年の事業年度開始日からさかのぼって2年以内（または3年以内）に、商業登記法に基づく組織変更登記を行った者、または建設業者（個人に限る。被承継人）から営業の主たる部分を承継した者（法人に限る。承継法人）の場合、以下の要件のいずれにも該当するときは、当期事業年度開始日の直前2年（または直前3年）の各事業年度における完成工事高の合計額を、年間平均完成工事高の算定基礎とすることができると規定されています。

① 被承継人が建設業を廃業すること

② 被承継人が50％以上を出資して設立した法人であること

③ 被承継人の事業年度と承継法人の事業年度が連続すること

④ 承継法人の代表権を有する役員が被承継人であること

　承継法人については「被承継人が50％以上を出資し、代表権を有する役員になること」と範囲が限定されていますので、親から子への事業承継にあたって、法人成りを行う場合には、被承継人を必ず代表権のある役員に入れる必要がありますが、2名代表ということにすると、たとえば被承継人（親）を代表取締役会長、承継した者（子）を代表取締役社長として、申請を行うことも可能ということになります。

# Q 68 親から子へ事業承継したときは

　個人の建設業者（被承継人）から建設業の主たる部分を承継した配偶者または2親等以内の者（承継人）が、経審を受ける場合、完成工事高については被承継人の完成工事高も加えて算定基礎とすることができます。

　平成20年1月31日付「経営事項審査の事務取扱いについて（通知）」（国総建第269号）において、経審を申請する年の事業年度開始日からさかのぼって2年以内（または3年以内）に建設業者（個人に限る。被承断人）から建設業の主たる部分を承継した者（承継人）については、以下の要件のいずれにも該当する場合、当期事業年度開始日の直前2年（または直前3年）の各事業年度における完成工事高の合計額を、年間平均完成工事高の算定基礎とすることができると規定されています。

① 被承継人が建設業を廃業すること

② 被承継人の事業年度と承継人の事業年度が連続すること（やむを得ない事情により連続していない場合を除く）

③ 承継人が被承継人の業務を補佐した経験を有すること

　承継者については、「配偶者」または「2親等以内の者」と範囲が限定されています。したがって、3親等以降の親族および親族でない者については承継できませんが、以前は、承継自体を認めていない審査行政庁もあったため、明確化されていることは、法人成りの承継と同様に、事業承継の積極的推進に向けて前進しているということです。

# Q

## 69 手続を頼める専門家は

　経審手続の代理代行は、行政書士の独占業務（行政書士法第１条の２、第19条、第21条第２項）です。行政書士および行政書士法人は、書類作成や申請の代理代行だけでなく、申請内容のアドバイスから、申請後における次回手続の案内などのフォローまで、幅広く建設業者をサポートします。

　　行政書士は、その事務所に行政書士の事務所であることを明らかにした表札を掲示しています（行政書士法施行規則第２条の14）。ただし、行政書士が扱う業務の範囲は非常に広範なため、行政書士によって経審の業務を取扱っている事務所と取扱わない事務所がありますので、事前に確認してください。
　　依頼あるいは相談するにあたっては、
①　依頼あるいは相談する業務の内容（例：建設業許可申請から、決算変更届、経審、競争入札参加資格審査申請までなど）
②　関係資料や書類の持参、収集（例：申請人である会社または個人の情報など）
③　報酬額とその支払時期（例：顧問料形式、１業務あたりの個別契約など）
④　手続の処理時期と期間（例：申請あるいは届出の時期によって、許可あるいは結果通知の到達の時期が異なるなど）
⑤　そのほか疑問に思う事柄（例：自社についてほかの依頼可能な業務がないかなど）
を十分確認しておく必要があります。
　　行政書士および行政書士法人は、官公署に提出する書類（その作成に代えて電磁的記録（電子的方式、磁気的方式、その他人の知覚によっては認識することができない方式でつくられる記録であって、電子計算機による情報処理の用に供されるものをいう。以下同じ）を作成する場合における当該電磁的記録を含む）、そのほか権利義務または事実証明に関する書類（実地調査にもとづく図面類を含む）を作成することや、その作成について相談に応じることを業としています。行政書士または行政書士法人でないものがこれらの業務を行うと、行政書士法第19条、第21条第２項により「１年以下の懲役または100万円以下の罰金」に処せられます。
　　2014年６月の行政書士法の改正（2014年12月27日施行）により、行政不服申立手続代理業務も業として行います（一定の研修を修了した特定行政書士に限る）。
　　建設業許可申請から経審、競争入札参加資格審査申請などの官公署へ提出する書類には、企業の秘密が含まれています。行政書士および行政書士法人は、行政書士法第12条により「正当な理由がなく、業務上取扱った事項について知り得た秘密を漏らしてはならない」という守秘義務が課せられていますので、安心して依頼してください。
　　なお、電子入札に必要なパソコンなどの整備、工事契約や工事台帳、経営者の事業承継

に係るコンサルタント業務、そのほか建設業の経営に係るコンサルタント業務についても
依頼に応じる行政書士もいます（281ページ参照）。

第4章

# 資 料

# 「経営事項審査」申請書等の記載例

様式第二十五号の十四（第十九条の七、第二十条、第二十一条の二関係）

（用紙Ａ４）

| 2 | 0 | 0 | 0 | 1 |

経 営 規 模 等 評 価 申 請 書
~~経 営 規 模 等 評 価 再 審 査 申 立 書~~
総 合 評 定 値 請 求 書

令和 　5 年 　9 月 　30 日

建設業法第27条の26第２項の規定により、経営規模等評価の申請をします。
~~建設業法第27条の28の規定により、経営規模等評価の再審査の申立をします。~~
建設業法第27条の29第１項の規定により、総合評定値の請求をします。

この申請書及び添付書類の記載事項は、事実に相違ありません。

東京都千代田区神田錦町３－１３－７
株式会社日本一郎建設
申請者　代表取締役　日本　一郎

~~地方整備局長~~
~~北海道開発局長~~
東京都知事　殿

代理人　○○県○○市○○町１－１
　　　　◎◎行政書士事務所　行政書士　◎◎　◇◇

| 行政庁側記入欄 | 項番 | 請求年月日 | 土木事務所コード　整理番号 |
|---|---|---|---|
| 申 請 年 月 日 | 0 1 | 令和 □□ 年 □□ 月 □□ 日 | 令和 □□ 年 □□ 月 □□ 日 | □□ - □□□□□□ |

許可年月日

申 請 時 の　　　02　大臣コード 1 3 国土交通大臣　許可（般-30）第 1 2 3 4 5 6 号　平成 3 0 年 0 4 月 0 1 日
許 可 番 号　　　　　　　　　　　　東京都知事　　（特　　）

許可年月日

前 回 の 申 請 時 の　03　大臣コード □ 国土交通大臣　許可（般-□□）第 □□□□□ 号　令和 □□ 年 □□ 月 □□ 日
許 可 番 号　　　　　　　　　　　知事　　　　（特）

審 査 基 準 日　　04　令和 0 5 年 0 9 月 3 0 日

申 請 等 の 区 分　　05　1

処 理 の 区 分　　06　0 0

法 人 又 は 個 人 の 別　　07　1　（1.法人　2.個人）　　資本金額又は出資総額　　, 　, 0 2 0 , 0 0 0 （千円）　　法人番号　0 1 0 0 1 2 3 4 5 6 7 8 9

商 号 又 は 名 称
の フ リ ガ ナ　　08　ニ ホ ン イ チ ロ ウ ケ ン セ ツ

商 号 又 は 名 称　　09　（株）日 本 一 郎 建 設

代表者又は個人の氏名
の フ リ ガ ナ　　10　ニ ホ ン 　 イ チ ロ ウ

代 表 者 又 は
個 人 の 氏 名　　11　日 本 　 一 郎

主たる営業所の所在地
市 区 町 村 コ ー ド　　12　1 3 1 0 1

主たる営業所の所在地　　13　神 田 錦 町 3 － 1 3 － 7

郵 便 番 号　　14　1 0 1 - 0 0 5 4　電 話 番 号　0 3 - 1 2 3 4 - 5 6 7 8

土 建 大 左 と 石 屋 電 管 タ 鋼 筋 舗 しゆ 板 ガ 塗 防 内 機 絶 通 園 井 具 水 消 清 解

許可を受けている
建 設 業　　15　2 1 　 　 2 2 　 　 　 　 2 　 　 　 　 　 　 　 　 2 　（1.一般　2.特定）

経営規模等評価等
対 象 建 設 業　　16　9 9 　 　 9 　 　 　 　 　 　 　 　 　 　 9

212

<table>
<tr><td></td><td>項番</td><td></td><td>審査対象</td></tr>
</table>

自 己 資 本 額 $\boxed{17}$ $\boxed{\ }\boxed{\ }\boxed{\ }\boxed{\ }\boxed{4}\boxed{7}\boxed{0}\boxed{4}\boxed{9}$ (千円) $\boxed{1}$ $\binom{1.基準決算}{2.2期平均}$

| 基 準 決 算 | | | | | | (千円) |
|---|---|---|---|---|---|---|

| 直 前 の<br>審査基準日 | | | | | | (千円) |
|---|---|---|---|---|---|---|

利 益 額<br>( 2 期 平 均 ) $\boxed{18}$ $\boxed{\ }\boxed{\ }\boxed{\ }\boxed{\ }\boxed{4}\boxed{1}\boxed{9}\boxed{4}$ (千円)　利益額（利払前税引前償却前利益）<br>＝ 営業利益＋減価償却実施額

| 審 査 対 象 事 業 年 度 | | 審査対象事業年度の前審査対象事業年度 | |
|---|---|---|---|
| 営 業 利 益 | 1617 (千円) | 営 業 利 益 | 1751 (千円) |
| 減 価 償 却<br>実 施 額 | 2235 (千円) | 減 価 償 却<br>実 施 額 | 2785 (千円) |

技 術 職 員 数 $\boxed{19}$ $\boxed{\ }\boxed{\ }\boxed{\ }\boxed{3}$ (人)

登 録 経 営 状 況<br>分 析 機 関 番 号 $\boxed{20}$ $\boxed{0}\boxed{0}\boxed{0}\boxed{0}\boxed{0}\boxed{1}$　経営状況分析を受けた機関の名称<br>一般財団法人建設業情報管理センター

工事種類別完成工事高、工事種類別元請完成工事高については別紙一による。<br>技術職員名簿については別紙二による。<br>その他の審査項目（社会性等）については別紙三による。

経営規模等評価の再審査の申立を行う者については、次に記載すること。

| 審 査 結 果 の 通 知 番 号 | 審 査 結 果 の 通 知 の 年 月 日 |
|---|---|
| 第 号 | 令和 年 月 日 |
| 再 審 査 を 求 め る 事 項 | 再 審 査 を 求 め る 理 由 |
| | |

連絡先

所属等代表取締役　　　　　　　氏名　　　　日本　一郎　　　　電話番号　　　　03-1223-5678

ファックス番号　　　03-8765-4321

別紙一

# 工 事 種 類 別 完 成 工 事 高
# 工 事 種 類 別 元 請 完 成 工 事 高

| 項番 **31** | 審査対象事業年度の前審査対象事業年度又は<br>前審査対象事業年度及び前々審査対象事業年度 | 審査対象事業年度 | 計算基準の区分 |
|---|---|---|---|
| | 自 03 年 10 月　至 04 年 09 月 | 自 04 年 10 月　至 05 年 09 月 | 1（1.2年平均／2.3年平均） |

| | 審査対象事業年度の<br>前審査対象事業年度 | 年　月～　年　月 |
|---|---|---|
| | 審査対象事業年度の<br>前々審査対象事業年度 | 年　月～　年　月 |

| 業種コード | 完成工事高（千円） | 元請完成工事高（千円） | 完成工事高（千円） | 元請完成工事高（千円） |
|---|---|---|---|---|
| 32 0 10<br>土木一式　工事 | 98566 | 98566 | 102352 | 102352 |
| 32 0 11<br>プレストレストコンクリート構造物　工事 | 0 | 0 | 0 | 0 |
| 32 0 20<br>建築一式　工事 | | | 0 | 0 |
| 32 0 50<br>とび・土工・コンクリート工事 | 29111 | 29111 | 18426 | 10230 |
| 33　その他 | | | | |
| その他　工事 | | | | |
| 34　合計 | | | | |

（各工事種類欄に「完成工事高計算表」「元請完成工事高計算表」／審査対象事業年度の前審査対象事業年度・審査対象事業年度の前々審査対象事業年度）

契約後ＶＥに係る完成工事高の評価の特例　（ 1. 有　②　無 ）

別紙一

（用紙Ａ４）

# 工 事 種 類 別 完 成 工 事 高
# 工 事 種 類 別 元 請 完 成 工 事 高

| | 審査対象事業年度の前審査対象事業年度又は<br>前審査対象事業年度及び前々審査対象事業年度 | 審査対象事業年度 | 計算基準の区分 |
|---|---|---|---|
| 項番<br>3 1 | 自 0 3 年 1 0 月　至 0 4 年 0 9 月 | 自 0 4 年 1 0 月　至 0 5 年 0 9 月 | 1（1.2年平均<br>2.3年平均） |

| | | | | |
|---|---|---|---|---|
| | 審査対象事業年度の<br>前審査対象事業年度 | 　年　月～　年　月 | | |
| | 審査対象事業年度の<br>前々審査対象事業年度 | 　年　月～　年　月 | | |

| 業種<br>コード | 完 成 工 事 高（千円） | 元 請 完 成 工 事 高（千円） | 完 成 工 事 高（千円） | 元 請 完 成 工 事 高（千円） |
|---|---|---|---|---|
| 3 2 0 5 1 | 0 | 0 | 0 | 0 |
| 工事の種類<br><br>法面処理　工事 | 完 成 工 事 高 計 算 表<br>審査対象事業年度の前審査対象事業年度<br>審査対象事業年度の前々審査対象事業年度 | 元 請 完 成 工 事 高 計 算 表<br>審査対象事業年度の前審査対象事業年度<br>審査対象事業年度の前々審査対象事業年度 | | |
| 3 2 1 3 0 | 4 0 5 8 2 | 4 0 5 8 2 | 4 2 2 4 6 | 4 2 2 4 6 |
| 工事の種類<br><br>舗装　工事 | 完 成 工 事 高 計 算 表<br>審査対象事業年度の前審査対象事業年度<br>審査対象事業年度の前々審査対象事業年度 | 元 請 完 成 工 事 高 計 算 表<br>審査対象事業年度の前審査対象事業年度<br>審査対象事業年度の前々審査対象事業年度 | | |
| 3 2 2 6 0 | 2 0 0 4 3 | 2 0 0 4 3 | 3 8 8 6 3 | 3 8 8 6 3 |
| 工事の種類<br><br>水道施設　工事 | 完 成 工 事 高 計 算 表<br>審査対象事業年度の前審査対象事業年度<br>審査対象事業年度の前々審査対象事業年度 | 元 請 完 成 工 事 高 計 算 表<br>審査対象事業年度の前審査対象事業年度<br>審査対象事業年度の前々審査対象事業年度 | | |
| 3 2 | | | | |
| 工事の種類<br><br>　工事 | 完 成 工 事 高 計 算 表<br>審査対象事業年度の前審査対象事業年度<br>審査対象事業年度の前々審査対象事業年度 | 元 請 完 成 工 事 高 計 算 表<br>審査対象事業年度の前審査対象事業年度<br>審査対象事業年度の前々審査対象事業年度 | | |
| 3 3　その他 | 0 | 0 | 0 | 0 |
| 工事の種類<br><br>その他　工事 | 完 成 工 事 高 計 算 表<br>審査対象事業年度の前審査対象事業年度<br>審査対象事業年度の前々審査対象事業年度 | 元 請 完 成 工 事 高 計 算 表<br>審査対象事業年度の前審査対象事業年度<br>審査対象事業年度の前々審査対象事業年度 | | |
| 3 4　合計 | 1 8 8 3 0 2 | 1 8 8 3 0 2 | 2 0 1 8 8 7 | 1 9 3 6 9 1 |

| |
|---|
| 契約後ＶＥに係る完成工事高の評価の特例　（　1.　有　②　無　） |

別紙二

（用紙Ａ４）
2 0 0 0 5

# 技 術 職 員 名 簿

頁　　数 [8][1]　項番 3 [0][0][1] 5 頁

| 通番 | 新規掲載者 | 氏　名 | 生年月日 | 審査基準日現在の満年齢 | | 業種コード (3) | 有資格区分コード (5) | 講習受講 | 業種コード (10) | 有資格区分コード | 講習受講 | 監理技術者資格者証交付番号 | CPD単位取得数 |
|---|---|---|---|---|---|---|---|---|---|---|---|---|---|
| 1 | | 日本　一郎 | 昭和31年1月1日 | 67 | 8 2 | 0 1 | 1 1 3 | 1 | 1 3 | 1 1 3 | 1 | 123456789 | 18 |
| 2 | | 日本　次郎 | 昭和33年2月2日 | 65 | 8 2 | 0 1 | 2 1 4 | 2 | 1 3 | 2 1 4 | 2 | | |
| 3 | ○ | 日本　三郎 | 平成5年3月3日 | 30 | 8 2 | 0 1 | 2 1 4 | 2 | 2 6 | 2 1 4 | 2 | | |
| 4 | | | 年　　月　　日 | | 8 2 | | | | | | | | |
| 5 | | | 年　　月　　日 | | 8 2 | | | | | | | | |
| 6 | | | 年　　月　　日 | | 8 2 | | | | | | | | |
| 7 | | | 年　　月　　日 | | 8 2 | | | | | | | | |
| 8 | | | 年　　月　　日 | | 8 2 | | | | | | | | |
| 9 | | | 年　　月　　日 | | 8 2 | | | | | | | | |
| 10 | | | 年　　月　　日 | | 8 2 | | | | | | | | |
| 11 | | | 年　　月　　日 | | 8 2 | | | | | | | | |
| 12 | | | 年　　月　　日 | | 8 2 | | | | | | | | |
| 13 | | | 年　　月　　日 | | 8 2 | | | | | | | | |
| 14 | | | 年　　月　　日 | | 8 2 | | | | | | | | |
| 15 | | | 年　　月　　日 | | 8 2 | | | | | | | | |
| 16 | | | 年　　月　　日 | | 8 2 | | | | | | | | |
| 17 | | | 年　　月　　日 | | 8 2 | | | | | | | | |
| 18 | | | 年　　月　　日 | | 8 2 | | | | | | | | |
| 19 | | | 年　　月　　日 | | 8 2 | | | | | | | | |
| 20 | | | 年　　月　　日 | | 8 2 | | | | | | | | |
| 21 | | | 年　　月　　日 | | 8 2 | | | | | | | | |
| 22 | | | 年　　月　　日 | | 8 2 | | | | | | | | |
| 23 | | | 年　　月　　日 | | 8 2 | | | | | | | | |
| 24 | | | 年　　月　　日 | | 8 2 | | | | | | | | |
| 25 | | | 年　　月　　日 | | 8 2 | | | | | | | | |
| 26 | | | 年　　月　　日 | | 8 2 | | | | | | | | |
| 27 | | | 年　　月　　日 | | 8 2 | | | | | | | | |
| 28 | | | 年　　月　　日 | | 8 2 | | | | | | | | |
| 29 | | | 年　　月　　日 | | 8 2 | | | | | | | | |
| 30 | | | 年　　月　　日 | | 8 2 | | | | | | | | |

## その他の審査項目（社会性等）

### 建設工事の担い手の育成及び確保に関する取組の状況

| 項目 | 項番 | | | 内容 |
|---|---|---|---|---|
| 雇用保険加入の有無 | 4 | 1 | 1 | 〔1.有、2.無、3.適用除外〕 |
| 健康保険加入の有無 | 4 | 2 | 1 | 〔1.有、2.無、3.適用除外〕 |
| 厚生年金保険加入の有無 | 4 | 3 | 1 | 〔1.有、2.無、3.適用除外〕 |
| 建設業退職金共済制度加入の有無 | 4 | 4 | 1 | 〔1.有、2.無〕 |
| 退職一時金制度若しくは企業年金制度導入の有無 | 4 | 5 | 1 | 〔1.有、2.無〕 |
| 法定外労働災害補償制度加入の有無 | 4 | 6 | 1 | 〔1.有、2.無〕 |

| 若年技術職員の継続的な育成及び確保 | 4 7 | 1 〔1.該当、2.非該当〕 |
|---|---|---|

| 技術職員数（A） | 若年技術職員数（B） | 若年技術職員の割合（B／A） |
|---|---|---|
| 3 （人） | 1 （人） | 33.3 （%） |

| 新規若年技術職員の育成及び確保 | 4 8 | 1 〔1.該当、2.非該当〕 |
|---|---|---|

| 新規若年技術職員数（C） | 新規若年技術職員の割合（C／A） |
|---|---|
| 1 （人） | 33.3 （%） |

| CPD単位取得数 | 4 9 | □□,□□□.□ 4 8（単位） | 技術者数 □□□,□□ 4（人） |
|---|---|---|---|

| 技能レベル向上者数 | 5 0 | □□□,□□ 1（人） | 技能者数 □□□,□□ 3（人） | 控除対象者数 □□,□□□ 1（人） |
|---|---|---|---|---|

| 女性の職業生活における活躍の推進に関する法律に基づく認定の状況 | 5 1 | 〔1.えるぼし認定（1段階目）、2.えるぼし認定（2段階目）、3.えるぼし認定（3段階目）、4.プラチナえるぼし認定 、5.非該当〕 |
|---|---|---|
| 次世代育成支援対策推進法に基づく認定の状況 | 5 2 | 〔1.くるみん認定、2.トライくるみん認定、3.プラチナくるみん認定、4.非該当〕 |
| 青少年の雇用の促進等に関する法律に基づく認定の状況 | 5 3 | 〔1.ユースエール認定、2.非該当〕 |
| 建設工事に従事する者の就業履歴を蓄積するために必要な措置の実施状況 | 5 4 | 〔1.「全ての建設工事で実施」に該当、2.「全ての公共工事で実施」に該当、3.非該当〕 |

### 建設業の営業継続の状況

| 営業年数 | 5 5 | 4 7（年） |
|---|---|---|

| 初めて許可（登録）を受けた年月日 | 休業等期間 | 備考（組織変更等） |
|---|---|---|
| 昭和 51 年 4 月 1 日 | 年 か月 | |

| 民事再生法又は会社更生法の適用の有無 | 5 6 | 2 〔1.有、2.無〕 |
|---|---|---|

| 再生手続又は更生手続開始決定日 | 再生計画又は更生計画認可日 | 再生手続又は更生手続終結決定日 |
|---|---|---|
| 令和 年 月 日 | 令和 年 月 日 | 令和 年 月 日 |

### 防災活動への貢献の状況

| 防災協定の締結の有無 | 5 7 | 1 〔1.有、2.無〕 |
|---|---|---|

### 法令遵守の状況

| 営業停止処分の有無 | 5 8 | 2 〔1.有、2.無〕 |
|---|---|---|
| 指示処分の有無 | 5 9 | 2 〔1.有、2.無〕 |

### 建設業の経理の状況

| 監査の受審状況 | 6 0 | 4 〔1.会計監査人の設置、2.会計参与の設置、3.経理処理の適正を確認した旨の書類の提出、4.無〕 |
|---|---|---|
| 公認会計士等の数 | 6 1 | □,□□ 0（人） |
| 二級登録経理試験合格者等の数 | 6 2 | □,□□ 2（人） |

### 研究開発の状況

| 研究開発費（2期平均） | 6 3 | □,□□□,□□□,□ 0（千円） |
|---|---|---|

| 審査対象事業年度 | 審査対象事業年度の前審査対象事業年度 |
|---|---|
| □□□□□□ （千円） | □□□□□□ （千円） |

### 建設機械の保有状況

| 建設機械の所有及びリース台数 | 6 4 | □□ 3（台） |
|---|---|---|

### 国又は国際標準化機構が定めた規格による認証又は登録の状況

| エコアクション21の認証の有無 | 6 5 | 1 〔1.有、2.無〕 |
|---|---|---|
| ISO9001の登録の有無 | 6 6 | 1 〔1.有、2.無〕 |
| ISO14001の登録の有無 | 6 7 | 2 〔1.有、2.無〕 |

様式第４号

（用紙Ａ４）

令和　５年　９月　３０日

CPD単位を取得した技術者名簿
（技術職員名簿に記載のある者を除く）

| 通番 | 氏名 | 生年月日 | CPD単位 |
|---|---|---|---|
| 1 | 日本　四郎 | 昭和50年1月1日 | 30 |
| | | | |
| | | | |
| | | | |
| | | | |
| | | | |
| | | | |
| | | | |
| | | | |
| | | | |
| | | | |
| | | | |
| | | | |
| | | | |
| | | | |
| | | | |
| | | | |
| | | | |
| | | | |
| 上記技術者が取得したCPD単位の合計（①） | | | 30 |
| 技術職員名簿に記載のある技術職員が取得したCPD単位合計（②） | | | 18 |
| CPD単位総計（①＋②） | | | 48 |

記載要領

1　この表は、審査基準日における許可を受けた建設業に従事する職員のうち、建設業法第七条第二号イ、ロ若しくはハ又
　　は同法第十五条第二号イ、ロ若しくはハに該当する者又は一級若しくは二級の第一次検定に合格した者であって、規則
　　別記様式第25号の14・別紙２に記載のない者について作成すること。

2　「CPD単位」の欄には、技術者がＣＰＤ認定団体によって修得を認定された単位数を、告示別表第十八の左欄に掲げる
　　CPD認定団体ごとに右欄に掲げる数値で除し、30を乗じた数値を記載すること。
　　なお、小数点以下の端数がある場合は、これを切り捨てる。

218

様式第５号

（用紙Ａ４）

令和　５年　９月　３０日

技能者名簿

| 通番 | 氏名 | 生年月日 | 評価日 | レベル向上の有無 | 控除対象 |
|---|---|---|---|---|---|
| 1 | 日本　四郎 | 昭和50年1月1日 | 令和2年10月31日 | ○ | |
| 2 | 日本　五郎 | 昭和45年3月1日 | 平成28年5月31日 | | ○ |
| 3 | 日本　六郎 | 昭和60年9月1日 | | | |
| | | | | | |
| | | | | | |
| | | | | | |
| | | | | | |
| | | | | | |
| | | | | | |
| | | | | | |
| | | | | | |
| | | | | | |
| | | | | | |
| | | | | | |
| | | | | | |
| | | | | | |
| | | | | | |
| 合計 | 3（人） | | | 1（人） | 1（人） |

記載要領

1　この表は、審査基準日における許可を受けた建設業に従事する職員のうち、審査基準日以前三年間に、建設工事の施工に従事した者であって、建設業法施行規則第十四条の二第二号チ又は同条第四号チに規定する建設工事に従事する者に該当する者（ただし、建設工事の施工の管理のみに従事した者は除く。）について作成すること。

2　「評価日」の欄には、技能者が審査基準日以前において認定能力評価基準により評価を受けている場合、その最も新しい評価を受けた日を記載すること。

3　「レベル向上の有無」の欄には、審査基準日以前三年間に、能力評価基準により受けた評価の区分が、審査基準日の三年前の日以前に受けた最新の評価の区分より１以上上位であった者に該当する場合に、○印を記載すること。

4　「控除対象」の欄には、審査基準日の３年前の日以前に能力評価基準により評価が最上位の区分に該当するとされた者の場合に、○印を記載すること。

5　本表の最後の行には、作成対象となる技能者、「レベル向上の有無」の欄に○印が記載された者、「控除対象」の欄に○印が記載された者、それぞれの合計人数を記載すること。

# 経営規模等評価結果通知書 総合評定値通知書

〒101-0054
東京都千代田区神田錦町3丁目13番7号

(株)日本一郎建設
日本 一郎 殿

経営規模等評価の結果
総合評定値　を通知します。

令和 6年 1月 1日
東京都知事　○○ ○○

都市整備局
東京都知事

|  |  |
|---|---|
| 東京都知事 許可 | 13-123456号 |
| 審査基準日 | 令和 5年 9月 30日 |
| 電話 | 03-1234-5678 |
| 資本金額 | 20,000 |
| 完成工事高/売上高（%） | 100.0 |
| 行政庁記入欄 | 00-000000 |

## 建設工事の種類別 完成工事高・技術職員数・評点

| 建設工事の種類 | 総合評定値(P) | 完成工事高 2年平均 | 評点(X₁) | 元請完成工事高 2年平均 | 評点(Z) | 技術職員数（一級・基幹）(講習受講) | 二級 | その他 |
|---|---|---|---|---|---|---|---|---|
| 土木一式 | 812 | 100,459 | 711 | 100,459 | 674 | 1 | 1 | 2 |
| プレストレストコンクリート構造物 | 704 | 0 | 397 | 0 | 556 | | | |
| 建築一式 | 679 | 0 | 397 | 0 | 456 | | | |
| 大工 | | | | | | | | |
| 左官 | | | | | | | | |
| とび・土工・コンクリート | 746 | 23,769 | 585 | 19,671 | 536 | | | |
| 石 | 679 | 0 | 397 | 0 | 456 | | | |
| 法面処理 | | | | | | | | |
| 屋根 | | | | | | | | |
| 電気 | | | | | | | | |
| 管 | | | | | | | | |
| タイル・れんが・ブロック | | | | | | | | |
| 鋼構造物 | 780 | 41,414 | 628 | 41,414 | 631 | 1 | | 1 |
| 鉄筋 | | | | | | | | |
| 舗装 | | | | | | | | |
| しゅんせつ | | | | | | | | |
| 板金 | | | | | | | | |
| ガラス | | | | | | | | |
| 塗装 | | | | | | | | |
| 防水 | | | | | | | | |
| 内装仕上 | | | | | | | | |
| 機械器具設置 | | | | | | | | |
| 熱絶縁 | | | | | | | | |
| 電気通信 | | | | | | | | |
| 造園 | | | | | | | | |
| さく井 | | | | | | | | |
| 建具 | | | | | | | | |
| 水道施設 | 756 | 29,453 | 600 | 29,453 | 564 | 1 | | 1 |
| 消防施設 | | | | | | | | |
| 清掃施設 | | | | | | | | |
| 解体 | | | | | | | | |
| その他 | | | | | | | 0 | 2 |
| 合計 | | 195,095 | | 190,997 | | 1 | 0 | 2 |

## 自己資本額及び利益・額・X

| 自己資本額 等 | 額X (X₂) | 数値等 | 点数 |
|---|---|---|---|
| 利益額 | 47,019 | 4,194 | 664 |
| 評点（社会性等） | | | 579 |
| | | | 621 |

## その他の審査項目（社会性等）

| 審査項目 | 数値等 | 点数 |
|---|---|---|
| 雇用保険加入の有無 | 有 | |
| 健康保険加入の有無 | 有 | |
| 厚生年金保険加入の有無 | 有 | |
| 建設業退職金共済制度加入の有無 | 有 | |
| 退職一時金制度若しくは企業年金制度導入の有無 | 有 | |
| 法定外労働災害補償制度加入の有無 | 有 | |
| 若年技術者及び技能者の育成及び確保の状況 | 該当 | |
| 新規若年技術職員の育成及び確保 | 該当 | 48 単位 |
| CPD単位 | | 4 人 |
| 技能レベル向上者数 | | 1 人 |
| 技能者数 | | 3 人 |
| 女性の職業生活における活躍の推進に関する法律に基づく認定の状況（2段階目） | | 57 |
| 次世代育成支援対策推進法に基づく認定の状況 | 非該当 | |
| 青少年の雇用の促進等に関する法律に基づく認定の状況 | ユースエール | 60 |
| 建設工事に従事する者の育成及び確保の状況 | 該当 | |
| 建設工事の担い手の育成及び確保に関する取組の状況 | 47 年 | |
| 営業年数 | 無 | 20 |
| 民事再生法又は会社更生法の適用の有無 | 無 | |
| 防災協定の締結の有無 | 有 | 0 |
| 防災活動への貢献の状況 | 有 | |
| 営業停止処分の有無 | 無 | 8 |
| 指示処分の有無 | 無 | |
| 監査の受審状況 | 無 | 0 |
| 公認会計士等の数 | 0 | |
| 二級登録経理試験合格者の数 | 2 | 7 |
| 研究開発費 | 0 | |
| 建設機械の所有及びリース台数 | 3 台 | |
| エコアクション21の認証の有無 | 有 | 8 |
| ISO9001の登録の有無 | 有 | |
| ISO14001の登録の有無 | 無 | |
| 国又は国際標準化機構が定めた規格による認証又は認定の状況(W) | 無 | |
| 評点 | | 1,400 |

## 財務状況

[金額単位：千円]

| 科目 | 決算 | 経営状況 | 決算 |
|---|---|---|---|
| 固定資産 39,743 | 純支払利息比率 | 0.249 | 自己資本対固定資産比率 118,383 |
| 流動負債 34,811 | 負債回転期間 | 2.366 | 自己資本額 54,166 |
| 固定負債 5,000 | 総資本売上総利益率 | 28.719 | 営業キャッシュフロー 0.083 |
| 固定資産金余 27,049 | 売上高経常利益率 | 0.973 | 利益余剰金 0.270 |
| 自己資本 47,049 | 評点 | | 点数 811 |
| 自己資本（当期）86,860 | | | |
| 自己資本（前期）80,297 | | | |

| 参考 | 決算 |
|---|---|
| 売上高 201,887 |
| 売上総利益 24,028 |
| 売上総利益息配当金 180 |
| 支払利息 682 |
| 経常利益 1,965 |
| 営業キャッシュフロー(当期) 3,414 |
| 営業キャッシュフロー(前期) 13,088 |

備考
● 「※」があるの欄には、自己資本額の算出において2期平均を採用した場合の評点又は数値。
●「行政庁記入欄」については、当該建設業者の営業に関する事項、経営状況に関する事項、特記すべきこと、これらが適宜記載するものとする。

資料

B

# 経営事項審査の事務取扱いについて（通知）

国総建第269号　平成20年1月31日

最終改正　国不建第237号　令和4年8月15日（この通知は、令和5年1月1日から適用する。ただし、Ⅰの2の(1)の
ロのについては、発出日から適用する。）


各地方整備局等建設業担当部長　あて

各都道府県建設業主管部局長　あて

国土交通省総合政策局建設業課長


　公共工事の発注における企業評価の物差しである経営事項審査の評価項目や基準について
は、社会経済情勢が変化する中でも評価の適正を欠かないよう、また、企業行動を歪めるこ
とのないよう、適時の見直しが必要である。

　このため、今般、建設業法施行規則の一部を改正する省令（平成20年1月31日国土交通省
令第3号）が制定されるとともに、平成20年1月31日付け国土交通省告示第85号（以下「告
示」という。）をもって建設業法（昭和24年法律第100号）第27条の23第3項の経営事項審査
の項目及び基準の改正がなされ、同日付け国土交通省国総建第267号をもって、建設流通政
策審議官から今般の改正の主要な内容について通知されたところである。

　これらを踏まえ、従来の経営事項審査の事務取扱を見直すこととした。その内容は上掲の
省令、告示の施行に伴うもののほか、各項目の評点幅、評点算出方法を見直したこと等であ
る。

　今後標記の件については、建設業法、同法に基づく命令及び関連通知によるほか、下記に
より取扱われたい。ただし、本通知による事務取扱いは、平成20年4月1日より適用する。

　なお、平成18年7月7日付け国土交通省国総建第129号をもって通知した「経営事項審査
の事務取扱いについて（通知）」は平成20年3月31日限り廃止する。


記


Ⅰ　次の各号に掲げる事務の取扱いは、それぞれ当該各号に定めるところによるものとする。
　この場合において、特に定めのある場合を除き、審査に用いる額については、建設業法施
　行規則（昭和24年建設省令第14号。以下「規則」という。）別記様式第15号から別記様式
　第19号までに記載された千円単位をもって表示した額（ただし、会社法第2条第1項に規
　定する大会社が百万円単位をもって表示した場合は、百万円未満の単位については0とし
　て計算する。）とし、審査に用いる期間については、月単位の期間（1月未満の期間につ
　いては、これを切り上げる。）とする。

　1　経営規模について（告示第一の一関係）

　(1)　許可を受けた建設業に係る建設工事の種類別年間平均完成工事高について

　　　イ　種類別年間平均完成工事高は、許可を受けた建設業のうち経営事項審査の対象と
　　　　する旨申出のあった建設業（以下「審査対象建設業」という。）に係る建設工事に
　　　　ついて、経営事項審査の申請をする日の属する事業年度の開始の日（以下「当期事

業年度開始日」という。）の直前2年又は直前3年の年間平均完成工事高とする。ただし、審査対象建設業ごとに直前2年又は直前3年の年間平均完成工事高を選択できることとはせず、すべての審査対象建設業において同一の方法によることとする。また、1つの請負契約に係る建設工事の完成工事高を2以上の種類に分割又は重複計上することはできないものとする。

ロ　審査対象建設業に係る建設工事が「土木一式工事」である場合においてはその内訳として「プレストレストコンクリート構造物工事」を、「とび・土工・コンクリート工事」である場合においてはその内訳として「法面処理工事」を、「鋼構造物工事」である場合においてはその内訳として「鋼橋上部工事」をそれぞれ審査することとする。

ハ　契約後VE（主として施工段階における現場に即したコスト縮減が可能となる技術提案が期待できる工事を対象として、契約後、受注者が施工方法等について技術提案を行い、採用された場合、当該提案に従って設計図書を変更するとともに、提案のインセンティブを与えるため、契約額の縮減額の一部に相当する金額を受注者に支払うことを前提として、契約額の減額変更を行う方式。以下同じ。）による公共工事の完成工事高については、契約後VEによる減額変更前の契約額で評価できることとする。この場合において、経営事項審査の申請者は、申請の際に契約後VEによる契約額の減額の金額が証明できる書類を提出することとする。

ニ　審査対象建設業が土木工事業又は建築工事業（以下「一式工事業」という。）である場合においては、許可を受けている建設業のうち一式工事業以外の建設業（審査対象建設業として申出をしている建設業を除く。）に係る建設工事の年間平均完成工事高を、その内容に応じて当該一式工事業のいずれかの年間平均完成工事高に含めることができるものとする。

ホ　審査対象建設業が一式工事業以外の建設業である場合においては、許可を受けた建設業のうち一式工事業以外の建設業（審査対象建設業として申出をしている建設業を除く。）に係る建設工事の完成工事高を、その建設工事の性質に応じて当該一式工事業以外の建設業に係る建設工事の完成工事高に含めることができるものとする。

ヘ　上記のほか、申請者のうち次の申出をしようとする者については、その申出の額をそのまま、別記様式第1号に記載するものとする。

① 一式工事業に係る建設工事の完成工事高を一式工事業以外の建設業に係る建設工事の完成工事高として分割分類し、許可を受けた建設業に係る建設工事の完成工事高に加えて申し出ようとする者

② 一式工事業以外の建設業に係る完成工事高についても①と同様の方法により計算して申し出ようとする者

ト　事業年度を変更したため、当期事業年度開始日の直前2年（又は直前3年）の間に開始する各事業年度に含まれる月数の合計が24か月（又は36か月）に満たない者は、次の式により算定した完成工事高を基準として年間平均完成工事高を算定するものとする。

| 直前二年の場合 |

（Aにおける完成工事高の合計額）＋（Bにおける完成工事高）×

$$\frac{24か月－Aに含まれる月数}{Bに含まれる月数}$$

A・・・当期事業年度開始日の直前2年の間に開始する各事業年度

B・・・Aにおける最初の事業年度の直前の事業年度

| 直前三年の場合 |

（Aにおける完成工事高の合計額）＋（Bにおける完成工事高）×

$$\frac{36か月－Aに含まれる月数}{Bに含まれる月数}$$

A・・・当期事業年度開始日の直前3年の間に開始する各事業年度

B・・・Aにおける最初の事業年度の直前の事業年度

チ　次のいずれかに該当する者にあっては、当期事業年度開始日の直前2年（又は直前3年）の各事業年度における完成工事高の合計額を年間平均完成工事高の算定基礎とすることができるものとする。

①　当期事業年度開始日からさかのぼって2年以内（又は3年以内）に商業登記法（昭和38年法律第125号）の規定に基づく組織変更の登記を行った者

②　当期事業年度開始日からさかのぼって2年以内（又は3年以内）に建設業者（個人に限る。以下「被承継人」という。）から建設業の主たる部分を承継した者（以下「承継人」という。）がその配偶者又は2親等以内の者であって、次のいずれにも該当するもの

i）被承継人が建設業を廃業すること

ii）被承継人の事業年度と承継人の事業年度が連続すること（やむをえない事情により連続していない場合を除く。）

iii）承継人が被承継人の業務を補佐した経験を有すること

③　当期事業年度開始日からさかのぼって2年以内（又は3年以内）に被承継人から営業の主たる部分を承継した者（法人に限る。以下「承継法人」という。）であって、次のいずれにも該当するもの

i）被承継人が建設業を廃業すること

ii）被承継人が50％以上を出資して設立した法人であること

iii）被承継人の事業年度と承継法人の事業年度が連続すること

iv）承継法人の代表権を有する役員が被承継人であること

リ　当期事業年度開始日からさかのぼって2年以内（又は3年以内）に合併の沿革を有する者（吸収合併においては合併後存続している会社、新設合併においては合併に伴い設立された会社をいう。）又は建設業を譲り受けた沿革を有する者は、当期事業年度開始日の直前2年（又は直前3年）の各事業年度における完成工事高の合計額に当該吸収合併により消滅した建設業者又は当該建設業の譲渡人に係る営業期間のうちそれぞれ次の算式により調整した期間における同一種類の建設工事の完成

工事高の合計額を加えたものを年間平均完成工事高の算定基礎とすることができる
ものとする。

合併の場合（直前2年）
（A、B及びA'の完成工事高）＋（B'における完成工事高）×

$$\frac{Bの始期からB'の終期にいたる月数}{B'に含まれる月数（12月）}$$

＝直前2年の完成工事高
（乙社の年間平均完成工事高の算定基礎）

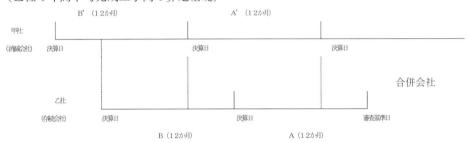

合併の場合（直前3年）
（A、B及びA'の完成工事高）＋（B'における完成工事高）×

$$\frac{Bの始期からB'の終期にいたる月数}{B'に含まれる月数（12月）}$$

＝直前3年の完成工事高
（乙社の年間平均完成工事高の算定基礎）

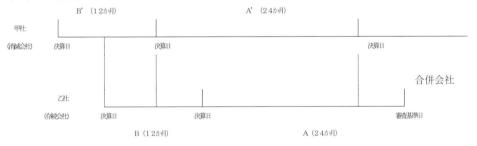

譲り受ける場合（直前2年）
　　譲り受ける場合には既に許可を有する建設業者が他の建設業者からその建設業を
譲り受ける場合と譲り受けることにより建設業を開始する場合がある。
　　前者については、合併の場合と同様の算式により算定するものとする。
　　後者については、建設業を譲り受けることにより建設業を開始する場合について
の算式は次のとおりである。
（Aの完成工事高）＋（Xの完成工事高）＋（Yの完成工事高）＋（Zの完成工事高）
×

$$\frac{24か月－A、X及びYに含まれる月数}{Zに含まれる月数（12月）}$$

＝直前２年の完成工事高

（乙社の年間平均完成工事高の算定基礎）

譲り受ける場合（直前３年）

　　直前２年の場合と同様、前者については、合併の場合と同様の算式により算定するものとする。

　　後者については、建設業を譲り受けることにより建設業を開始する場合についての算式は次のとおりである。

（Aの完成工事高）＋（Xの完成工事高）＋（Yの完成工事高）＋（Zの完成工事高）

×

$$\frac{36か月－A、X及びYに含まれる月数}{Zに含まれる月数（12月）}$$

＝直前３年の完成工事高

（乙社の年間平均完成工事高の算定基礎）

　　ヌ　トに掲げる者を除き、当期事業年度開始日の直前２年（又は直前３年）の間に開始する各事業年度に含まれる月数の合計が24か月（又は36か月）に満たない者は、当該直前２年（又は直前３年）の間に開始する各事業年度の審査対象建設業に係る建設工事の完成工事高の額の合計額を２（又は３）で除して得た額を年間平均完成工事高とする。

(2)　自己資本額について

　　自己資本の額は、審査基準日（申請をする日の直前の事業年度の終了の日。以下同じ。）の決算（以下「基準決算」という。）における純資産合計の額又は基準決算及び基準決算の直前の審査基準日における自己資本の額（基準決算の直前の事業年度の計算書類を平成18年７月７日国土交通省令第76号で改正前の規則（以下、旧省令という。）に基づき作成している場合は、純資産を資本と読み替える。以下同じ。）の平均の額とし、その額をもって審査する。ただし、自己資本の額が０円に満たない場合は０円とみなして審査する。

(3) 平均利益額について

イ　営業利益の額は、当期事業年度開始日の直前１年（以下「審査対象年」という。）の各事業年度（以下「審査対象事業年度」という。）における営業利益の額とする。

ロ　減価償却実施額は、審査対象事業年度における未成工事支出金に係る減価償却費、販売費及び一般管理費に係る減価償却費、完成工事原価に係る減価償却費、兼業事業売上原価に係る減価償却費その他減価償却費として費用を計上した額とする。

ハ　利払前税引前償却前利益は、営業利益の額に減価償却実施額を加えた額とする。

ニ　平均利益額の審査は、審査対象事業年度における利払前税引前償却前利益及び審査対象年開始日の直前１年（以下「前審査対象年」という。）の各事業年度（以下「前審査対象事業年度」という。）における利払前税引前償却前利益の平均の額をもって行うものとする。

　　ただし、利払前税引前償却前利益の平均の額が０円に満たない場合は、０円とみなして審査する。

ホ　事業年度を変更したため審査対象年及び前審査対象年に含まれる月数が24か月に満たない場合、商業登記法の規定に基づく組織変更の登記を行った場合、１の(1)のチの②若しくは③に掲げる場合又は他の建設業者を吸収合併した場合における平均利益額は、１の(1)のト、チ又はリの年間平均完成工事高の要領で算定するものとする。


2　許可を受けた建設業の種類別の技術職員の数及び許可を受けた建設業に係る建設工事の種類別年間平均元請完成工事高について（告示第一の三関係）

(1) 許可を受けた建設業の種類別の技術職員の数について

イ　許可を受けた建設業に従事する技術職員は、建設業法第７条第２号イ、ロ若しくはハ又は同法第15条第２号イ若しくはハに該当する者、規則第18条の３第２項第２号に規定する登録基幹技能者講習を修了した者（以下「基幹技能者」という。）、建設業法施行令（昭和31年政令第273号）第28条第１号又は第２号に掲げる者、建設技能者の能力評価制度に関する告示（平成31年国土交通省告示第460号）第３条第２項の規定により同項の認定を受けた能力評価基準（以下「認定能力評価基準」という。）により技能や経験の評価が最上位であるとされた建設技能者（以下「レベル４技能者」という。）又はレベル４技能者に次ぐものとされた建設技能者（以下「レベル３技能者」という。）であって、審査基準日以前に６か月を超える恒常的な雇用関係があり、かつ、雇用期間を特に限定することなく常時雇用されている者（法人である場合においては常勤の役員を、個人である場合においてはこの事業主を含む。）とする。

　　また、雇用期間が限定されている者のうち、審査基準日において高年齢者等の雇用の安定等に関する法律（昭和46年法律第68号）第９条第１項第２号に規定する継続雇用制度の適用を受けているもの（65歳以下の者に限る。）については、雇用期間を特に限定することなく常時雇用されている者とみなす。

　　なお、継続雇用制度の適用を受けていることの証明は、別記様式第３号の提出によるものとする。

ロ　許可を受けた建設業の種類別の技術職員の数については、イに掲げる技術職員を、

建設業の種類別に、次に掲げる区分に分けることとする。

① 建設業法第15条第2号イに該当する者（以下「一級技術者」という。）であって、かつ、同法第27条の18に定める監理技術者資格者証の交付を受けているもの（同法第26条の4から第26条の6までの規定により国土交通大臣の登録を受けた講習を受講した日の属する年の翌年から起算して5年を経過しないものに限る。以下「一級監理受講者」という。）

② 一級技術者であって一級監理受講者以外の者

③ 令第28条第1号又は第2号に掲げる者であって一級技術者以外の者（以下「監理技術者補佐」という）

④ 基幹技能者又はレベル4技能者であって一級技術者及び監理技術者補佐以外の者

⑤ 建設業法第27条第1項に規定する技術検定その他の法令の規定による試験で、当該試験に合格することによって直ちに同法第7条第2号ハに該当することとなるものに合格した者、他の法令の規定による免許若しくは免状の交付（以下「免許等」という。）で当該免許等を受けることによって直ちに同号ハに該当することとなるものを受けた者、登録基礎ぐい工事試験（建設業法施行規則第7条の3第2号の表とび・土工工事業の項第5号の登録を受けた試験をいう。）又は登録解体工事試験（同条第2号の表解体工事業の項第4号の登録を受けた試験をいう。）に合格した者若しくはレベル3技能者であって一級技術者、監理技術者補佐、基幹技能者及びレベル4技能者以外の者（以下「二級技術者」という。）

⑥ 建設業法第7条第2号イ、ロ若しくはハ又は同法第15条第2号ハに該当する者で一級技術者、監理技術者補佐、基幹技能者、レベル4技能者及び二級技術者以外の者（以下「その他の技術者」という。）

ハ　技術職員の数については、一級監理受講者の数に6を乗じ、一級技術者であって一級監理受講者以外の者の数に5を乗じ、監理技術者補佐の数に4を乗じ、基幹技能者又はレベル4技能者であって一級技術者及び監理技術者補佐以外の者の数に3を乗じ、二級技術者の数に2を乗じ及びその他の技術者の数に1をそれぞれ乗じて得た数値の合計数値（以下「技術職員数値」という。）を、許可を受けた建設業の種類ごとにそれぞれ求め、審査基準日における技術職員数値をもって審査するものとする。

　　ただし、一人の職員につき技術職員として申請できる建設業の種類の数は二までとする。

(2) 許可を受けた建設業に係る建設工事の種類別年間平均元請完成工事高について

イ　種類別年間平均元請完成工事高は、当期事業年度開始日の直前2年又は直前3年の各事業年度における発注者から直接請け負った完成工事高の種類別年間平均元請完成工事高とする。

　　ただし、告示第一の一により当期事業年度開始日の直前2年の各事業年度における種類別年間平均完成工事高を選択した場合においては、当期事業年度開始日の直前2年の各事業年度における元請完成工事高について算定した年間平均元請完成工事高とし、告示第一の一により当期事業年度開始日の直前3年の各事業年度におけ

る種類別年間平均完成工事高を選択した場合においては、当期事業年度開始日の直前3年の各事業年度における元請完成工事高について算定した年間平均元請完成工事高を審査するものとする。

ロ　許可を受けた建設業に係る建設工事の種類別年間平均元請完成工事高は、1の(1)の許可を受けた建設業に係る建設工事の種類別年間平均完成工事高と同様の取扱いとする。

3　その他の審査項目（社会性等）について（告示第一の四関係）
　(1)　建設工事の担い手の育成及び確保に関する取組の状況について
　　イ　雇用保険は、雇用保険法（昭和49年法律第106号）に基づき労働者が1人でも雇用される事業の事業主が被保険者に関する届出その他の事務を処理しなければならないものであることから、雇用する労働者が被保険者となったことについて、厚生労働大臣に届出を行っていない場合（雇用保険被保険者資格取得届を公共職業安定所の長に提出していない場合をいう。）に、減点して審査するものとする。
　　　　なお、労働者が1人も雇用されていない場合等、上記の義務がない場合には、審査の対象から除くものとする。
　　ロ　健康保険は、健康保険法（大正11年法律第70号）に基づき被保険者（常時5人以上の従業員を使用する個人の事業所又は常時従業員を使用する法人の事業所に使用される者をいう。）を使用する事業主がその使用する者の異動、報酬等に関し報告等を行わなければならないものであることから、当該事業所に使用される者が健康保険の被保険者になったことについて、日本年金機構又は各健康保険組合に届出を行っていない場合（被保険者資格取得届を提出していない場合をいう。）に、減点して審査するものとする。
　　　　なお、常時使用する従業員が4人以下である個人事業所である場合等、上記の義務がない場合には、審査の対象から除くものとする。
　　ハ　厚生年金保険は、厚生年金保険法（昭和29年法律第105号）に基づき被保険者（常時5人以上の従業員を使用する個人の事業所又は常時従業員を使用する法人の事業所に使用される者をいう。）を使用する事業主がその使用する者の異動、報酬等に関し報告等を行わなければならないものであることから、当該事業所に使用される者が厚生年金保険の被保険者になったことについて、日本年金機構に届出を行っていない場合（被保険者資格取得届を提出していない場合をいう。）に、減点して審査するものとする。
　　　　なお、常時使用する従業員が4人以下である個人事業所である場合等、上記の義務がない場合には、審査の対象から除くものとする。
　　ニ　建設業退職金共済制度は、審査基準日において、独立行政法人勤労者退職金共済機構との間で、特定業種退職金共済契約の締結（下請負人の委託等に基づきこの事務を行うことを含む。）をしている場合（正当な理由なく共済証紙の購入実績が無い等適切に契約が履行されていないと認められる場合を除く。）に、加点して審査するものとする。
　　ホ　退職一時金制度又は企業年金制度は、次に掲げるいずれかに該当する場合に加点して審査するものとする。

① 独立行政法人勤労者退職金共済機構若しくは所得税法施行令（昭和40年政令第96号）第73条第１項に規定する特定退職金共済団体との間で退職金共済契約（独立行政法人勤労者退職金共済機構との間の契約の場合は特定業種退職金共済契約以外のものをいう。）が締結されている場合又は退職金の制度について、労働協約の定め若しくは労働基準法第89条第１項第３号の２の定めるところによる就業規則（同条第２項の退職手当に関する事項についての規則を含む。）の定めがある場合

② 厚生年金基金（厚生年金保険法第９章第１節の規定に基づき企業ごと又は職域ごとに設立して老齢厚生年金の上乗せ給付を行うことを目的とするものをいう。）が設立されている場合、法人税法（昭和40年法律第34号）附則第20条第３項に規定する適格退職年金契約（事業主がその使用人を受益者等として掛金等を信託銀行又は生命保険会社等に払い込み、これらが退職年金を支給することを約するものをいう。）が締結されている場合、確定給付企業年金法（平成13年法律第50号）第２条第１項に規定する確定給付企業年金（事業主が従業員との年金の内容を約し、高齢期において従業員がその内容に基づいた年金の給付を受けることを目的とする基金型企業年金及び規約型企業年金をいう。）が導入されている場合又は確定拠出年金法（平成13年法律第88号）第２条第２項に規定する企業型年金（厚生年金保険の被保険者を使用する事業主が、単独又は共同して、その使用人に対して安定した年金給付を行うことを目的とするものをいう。）が導入されている場合

ヘ　法定外労働災害補償制度は、（公財）建設業福祉共済団、（一社）全国建設業労災互助会、（一社）全国労働保険事務組合連合会、中小企業等協同組合法（昭和24年法律第181号）第27条の２第１項の規定により設立の認可を受けた者であって同法第９条の６の２第１項又は同法第９条の９第５項において準用する第９条の６の２第１項の規定による認可を受けた共済規程に基づき共済事業を行うもの又は保険会社との間で労働者災害補償保険法（昭和22年法律第50号）に基づく保険給付の基因となった業務災害及び通勤災害（下請負人に係るものを含む。）に関する給付についての契約であって①及び②に該当するものを締結している場合に、加点して審査するものとする。

① 申請者の直接の使用関係にある職員だけでなく、申請者が請け負った建設工事を施工する下請負人の直接の使用関係にある職員をも対象とする給付であること。

② 原則として、労働者災害補償保険の障害等級第１級から第７級までに係る障害補償給付及び障害給付並びに遺族補償給付及び遺族給付の基因となった災害のすべてを対象とするものであること。

ト　若年の技術者及び技能労働者の育成及び確保の状況について

① 若年技術職員の継続的な育成及び確保の状況については、審査基準日時点における技術職員名簿に記載された若年技術職員の人数を技術職員名簿に記載された技術職員の人数の合計で除した値が0.15以上である場合に、加点して審査する。

② 新規若年技術職員の育成及び確保の状況については、審査基準日において、若年技術職員のうち、審査対象年において新規に技術職員となった人数を技術職員

名簿に記載された技術職員の人数の合計で除した値が0.01以上である場合に、加点して審査する。

　なお、新規に技術職員となった人数については、技術職員名簿に記載された技術職員のうち、前回の経営規模等評価を受けた際の審査基準日（以下「前審査基準日」という。）における技術職員名簿に記載されておらず、新規に技術職員名簿に記載された35歳未満の者の数を確認することをもって審査することとする。ただし、前年の経営規模等評価を受けていない場合、事業年度の変更を行った場合、商業登記法の規定に基づく組織変更の登記を行った場合又は建設業を譲り受けた場合等、前審査基準日が審査基準日の前年同日でない場合、その他審査対象年における新規の技術職員を判断するにあたって比較可能な技術職員名簿が存在しない場合には、審査対象年内に新規に技術職員となったことが明らかである者について評価することとする。

チ　知識及び技術又は技能の向上に関する建設工事に従事する者の取組の状況は、審査対象年又は審査基準日以前３年間における取組の状況について、以下の算式によって算出された数値をもって審査するものとする。

$$\frac{技術者数}{技術者数+技能者数}\times A+\frac{技能者数}{技術者数+技能者数}\times B$$

①　技術者数は、審査基準日における許可を受けた建設業に従事する職員のうち、建設業法第７条第２号イからハまで若しくは同法第15条第２号イからハまでに該当する者又は一級若しくは二級の第一次検定に合格した者であって、審査基準日以前に６か月を超える恒常的な雇用関係があり、かつ、雇用期間を特に限定することなく常時雇用されている者（法人である場合においては常勤の役員を、個人である場合においてはこの事業主を含む。以下「技術者」という。）の数とする。

②　技能者数は、審査基準日における許可を受けた建設業に従事する職員のうち、審査基準日以前３年間に、建設工事の施工に従事した者であって、建設業法施行規則第14条の２第２号チ又は同条第４号チに規定する建設工事に従事する者に該当する者であり、かつ、審査基準日以前に６か月を超える恒常的な雇用関係がある者であって、雇用期間を特に限定することなく常時雇用されている者（法人である場合においては常勤の役員を、個人である場合においてはこの事業主を含む。以下「技能者」という。）の数から建設工事の施工の管理のみに従事した者の数を減じて得た数とする。

③　Aは、④に規定するCPD単位取得数を技術者数で除した数値が３未満の場合は０、３以上６未満の場合は１、６以上９未満の場合は２、９以上12未満の場合は３、12以上15未満の場合は４、15以上18未満の場合は５、18以上21未満の場合は６、21以上24未満の場合は７、24以上27未満の場合は８、27以上30未満の場合は９、30の場合は10とする。

④　CPD単位取得数は、技術者が審査基準日以前１年間に取得したCPD単位（公益社団法人空気調和・衛生工学会、一般財団法人建設業振興基金、一般社団法人建設コンサルタンツ協会、一般社団法人交通工学研究会、公益社団法人地盤工学会、公益社団法人森林・自然環境技術教育研究センター、公益社団法人全国上下水道コンサルタント協会、一般社団法人全国測量設計業協会連合会、一般社団法

人全国土木施工管理技士会連合会、一般社団法人全日本建設技術協会、土質・地質技術者生涯学習協議会、公益社団法人土木学会、一般社団法人日本環境アセスメント協会、公益社団法人日本技術士会、公益社団法人日本建築士会連合会、公益社団法人日本コンクリート工学会、公益社団法人日本造園学会、公益社団法人日本都市計画学会、公益社団法人農業農村工学会、一般社団法人日本建築士事務所協会連合会、公益社団法人日本建築家協会、一般社団法人日本建設業連合会、一般社団法人日本建築学会、一般社団法人建築設備技術者協会、一般社団法人電気設備学会、一般社団法人日本設備設計事務所協会連合会、公益財団法人建築技術教育普及センター又は一般社団法人日本建築構造技術者協会（以下「CPD認定団体」という。）によって修得を認定された単位数を、告示別表第十八の左欄に掲げるCPD認定団体ごとに右欄に掲げる数値で除し、三十を乗じた数値（小数点以下の端数がある場合は、これを切り捨てる。また、30を超える場合は、30とする）をいう。）の合計数とする。

なお、１人の技術者につき２以上のCPD認定団体によって単位の習得が認定されている場合は、いずれか１つのCPD認定団体において習得を認定された単位をもとにCPD単位取得数を算出するものとする。

⑤ Bは、⑥に規定する技能レベル向上者数を技能者数から⑦に規定する控除対象者数を減じた数で除した数値を百分率で表した数値が1.5％未満の場合は０、1.5％以上３％未満の場合は１、３％以上4.5％未満の場合は２、4.5％以上６％未満の場合は３、６％以上7.5％未満の場合は４、7.5％以上９％の場合は５、９％以上10.5％未満の場合は６、10.5％以上12％未満の場合は７、12％以上13.5％未満の場合は８、13.5％以上15％未満の場合は９、15％以上の場合は10とする。

なお、技能者数から控除対象者数を減じた数が０の場合、技能レベル向上者数を技能者数から控除対象者数を減じた数で除した数値は、０とする。

⑥ 技能レベル向上者数は、技能者のうち、審査基準日以前３年間に、認定能力評価基準により受けた評価の区分が、審査基準日の３年前の日以前に受けた最新の評価の区分より１以上上位であった者の数とする。

⑦ 控除対象者数は、技能者のうち、審査基準日の３年前の日以前に能力評価基準により評価が最上位の区分に該当するとされた者の数とする。

リ ワーク・ライフ・バランスに関する取組の状況については、審査基準日以前に、女性の職業生活における活躍の推進に関する法律（平成27年法律第64号）に基づくえるぼし認定（第１段階）、えるぼし認定（第２段階）、えるぼし認定（第３段階）若しくはプラチナえるぼし認定、次世代育成支援対策推進法（平成15年法律第120号）に基づくくるみん認定、トライくるみん認定若しくはプラチナくるみん認定又は青少年の雇用の促進等に関する法律（昭和45年法律第98号）に基づくユースエール認定を取得しており、かつ、審査基準日において、認定取消又は辞退がなされておらず厚生労働省により認定企業として認められていることが確認できる場合に、加点して審査するものとする。

ヌ 建設工事に従事する者の就業履歴を蓄積するために必要な措置の実施状況については、審査基準日（令和５年８月14日以降の審査基準日に限る。）以前１年のうちに発注者から直接請け負った①に掲げる審査対象工事において、②に掲げる建設工

事に従事する者の就業履歴を蓄積する措置を実施しており、かつ、別記様式第6号に掲げる建設工事に従事する者の就業履歴を蓄積するために必要な措置を実施した旨の誓約書を提出している場合に、加点して審査する。

① 審査対象工事とは、建設業法施行令第1条の2第1項に定める軽微な建設工事、防災協定（国、特殊法人等（公共工事の入札及び契約の適正化の促進に関する法律（平成12年法律第127号）第2条第1項に規定する特殊法人等をいう。）に基づく行う災害応急対策若しくは既に締結されている建設工事の請負契約において当該請負契約の発注者の指示に基づき行う災害応急対策（以下、「軽微な工事等」という。）以外の日本国内における全ての建設工事又は軽微な工事等以外の日本国内における全ての公共工事（同法第2条第2項に規定する公共工事をいう。）をいう。

② 建設工事に従事する者の就業履歴を蓄積するために必要な措置とは、建設キャリアアップシステム（一般財団法人建設業振興基金が提供するサービスであって、当該サービスを利用する工事現場における建設工事の施工に従事する者や建設業を営む者に関する情報を登録し、又は蓄積し、これらの情報について当該サービスを利用する者の利用に供するものをいう。）における現場契約情報の作成及び登録を実施しており、かつ、建設工事に従事する者が建設キャリアアップシステムへの直接入力によらない方法で建設キャリアアップシステム上に就業履歴を蓄積できる体制を整備することをいう。

ただし、審査基準日以前1年のうちに、①に掲げる審査対象工事を1件も発注者から直接請け負っていない場合には、加点対象としないものとする。

(2) 建設業の営業継続の状況について
　イ　建設業の営業年数について
　　① 建設業の営業年数は、法による建設業の許可又は登録を受けた時より起算し、審査基準日までの期間とする。なお、その年数に年未満の端数があるときは、これを切り捨てるものとする。ただし、平成23年4月1日以降の申立てに係る再生手続開始の決定又は更正手続開始の決定を受け、かつ、再生手続終結の決定又は更正手続終結の決定を受けた建設業者は、当該再生手続終結の決定又は更正手続終結の決定を受けた時より起算するものとする。
　　② 営業休止（建設業の許可又は登録を受けずに営業を行っていた場合を含む。）の沿革を有するものは、当該休止期間を営業年数から控除するものとする。
　　③ 商業登記法の規定に基づく組織変更の登記を行った沿革、Ⅰ1(1)チ②若しくは③に掲げる場合又は建設業を譲り受けた沿革を有する者であって、当該変更又は譲受けの前に既に建設業の許可又は登録を有していたことがある者は、当該許可又は登録を受けた時を営業年数の起算点とする。
　ロ　民事再生法又は会社更生法の適用の有無については、平成23年4月1日以降の申立てに係る再生手続開始の決定又は更生手続開始の決定を受け、かつ、審査基準日以前に再生手続終結の決定又は更生手続終結の決定を受けていない場合に、減点して審査するものとする。

(3) 防災協定締結の有無について

　防災協定締結の有無については、審査基準日において、防災協定を締結している場合に、加点して審査する。

　なお、社団法人等の団体が国、特殊法人等又は地方公共団体との間に防災協定を締結している場合は、当該団体に加入する建設業者のうち、当該団体の活動計画書や証明書等により、防災活動に一定の役割を果たすことが確認できる企業について加点対象とする。

(4) 法令遵守の状況について

　法令遵守の状況については、審査対象年に建設業法第28条の規定により指示をされ、又は営業の全部若しくは一部の停止を命ぜられたことがある場合に、減点して審査するものとする。

(5) 建設業の経理の状況について

　イ　監査の受審状況については、次に掲げるいずれかの場合に加点して審査するものとする。

　　① 会計監査人設置会社において、会計監査人が当該会社の財務諸表に対して、無限定適正意見又は限定付適正意見を表明している場合

　　② 会計参与設置会社において、会計参与が会計参与報告書を作成している場合

　　③ 建設業に従事する職員（雇用期間を特に限定することなく常時雇用されているもの（法人である場合においては常勤の役員を、個人である場合においてはこの事業主を含む。）をいい、労務者（常用労務者を含む。）又はこれに準ずる者を除く。）のうち、経理実務の責任者であって、告示第一の四の５の㈡のイに掲げられた者が別添の建設業の経理が適正に行われたことに係る確認項目を用いて経理処理の適正を確認した旨を別記様式２の書類に自らの署名を付して提出している場合

　ロ　公認会計士等の数については、告示第一の四の５の㈡のイに掲げる者の数に同号の５の㈡のロに掲げる者の数に10分の４を乗じて得た数を加えた合計数値をもって審査するものとする。

(6) 研究開発の状況について

　審査対象年及び前審査対象年における研究開発費の平均の額（会計監査人設置会社において、会計監査人が当該会社の財務諸表に対して、無限定適正意見又は限定付き適正意見を表明している場合に限る。）をもって審査するものとする。

　なお、事業年度を変更したため審査対象年及び前審査対象年に含まれる月数が24か月に満たない場合、商業登記法の規定に基づく組織変更の登記を行った場合、１の(1)のチの②若しくは③に掲げる場合又は他の建設業者を吸収合併した場合における研究開発費の平均の額は、１の(1)のトからリまでの年間平均完成工事高の要領で算定するものとする。

(7) 建設機械の保有状況について

イ　建設機械とは、建設機械抵当法施行令（昭和29年政令第294号）別表に規定する
ショベル系掘削機、ブルドーザー、トラクターショベル及びモーターグレーダー、
土砂等を運搬する貨物自動車であって自動車検査証（道路運送車両法（昭和26年法
律第185号）第60条第１項の自動車検査証をいう。）の車体の形状の欄に「ダンプ」、
「ダンプフルトレーラ」又は「ダンプセミトレーラ」と記載されているもの（以下「ダ
ンプ車」という。）並びに労働安全衛生法施行令（昭和47年政令第318号）第12条第
１項第４号に掲げるつり上げ荷重が３トン以上の移動式クレーン、同令第13条第３
項第34号に掲げる作業床の高さが２メートル以上の高所作業車、同令別表第７第４
号に掲げる締固め用機械及び同表第６号に掲げる解体用機械をいうものとする。

ロ　建設機械の保有状況は、審査基準日において、建設機械を自ら所有している場合
又は審査基準日から１年７か月以上の使用期間が定められているリース契約を締結
しており、ショベル系掘削機、ブルドーザー、トラクターショベル、モーターグレ
ーダー、高所作業車、締固め用機械及び解体用機械については労働安全衛生法（昭
和47年法律第57号）第45条第２項に規定する特定自主検査、ダンプ車については道
路運送車両法（昭和26年法律第185号）第58条第１項に規定する国土交通大臣の行
う検査、移動式クレーンについては労働安全衛生法第38条第１項に規定する製造時
等検査又は同法第41条第２項に規定する性能検査が行われている場合に、その合計
台数に応じて加点して審査するものとする。

(8) 国又は国際標準化機構が定めた規格による認証又は登録の状況については、審査基
準日において、一般財団法人持続性推進機構によってエコアクション21の認証を受け
ている場合又は財団法人日本適合性認定協会若しくは同協会と相互認証している認定
機関に認定されている審査登録機関によって国際標準化機構第9001号（ISO9001）若
しくは第14001号（ISO14001）の規格による登録を受けている場合に、加点して審査
するものとする。

ただし、認証範囲に建設業が含まれていない場合及び認証範囲が一部の支店等に限
られている場合には、加点対象としないものとする。

4　外国建設業者の外国における実績等の審査について

外国建設業者の外国における実績等に係る経営事項審査は、当分の間、次に定めると
ころにより行うものとする。

(1) 定義

イ　外国とは、効力を有する政府調達に関する協定を適用している国又は地域その他
我が国に対して建設市場が開放的であると認められる国又は地域をいうものとす
る。

ロ　外国建設業者とは、外国に主たる営業所を有する建設業者又は我が国に主たる営
業所を有する建設業者のうち外国に主たる営業所を有する者が当該建設業者の資本
金の額の２分の１以上を出資しているものをいうものとする。

(2) 国土交通大臣の認定について

イ　国土交通大臣が、外国建設業者の申請に基づき、2の(1)に掲げる技術職員と同等
以上の潜在的能力を有する者の数、3の(1)のハからホまでの各項目について加入又
は導入している場合と同等の場合に該当する項目、3の(2)のイの①に掲げる営業年
数のほかに外国において建設業を営んでいた年数、3の(5)のイに掲げる措置と同等
以上の措置、3の(5)のロに掲げる者と同等以上の潜在的能力を有する者の数並びに
3の(6)に掲げる金額と同等の額を認定した場合には、次のロに掲げる場合を除き、
これらの認定を受けた数及び額を加えて、又は認定を受けた項目及び措置を含めて
審査を行うものとする。なお、これら国土交通大臣が認定を行う項目以外の項目に
ついては、3のうち(1)のイ若しくはロ、(3)又は(4)に掲げる項目を除き、許可行政庁
（経営状況にあっては登録経営状況分析機関）が外国建設業者の外国における実績
等を含めて審査することに留意する。

ロ　国土交通大臣が外国建設業者の属する企業集団を、一体として建設業を営んでい
るものとして認定した場合には、3のうち(1)のイ若しくはロ、(3)又は(4)に掲げる項
目を除き、国土交通大臣が外国建設業者の申請に基づき当該建設業者の属する企業
集団について認定した数値をもって審査するものとする。

5　経営状況について（告示第一の二関係）

(1) 純支払利息比率について

イ　売上高の額は、審査対象事業年度における完成工事高及び兼業事業売上高の合計
の額とする。

ロ　純支払利息の額は、審査対象事業年度における支払利息から受取利息配当金を控
除した額とする。

ハ　純支払利息比率は、ロに掲げる純支払利息の額を、イに掲げる売上高の額で除し
て得た数値（その数値に小数点以下5位未満の端数があるときは、これを四捨五入
する。）を百分比で表したものとする。

　　ただし、当該数値が5.1％を超える場合は5.1％と、マイナス0.3％に満たない場合
はマイナス0.3％とみなす。

(2) 負債回転期間について

イ　1月当たり売上高は、(1)のイに掲げる売上高の額を12で除して得た数値とする。

ロ　負債回転期間は、基準決算における流動負債及び固定負債の合計の額をイに掲げ
る1月当たり売上高で除して得た数値（その数値に小数点以下3位未満の端数があ
るときは、これを四捨五入する。）とする。

　　ただし、当該数値が18.0を超える場合は18.0と、0.9に満たない場合は0.9とみなす。

(3) 総資本売上総利益率について

イ　総資本の額は、貸借対照表における負債純資産合計の額とする。

ロ　売上総利益の額は、審査対象事業年度における売上総利益の額（個人の場合は完
成工事総利益（当該個人が建設業以外の事業（以下「兼業事業」という。）を併せ
て営む場合においては、兼業事業総利益を含む）の額）とする。

ハ　総資本売上総利益率は、ロに掲げる売上総利益の額を基準決算及び基準決算の直前の審査基準日におけるイに掲げる総資本の額の平均の額（その平均の額が3000万円に満たない場合は、3000万円とみなす。）で除して得た数値（その数値に小数点以下５位未満の端数があるときは、これを四捨五入する。）を百分比で表したものとする。

　　　ただし、当該数値が63.6％を超える場合は63.6％と、6.5％に満たない場合は6.5％とみなす。

(4)　売上高経常利益率について
　イ　経常利益の額は、審査対象事業年度における経常利益の額（個人である場合においては事業主利益の額）とする。
　ロ　売上高経常利益率は、イに掲げる経常利益の額を(1)のイに掲げる売上高の額で除して得た数値（その数値に小数点以下５位未満の端数があるときは、これを四捨五入する。）を百分比で表したものとする。

　　　ただし、当該数値が5.1％を超える場合は5.1％と、マイナス8.5％に満たない場合はマイナス8.5％とみなす。

(5)　自己資本対固定資産比率について
　　　自己資本対固定資産比率は、基準決算における１の(2)に掲げる自己資本の額を固定資産の額で除して得た数値（その数値に小数点以下５位未満の端数があるときは、これを四捨五入する。）を百分比で表したものとする。

　　　ただし、当該数値が350.0％を超える場合は350.0％と、マイナス76.5％に満たない場合はマイナス76.5％とみなす。

(6)　自己資本比率について
　　　自己資本比率は、基準決算における１の(2)に掲げる自己資本の額を基準決算における(3)のイに掲げる総資本の額で除して得た数値（その数に小数点以下五位未満の端数があるときは、これを四捨五入する。）を百分比で表したものとする。

　　　ただし、当該数値が68.5％を超える場合は68.5％と、マイナス68.6％に満たない場合はマイナス68.6％とみなす。

(7)　営業キャッシュフローの額について
　イ　法人税、住民税及び事業税の額は、審査対象事業年度における法人税、住民税及び事業税の額とする。
　ロ　引当金の額は、基準決算における貸倒引当金の額とする。
　ハ　売掛債権の額は、基準決算における受取手形及び完成工事未収入金の合計の額とする。なお、電子記録債権は受取手形に含むこととする。
　ニ　仕入債務の額は、基準決算における支払手形、工事未払金の合計の額とする。なお、電子記録債務は支払手形に含むこととする。
　ホ　棚卸資産の額は、基準決算における未成工事支出金及び材料貯蔵品の合計の額とする。

へ　受入金の額は、基準決算における未成工事受入金の額とする。

ト　営業キャッシュフローの額は、(4)のイに掲げる経常利益の額に1の(3)のロに掲げる減価償却実施額を加え、イに掲げる法人税、住民税及び事業税の額を控除し、ロに掲げる引当金の増減額（基準決算における額と基準決算の直前の審査基準日における額の差額をいう。以下同じ。）、ハに掲げる売掛債権の増減額、ニに掲げる仕入債務の増減額、ホに掲げる棚卸資産の増減額及びへに掲げる受入金の増減額を加減したものを一億で除して得た数値とする。

チ　前審査対象年における営業キャッシュフローの額の算定については、イからトの規定を準用する。この場合において、「基準決算」とあるのは「基準決算の直前の審査基準日」と、「審査対象年」とあるのは「前審査対象年」と、「審査対象事業年度」とあるのは「前審査対象事業年度」と読み替えるものとする。

リ　告示第一の二の7に規定する審査対象年における営業キャッシュフローの額及び前審査対象年における営業キャッシュフローの額の平均の額については、トに規定する審査対象年における営業キャッシュフローの額及びチに規定する前審査対象年における営業キャッシュフローの額の平均の数値（その数に小数点以下3位未満の端数があるときは、これを四捨五入する。）とする。

ただし、当該数値が15.0を超える場合は15.0と、マイナス10.0に満たない場合はマイナス10.0とみなす。

⑻　利益剰余金の額について

利益剰余金の額は、基準決算における利益剰余金合計の額（個人である場合においては純資産合計の額）を一億で除して得た数値（その数に小数点以下3位未満の端数があるときは、これを四捨五入する。）とする。

ただし、当該数値が100.0を超える場合は100.0と、マイナス3.0に満たない場合はマイナス3.0とみなす。

なお、事業年度を変更したため審査対象年の間に開始する事業年度に含まれる月数が12か月に満たない場合、商業登記法の規定に基づく組織変更の登記を行った場合、1の(1)のチの②若しくは③に掲げる場合又は他の建設業者を吸収合併した場合における(1)のイの売上高の額、(1)のロの純支払利息の額、(3)のロの売上総利益の額、(4)のイの経常利益の額及び(7)のイの法人税、住民税及び事業税の額は、1の(1)のト、チ又はリの年間平均完成工事高の要領で算定するものとする。

上記の場合を除くほか、審査対象年の間に開始する事業年度に含まれる月数が12か月に満たない場合は、(1)及び(2)に掲げる項目については最大値を、その他の項目については最小値をとるものとして算定するものとする。

5－2　連結決算の取扱いについて

会社法第2条第6号に規定する大会社であって有価証券報告書提出会社（金融商品取引法第24条第1項の規定による有価証券報告書を内閣総理大臣に提出しなければならない株式会社をいう。）である場合は、規則第19条の4第1号及び第5号の規定に基づき提出された書類に基づき、5の(1)から(8)までに掲げる指標についての数値を算定する。

この場合において、(5)、(6)及び(7)については、それぞれ次のように読替えるものとす

る。

(5) 自己資本対固定資産比率について

　　自己資本対固定資産比率は、基準決算における純資産合計の額から少数株主持分を控除した額を固定資産の額で除して得た数値（その数値に小数点以下５位未満の端数があるときは、これを四捨五入する。）を百分比で表したものとする。

　　ただし、当該数値が350.0％を超える場合は350.0％と、マイナス76.5％に満たない場合はマイナス76.5％とみなす。

(6) 自己資本比率について

　　自己資本比率は、基準決算における純資産合計の額から少数株主持分を控除した額を基準決算における(3)のイに掲げる総資本の額で除して得た数値（その数に小数点以下５位未満の端数があるときは、これを四捨五入する。）を百分比で表したものとする。

　　ただし、当該数値が68.5％を超える場合は68.5％と、マイナス68.6％に満たない場合はマイナス68.6％とみなす。

(7) 営業キャッシュフローの額について

　　営業キャッシュフローの額は、審査対象年に係る連結キャッシュ・フロー計算書における営業活動によるキャッシュ・フローの額を一億で除して得た数値及び前審査対象年に係る連結キャッシュ・フロー計算書における営業活動によるキャッシュ・フローの額を一億で除して得た数値の平均の数値（その数に小数点以下３位未満の端数があるときは、これを四捨五入する。）とする。

　　ただし、当該数値が15.0を超える場合は15.0と、マイナス10.0に満たない場合はマイナス10.0とみなす。

II　経営規模等評価の結果は、別紙「経営規模等評価の結果を評点で表す方法」によって算出した評点で表示するものとする。

III　経営規模等評価の申請者及び総合評定値の請求者に対する経営規模等評価の結果及び総合評定値の通知は、規則別記様式第25号の15により行うものとし、建設工事の発注者に対する経営規模等評価の結果及び総合評定値の通知は、同様式又は同様式の記載内容を記録した磁気ディスクにより行うものとする。

IV　規則別記様式第25号の15の行政庁記入欄については、当該建設業者の営業に関する事項、経営状況に関する事項等で特記すべきことがあれば適宜記載するものとする。

V　申請者から規則別記様式第25号の15の通知書の写しの請求があったときは、当該写しが適正に交付されたものであることを証明する旨を当該写しに記載するものとする。

VI　経営規模等評価の結果を閲覧に供する場合には、各項目の計算の方法等が明らかとなるように、告示等を備え置くこととする。

別紙1

経営規模等評価の結果を評点で表す方法

1 許可を受けた建設業に係る建設工事の種類別年間平均完成工事高の評点

告示第一の一の1に掲げる許可を受けた建設業に係る建設工事の種類別年間平均完成工事高については、告示の別表第一の区分の欄に掲げられた審査の結果に応じて次の表に掲げる評点を与える。

（告示の別表第一関係）

| 区分 | 評点 |
|------|------|
| （1） | 2309 |
| （2） | 114×（年間平均完成工事高）÷20,000,000＋1,739 |
| （3） | 101×（年間平均完成工事高）÷20,000,000＋1,791 |
| （4） | 88×（年間平均完成工事高）÷10,000,000＋1,566 |
| （5） | 89×（年間平均完成工事高）÷10,000,000＋1,561 |
| （6） | 89×（年間平均完成工事高）÷10,000,000＋1,561 |
| （7） | 75×（年間平均完成工事高）÷ 5,000,000＋1,378 |
| （8） | 76×（年間平均完成工事高）÷ 5,000,000＋1,373 |
| （9） | 76×（年間平均完成工事高）÷ 5,000,000＋1,373 |
| （10） | 64×（年間平均完成工事高）÷ 3,000,000＋1,281 |
| （11） | 62×（年間平均完成工事高）÷ 2,000,000＋1,165 |
| （12） | 64×（年間平均完成工事高）÷ 2,000,000＋1,155 |
| （13） | 50×（年間平均完成工事高）÷ 2,000,000＋1,211 |
| （14） | 51×（年間平均完成工事高）÷ 1,000,000＋1,055 |
| （15） | 51×（年間平均完成工事高）÷ 1,000,000＋1,055 |
| （16） | 50×（年間平均完成工事高）÷ 1,000,000＋1,059 |
| （17） | 51×（年間平均完成工事高）÷ 500,000＋ 903 |
| （18） | 39×（年間平均完成工事高）÷ 500,000＋ 963 |
| （19） | 36×（年間平均完成工事高）÷ 500,000＋ 975 |
| （20） | 38×（年間平均完成工事高）÷ 300,000＋ 893 |
| （21） | 39×（年間平均完成工事高）÷ 200,000＋ 811 |
| （22） | 38×（年間平均完成工事高）÷ 200,000＋ 816 |
| （23） | 25×（年間平均完成工事高）÷ 200,000＋ 868 |
| （24） | 25×（年間平均完成工事高）÷ 100,000＋ 793 |
| （25） | 34×（年間平均完成工事高）÷ 100,000＋ 748 |
| （26） | 42×（年間平均完成工事高）÷ 100,000＋ 716 |
| （27） | 24×（年間平均完成工事高）÷ 50,000＋ 698 |
| （28） | 28×（年間平均完成工事高）÷ 50,000＋ 678 |
| （29） | 34×（年間平均完成工事高）÷ 50,000＋ 654 |
| （30） | 26×（年間平均完成工事高）÷ 30,000＋ 626 |

| (31) | 19×（年間平均完成工事高）÷ | 20,000＋ | 616 |
|---|---|---|---|
| (32) | 22×（年間平均完成工事高）÷ | 20,000＋ | 601 |
| (33) | 28×（年間平均完成工事高）÷ | 20,000＋ | 577 |
| (34) | 16×（年間平均完成工事高）÷ | 10,000＋ | 565 |
| (35) | 19×（年間平均完成工事高）÷ | 10,000＋ | 550 |
| (36) | 24×（年間平均完成工事高）÷ | 10,000＋ | 530 |
| (37) | 13×（年間平均完成工事高）÷ | 5,000＋ | 524 |
| (38) | 16×（年間平均完成工事高）÷ | 5,000＋ | 509 |
| (39) | 20×（年間平均完成工事高）÷ | 5,000＋ | 493 |
| (40) | 14×（年間平均完成工事高）÷ | 3,000＋ | 483 |
| (41) | 11×（年間平均完成工事高）÷ | 2,000＋ | 473 |
| (42) | 131×（年間平均完成工事高）÷ | 10,000＋ | 397 |

注　評点に小数点以下の端数がある場合は、これを切り捨てる。

2　自己資本額及び平均利益額に係る評点

告示第一の一の2に掲げる自己資本の額及び同号の3に掲げる平均利益額については、告示の別表第二又は別表第三の区分の欄に掲げられた審査の結果に応じて、それぞれ次のイ又はロの表に掲げる点数を与え、これらの点数の合計点数を2で除した数値（小数点以下切り捨て）の点数を与える。

イ　自己資本額の点数
（告示の別表第二関係）

| 区分 | 点数 |
|---|---|
| （1） | 2114 |
| （2） | 63×（自己資本額）÷50,000,000＋1,736 |
| （3） | 73×（自己資本額）÷50,000,000＋1,686 |
| （4） | 91×（自己資本額）÷50,000,000＋1,614 |
| （5） | 66×（自己資本額）÷30,000,000＋1,557 |
| （6） | 53×（自己資本額）÷20,000,000＋1,503 |
| （7） | 61×（自己資本額）÷20,000,000＋1,463 |
| （8） | 75×（自己資本額）÷20,000,000＋1,407 |
| （9） | 46×（自己資本額）÷10,000,000＋1,356 |
| （10） | 53×（自己資本額）÷10,000,000＋1,321 |
| （11） | 66×（自己資本額）÷10,000,000＋1,269 |
| （12） | 39×（自己資本額）÷ 5,000,000＋1,233 |
| （13） | 47×（自己資本額）÷ 5,000,000＋1,193 |
| （14） | 57×（自己資本額）÷ 5,000,000＋1,153 |
| （15） | 42×（自己資本額）÷ 3,000,000＋1,114 |
| （16） | 33×（自己資本額）÷ 2,000,000＋1,084 |

| | |
|---|---|
| (17) | 39×（自己資本額）÷ 2,000,000＋1,054 |
| (18) | 47×（自己資本額）÷ 2,000,000＋1,022 |
| (19) | 29×（自己資本額）÷ 1,000,000＋ 989 |
| (20) | 34×（自己資本額）÷ 1,000,000＋ 964 |
| (21) | 41×（自己資本額）÷ 1,000,000＋ 936 |
| (22) | 25×（自己資本額）÷ 500,000＋ 909 |
| (23) | 29×（自己資本額）÷ 500,000＋ 889 |
| (24) | 36×（自己資本額）÷ 500,000＋ 861 |
| (25) | 27×（自己資本額）÷ 300,000＋ 834 |
| (26) | 21×（自己資本額）÷ 200,000＋ 816 |
| (27) | 24×（自己資本額）÷ 200,000＋ 801 |
| (28) | 30×（自己資本額）÷ 200,000＋ 777 |
| (29) | 18×（自己資本額）÷ 100,000＋ 759 |
| (30) | 21×（自己資本額）÷ 100,000＋ 744 |
| (31) | 27×（自己資本額）÷ 100,000＋ 720 |
| (32) | 15×（自己資本額）÷ 50,000＋ 711 |
| (33) | 19×（自己資本額）÷ 50,000＋ 691 |
| (34) | 23×（自己資本額）÷ 50,000＋ 675 |
| (35) | 16×（自己資本額）÷ 30,000＋ 664 |
| (36) | 13×（自己資本額）÷ 20,000＋ 650 |
| (37) | 16×（自己資本額）÷ 20,000＋ 635 |
| (38) | 19×（自己資本額）÷ 20,000＋ 623 |
| (39) | 11×（自己資本額）÷ 10,000＋ 614 |
| (40) | 14×（自己資本額）÷ 10,000＋ 599 |
| (41) | 16×（自己資本額）÷ 10,000＋ 591 |
| (42) | 10×（自己資本額）÷ 5,000＋ 579 |
| (43) | 12×（自己資本額）÷ 5,000＋ 569 |
| (44) | 14×（自己資本額）÷ 5,000＋ 561 |
| (45) | 11×（自己資本額）÷ 3,000＋ 548 |
| (46) | 8×（自己資本額）÷ 2,000＋ 544 |
| (47) | 223×（自己資本額）÷ 10,000＋ 361 |

注　評点に小数点以下の端数がある場合は、これを切り捨てる。

ロ　平均利益額の点数
（告示の別表第三関係）

| 区分 | 点数 |
|---|---|
| （1） | 2447 |
| （2） | 134×（平均利益額）÷5,000,000＋1,643 |

| | |
|:---:|:---|
| （3） | 151×（平均利益額）÷5,000,000＋1,558 |
| （4） | 175×（平均利益額）÷5,000,000＋1,462 |
| （5） | 123×（平均利益額）÷3,000,000＋1,372 |
| （6） | 93×（平均利益額）÷2,000,000＋1,306 |
| （7） | 104×（平均利益額）÷2,000,000＋1,251 |
| （8） | 122×（平均利益額）÷2,000,000＋1,179 |
| （9） | 70×（平均利益額）÷1,000,000＋1,125 |
| （10） | 79×（平均利益額）÷1,000,000＋1,080 |
| （11） | 92×（平均利益額）÷1,000,000＋1,028 |
| （12） | 54×（平均利益額）÷　500,000＋　980 |
| （13） | 60×（平均利益額）÷　500,000＋　950 |
| （14） | 70×（平均利益額）÷　500,000＋　910 |
| （15） | 48×（平均利益額）÷　300,000＋　880 |
| （16） | 37×（平均利益額）÷　200,000＋　850 |
| （17） | 42×（平均利益額）÷　200,000＋　825 |
| （18） | 48×（平均利益額）÷　200,000＋　801 |
| （19） | 28×（平均利益額）÷　100,000＋　777 |
| （20） | 32×（平均利益額）÷　100,000＋　757 |
| （21） | 37×（平均利益額）÷　100,000＋　737 |
| （22） | 21×（平均利益額）÷　　50,000＋　722 |
| （23） | 24×（平均利益額）÷　　50,000＋　707 |
| （24） | 27×（平均利益額）÷　　50,000＋　695 |
| （25） | 20×（平均利益額）÷　　30,000＋　676 |
| （26） | 15×（平均利益額）÷　　20,000＋　666 |
| （27） | 16×（平均利益額）÷　　20,000＋　661 |
| （28） | 19×（平均利益額）÷　　20,000＋　649 |
| （29） | 12×（平均利益額）÷　　10,000＋　634 |
| （30） | 12×（平均利益額）÷　　10,000＋　634 |
| （31） | 15×（平均利益額）÷　　10,000＋　622 |
| （32） | 8×（平均利益額）÷　　5,000＋　619 |
| （33） | 10×（平均利益額）÷　　5,000＋　609 |
| （34） | 11×（平均利益額）÷　　5,000＋　605 |
| （35） | 7×（平均利益額）÷　　3,000＋　603 |
| （36） | 6×（平均利益額）÷　　2,000＋　595 |
| （37） | 78×（平均利益額）÷　　10,000＋　547 |

注　評点に小数点以下の端数がある場合は、これを切り捨てる。

3　許可を受けた建設業の種類別の技術職員の数及び許可を受けた建設業に係る建設工事の
　種類別年間平均元請完成工事高の評点

告示第一の三の1に掲げる技術職員の数及び同項の2に掲げる許可を受けた建設業に係る建設工事の種類別年間平均元請完成工事高については、告示の別表第四又は第五の区分の欄に掲げられた審査の結果に応じて、それぞれ次のイ又はロの表に掲げる点数を与え、イの評点に5分の4を乗じたものとロの評点に5分の1を乗じたものの足し合わせた数値（小数点以下切り捨て）の点数を与える。

イ　許可を受けた建設業の種類別の技術職員の数の点数
（告示の別表第四関係）

| 区分 | 点数 |
|---|---|
| （1） | 2335 |
| （2） | 62×（技術職員数値）÷3,570＋2,065 |
| （3） | 63×（技術職員数値）÷2,750＋1,998 |
| （4） | 62×（技術職員数値）÷2,120＋1,939 |
| （5） | 62×（技術職員数値）÷1,630＋1,876 |
| （6） | 63×（技術職員数値）÷1,250＋1,808 |
| （7） | 63×（技術職員数値）÷　970＋1,747 |
| （8） | 62×（技術職員数値）÷　740＋1,686 |
| （9） | 62×（技術職員数値）÷　570＋1,624 |
| （10） | 63×（技術職員数値）÷　440＋1,558 |
| （11） | 63×（技術職員数値）÷　330＋1,488 |
| （12） | 62×（技術職員数値）÷　260＋1,434 |
| （13） | 63×（技術職員数値）÷　200＋1,367 |
| （14） | 62×（技術職員数値）÷　160＋1,318 |
| （15） | 63×（技術職員数値）÷　120＋1,247 |
| （16） | 62×（技術職員数値）÷　90＋1,183 |
| （17） | 63×（技術職員数値）÷　70＋1,119 |
| （18） | 62×（技術職員数値）÷　50＋1,040 |
| （19） | 62×（技術職員数値）÷　40＋　984 |
| （20） | 63×（技術職員数値）÷　30＋　907 |
| （21） | 63×（技術職員数値）÷　25＋　860 |
| （22） | 62×（技術職員数値）÷　20＋　810 |
| （23） | 62×（技術職員数値）÷　15＋　742 |
| （24） | 63×（技術職員数値）÷　10＋　633 |
| （25） | 63×（技術職員数値）÷　10＋　633 |
| （26） | 62×（技術職員数値）÷　10＋　636 |
| （27） | 63×（技術職員数値）÷　5＋　508 |
| （28） | 62×（技術職員数値）÷　5＋　511 |
| （29） | 63×（技術職員数値）÷　5＋　509 |
| （30） | 62×（技術職員数値）÷　5＋　510 |

注　評点に小数点以下の端数がある場合は、これを切り捨てる。

ロ　許可を受けた建設業に係る建設工事の種類別年間平均元請完成工事高の点数
（告示の別表第五関係）

| 区分 | 点数 |
|------|------|
| （1） | 2,865 |
| （2） | 119×（年間平均元請完成工事高）÷20,000,000＋2,270 |
| （3） | 145×（年間平均元請完成工事高）÷20,000,000＋2,166 |
| （4） | 87×（年間平均元請完成工事高）÷10,000,000＋2,079 |
| （5） | 104×（年間平均元請完成工事高）÷10,000,000＋1,994 |
| （6） | 126×（年間平均元請完成工事高）÷10,000,000＋1,906 |
| （7） | 76×（年間平均元請完成工事高）÷ 5,000,000＋1,828 |
| （8） | 90×（年間平均元請完成工事高）÷ 5,000,000＋1,758 |
| （9） | 110×（年間平均元請完成工事高）÷ 5,000,000＋1,678 |
| （10） | 81×（年間平均元請完成工事高）÷ 3,000,000＋1,603 |
| （11） | 63×（年間平均元請完成工事高）÷ 2,000,000＋1,549 |
| （12） | 75×（年間平均元請完成工事高）÷ 2,000,000＋1,489 |
| （13） | 92×（年間平均元請完成工事高）÷ 2,000,000＋1,421 |
| （14） | 55×（年間平均元請完成工事高）÷ 1,000,000＋1,367 |
| （15） | 66×（年間平均元請完成工事高）÷ 1,000,000＋1,312 |
| （16） | 79×（年間平均元請完成工事高）÷ 1,000,000＋1,260 |
| （17） | 48×（年間平均元請完成工事高）÷　500,000＋1,209 |
| （18） | 57×（年間平均元請完成工事高）÷　500,000＋1,164 |
| （19） | 70×（年間平均元請完成工事高）÷　500,000＋1,112 |
| （20） | 50×（年間平均元請完成工事高）÷　300,000＋1,072 |
| （21） | 41×（年間平均元請完成工事高）÷　200,000＋1,026 |
| （22） | 47×（年間平均元請完成工事高）÷　200,000＋　996 |
| （23） | 57×（年間平均元請完成工事高）÷　200,000＋　956 |
| （24） | 36×（年間平均元請完成工事高）÷　100,000＋　911 |
| （25） | 40×（年間平均元請完成工事高）÷　100,000＋　891 |
| （26） | 51×（年間平均元請完成工事高）÷　100,000＋　847 |
| （27） | 30×（年間平均元請完成工事高）÷　 50,000＋　820 |
| （28） | 35×（年間平均元請完成工事高）÷　 50,000＋　795 |
| （29） | 45×（年間平均元請完成工事高）÷　 50,000＋　755 |
| （30） | 32×（年間平均元請完成工事高）÷　 30,000＋　730 |
| （31） | 26×（年間平均元請完成工事高）÷　 20,000＋　702 |
| （32） | 29×（年間平均元請完成工事高）÷　 20,000＋　687 |
| （33） | 36×（年間平均元請完成工事高）÷　 20,000＋　659 |

| (34) | 22×（年間平均元請完成工事高）÷ | 10,000＋ | 635 |
|------|------|------|------|
| (35) | 27×（年間平均元請完成工事高）÷ | 10,000＋ | 610 |
| (36) | 31×（年間平均元請完成工事高）÷ | 10,000＋ | 594 |
| (37) | 19×（年間平均元請完成工事高）÷ | 5,000＋ | 573 |
| (38) | 23×（年間平均元請完成工事高）÷ | 5,000＋ | 553 |
| (39) | 28×（年間平均元請完成工事高）÷ | 5,000＋ | 533 |
| (40) | 19×（年間平均元請完成工事高）÷ | 3,000＋ | 522 |
| (41) | 16×（年間平均元請完成工事高）÷ | 2,000＋ | 502 |
| (42) | 341×（年間平均元請完成工事高）÷ | 10,000＋ | 241 |

注　評点に小数点以下の端数がある場合は、これを切り捨てる。

4　その他の審査項目（社会性等）の評点

　　告示第一の四の1の㈠から㈥までに掲げる雇用保険加入の有無、健康保険加入の有無、厚生年金保険加入の有無、建設業退職金共済制度加入の有無、退職金一時金制度導入の有無及び法定外労働災害補償制度加入の有無については、告示の付録第二に定める算式によって点数を算出し、また、告示第一の四の1の㈦から㈩まで及び告示第一の四の2から10までに掲げる若年の技術者及び技能労働者の育成及び確保の状況、知識及び技術又は技能の向上に関する建設工事に従事する者の取組の状況、ワーク・ライフ・バランスに関する取組の状況、建設工事に従事する者の就業履歴を蓄積するために必要な措置の実施状況、建設業の営業継続の状況、防災協定締結の有無、法令遵守の状況、建設業の経理の状況、研究開発の状況、建設機械の保有状況又は国又は国際標準化機構が定めた規格による認証又は登録の状況については、告示の別表第六から別表第十九までの各区分の欄に掲げられた審査の結果に応じて、それぞれ次のイ～カの表に掲げる点数を与え、さらに、これらの点数の合計点数（ヨの算式において「告示の付録第二による点数並びにイ～カの点数の合計点数」という。）に応じて、ヨの算式によって算出されるその他の審査項目（社会性等）の評点を与える。

イ　若年技術職員の継続的な育成及び確保の状況の点数
（告示の別表第六関係）

| 区分 | （1） | （2） |
|------|------|------|
| 点数 | 1 | 0 |

ロ　新規若年技術職員の育成及び確保の状況の点数
（告示の別表第七関係）

| 区分 | （1） | （2） |
|------|------|------|
| 点数 | 1 | 0 |

ハ　知識及び技術又は技能の向上に関する建設工事に従事する者の取組の状況の点数
（告示の別表第八関係）

| 区分 | （1） | （2） | （3） | （4） | （5） | （6） | （7） |
|---|---|---|---|---|---|---|---|
| 点数 | 10 | 9 | 8 | 7 | 6 | 5 | 4 |

| 区分 | （8） | （9） | （10） | （11） |
|---|---|---|---|---|
| 点数 | 3 | 2 | 1 | 0 |

ニ　ワーク・ライフ・バランスに関する取組の状況の点数
（告示の別表第九関係）

| 区分 | （1） | （2） | （3） | （4） | （5） |
|---|---|---|---|---|---|
| 点数 | 5 | 4 | 3 | 2 | 0 |

ホ　建設工事に従事する者の就業履歴を蓄積するために必要な措置の実施状況の点数
（告示の別表第十関係）

| 区分 | （1） | （2） | （3） |
|---|---|---|---|
| 点数 | 15 | 10 | 0 |

ヘ　営業年数の点数
（告示の別表第十一関係）

| 区分 | （1） | （2） | （3） | （4） | （5） | （6） | （7） |
|---|---|---|---|---|---|---|---|
| 点数 | 60 | 58 | 56 | 54 | 52 | 50 | 48 |

| 区分 | （8） | （9） | （10） | （11） | （12） | （13） | （14） |
|---|---|---|---|---|---|---|---|
| 点数 | 46 | 44 | 42 | 40 | 38 | 36 | 34 |

| 区分 | （15） | （16） | （17） | （18） | （19） | （20） | （21） |
|---|---|---|---|---|---|---|---|
| 点数 | 32 | 30 | 28 | 26 | 24 | 22 | 20 |

| 区分 | （22） | （23） | （24） | （25） | （26） | （27） | （28） |
|---|---|---|---|---|---|---|---|
| 点数 | 18 | 16 | 14 | 12 | 10 | 8 | 6 |

| 区分 | （29） | （30） | （31） |
|---|---|---|---|
| 点数 | 4 | 2 | 0 |

ト　民事再生法又は会社更生法の適用の有無の点数
（告示の別表第十二関係）

| 区分 | （1） | （2） |
|---|---|---|
| 点数 | 0 | −60 |

チ　防災協定締結の有無の点数
（告示の別表第十三関係）

| 区分 | （1） | （2） |
|---|---|---|

| 点数 | 20 | 0 |
|---|---|---|

リ　法令遵守の状況の点数
（告示の別表第十四関係）

| 区分 | （1） | （2） | （3） |
|---|---|---|---|
| 点数 | 0 | −15 | −30 |

ヌ　監査の受審状況の点数
（告示の別表第十五関係）

| 区分 | （1） | （2） | （3） | （4） |
|---|---|---|---|---|
| 点数 | 20 | 10 | 2 | 0 |

ル　公認会計士数等の数の点数
（告示の別表第十六関係）

| 区分 | （1） | （2） | （3） | （4） | （5） | （6） |
|---|---|---|---|---|---|---|
| 点数 | 10 | 8 | 6 | 4 | 2 | 0 |

ヲ　研究開発の状況の点数
（告示の別表第十七関係）

| 区分 | （1） | （2） | （3） | （4） | （5） | （6） | （7） |
|---|---|---|---|---|---|---|---|
| 点数 | 25 | 24 | 23 | 22 | 21 | 20 | 19 |

| 区分 | （8） | （9） | （10） | （11） | （12） | （13） | （14） |
|---|---|---|---|---|---|---|---|
| 点数 | 18 | 17 | 16 | 15 | 14 | 13 | 12 |

| 区分 | （15） | （16） | （17） | （18） | （19） | （20） | （21） |
|---|---|---|---|---|---|---|---|
| 点数 | 11 | 10 | 9 | 8 | 7 | 6 | 5 |

| 区分 | （22） | （23） | （24） | （25） | （26） |
|---|---|---|---|---|---|
| 点数 | 4 | 3 | 2 | 1 | 0 |

ワ　建設機械の保有状況の点数
（告示の別表第十八関係）

| 区分 | （1） | （2） | （3） | （4） | （5） | （6） | （7） |
|---|---|---|---|---|---|---|---|
| 点数 | 15 | 15 | 14 | 14 | 13 | 13 | 12 |

| 区分 | （8） | （9） | （10） | （11） | （12） | （13） | （14） |
|---|---|---|---|---|---|---|---|
| 点数 | 12 | 11 | 10 | 9 | 8 | 7 | 6 |

| 区分 | （15） | （16） |
|---|---|---|
| 点数 | 5 | 0 |

カ　国又は国際標準化機構が定めた規格による認証又は登録の状況の点数
（告示の別表第十九関係）

| 区分 | （1） | （2） | （3） | （4） | （5） | （6） | （7） |
|---|---|---|---|---|---|---|---|
| 点数 | 10 | 10 | 8 | 5 | 5 | 5 | 3 |

| 区分 | （8） |
|---|---|
| 点数 | 0 |

ヨ　その他の審査項目（社会性等）の評点
　　その他の審査項目（社会性等）の評点＝告示の付録第二による点数並びにイ～カの点数の合計点数×10×175／200

注1　評点に小数点以下の端数がある場合は、これを切り捨てる。
注2　令和5年8月13日以前の審査基準日におけるその他の審査項目（社会性等）の評点については、以下の算式により求めることとする。
　　　その他の審査項目（社会性等）の評点＝告示の付録第二による点数並びにイ～カの点数の合計点数×10×190／200

5　経営状況の評点
　　告示第一の二に掲げる項目については、告示の付録第一に定める算式によって算出した点数（小数点以下2位未満の端数があるときは、これを四捨五入する。以下「経営状況点数」という。）に基づき、次に掲げる算式によって経営状況の評点（小数点以下の端数があるときは、これを四捨五入する。）を求める。ただし、経営状況の評点が0に満たない場合は0とみなす。
（告示の付録第一関係）
①　経営状況の評点＝$167.3 \times A + 583$
　　　　Aは、経営状況点数


別紙2
認定能力評価基準と当該各基準に対応する建設業

　　技術職員数値の算出における、レベル4技能者又はレベル3技能者の技能の区分の取扱いについては、次の表の左に掲げる認定能力評価基準ごとに、それぞれ同表の右に掲げる建設業の種類のいずれかに計上するものとする。

| 電気工事技能者能力評価基準 | 電気、電気通信 |
|---|---|
| 橋梁技能者能力評価基準 | とび・土工、鋼構造物 |
| 造園技能者能力評価基準 | 造園 |
| コンクリート圧送技能者能力評価基準 | とび・土工 |
| 防水施工技能者能力評価基準 | 防水 |

| | |
|---|---|
| トンネル技能者能力評価基準 | とび・土工、土木 |
| 建設塗装技能者能力評価基準 | 塗装 |
| 左官技能者能力評価基準 | 左官 |
| 機械土工技能者能力評価基準 | とび・土工、土木 |
| 海上起重技能者能力評価基準 | しゅんせつ、土木 |
| PC技能者能力評価基準 | とび・土工、鉄筋、土木 |
| 鉄筋技能者能力評価基準 | 鉄筋 |
| 圧接技能者能力評価基準 | 鉄筋 |
| 型枠技能者能力評価基準 | 大工 |
| 配管技能者能力評価基準 | 管 |
| とび技能者能力評価基準 | とび・土工 |
| 切断穿孔技能者能力評価基準 | とび・土工 |
| 内装仕上技能者能力評価基準 | 内装仕上 |
| サッシ・カーテンウォール技能者能力評価基準 | 建具 |
| エクステリア技能者能力評価基準 | とび・土工、石、タイル・れんが・ブロック |
| 建築板金技能者能力評価基準 | 屋根、板金 |
| 外壁仕上技能者能力評価基準 | 左官、塗装、防水 |
| ダクト技能者能力評価基準 | 管 |
| 保温保冷技能者能力評価基準 | 熱絶縁 |
| グラウト技能者能力評価基準 | とび・土工 |
| 冷凍空調技能者能力評価基準 | 管 |
| 運動施設技能者能力評価基準 | とび・土工、造園、舗装、土木 |
| 基礎ぐい工事技能者能力評価基準 | とび・土工 |
| タイル張り技能者能力評価基準 | タイル・レンガ・ブロック |
| 道路標識・路面標示技能者能力評価基準 | とび・土工、塗装 |
| 消防施設技能者能力評価基準 | 消防施設 |
| 建築大工技能者能力評価基準 | 大工 |
| 硝子工事技能者能力評価基準 | ガラス |
| ALC技能者能力評価基準 | タイル・れんが・ブロック |
| 土工技能者能力評価基準 | とび・土工、土木 |

別紙3

　認定能力評価基準により技能や経験を評価された技能者を技術職員名簿に記載する際は、次のコードを記載することとする。

　　レベル3技能者　＝　703
　　レベル4技能者　＝　704

（用紙Ａ４）

# 工事種類別完成工事高付表

申請者＿＿＿＿＿＿＿＿＿＿＿

| 審 査 対 象 建 設 業 | 完 成 工 事 高 |
|---|---|
|  |  |

注）申請者のうち次の申出をしようとする者については、その申出の額をそのまま審査対象建設業ごとに記載すること。

(1) 一式工事業に係る建設工事の完成工事高を一式工事業以外の建設業に係る建設工事の完成工事高に加えて申し出ようとする者。

(2) 一式工事業以外の建設業に係る完成工事高についても(1)と同様の方法により計算して申し出ようとする者。

# 経理処理の適正を確認した旨の書類

　　私は、建設業法施行規則第18条の３第３項第２号の規定に基づく確認を行うため、○○○の令和×年×月×日から令和×年×月×日までの第×期事業年度における計算書類、すなわち、貸借対照表、損益計算書、株主資本等変動計算書及び注記表について、我が国において一般に公正妥当と認められる企業会計の基準その他の企業会計の慣行をしん酌され作成されたものであること及び別添の会計処理に関する確認項目の対象に係る内容について適正に処理されていることを確認しました。

　　地方整備局長
　北海道開発局長
　　　　　知事　殿

　　　　　　　　　　　　　　年　　　　月　　　　日

　　　　　　　　　　　　　商号又は名称
　　　　　　　　　　　　　所属・役職

　　　　　　　　　　　　　氏　名

　　　　　　　　　　　　　　　　　　　　　　　　　　　　　以上

記載要領
　　「　　地方整備局長
　　　北海道開発局長　　については、不要のものを消すこと。
　　　　　　知事」

別添

# 建設業の経理が適正に行われたことに係る確認項目

| 項目 | 内容 |
|---|---|
| 全体 | 前期と比較し概ね20％以上増減している科目についての内容を検証する。特に次の科目については、詳細に検証し不適切なものが含まれていないことを確認した。<br>　　受取手形、完成工事未収入金等の営業債権<br>　　未成工事支出金等の棚卸資産<br>　　貸付金等の金銭債権<br>　　借入金等の金銭債務<br>　　完成工事高、兼業事業売上高<br>　　完成工事原価、兼業事業売上原価<br>　　支払利息等の金融費用 |
| 預貯金 | 残高証明書又は預金通帳等により残高を確認している。 |
| 金銭債権 | 営業上の債権のうち正常営業循環から外れたものがある場合、これを投資その他の資産の部に表示している。 |
| | 営業上の債権以外の債権でその履行時期が１年以内に到来しないものがある場合、これを投資その他の資産の部に表示している。 |
| | 受取手形割引額及び受取手形裏書譲渡額がある場合、これを注記している。 |
| 貸倒損失<br>貸倒引当金 | 法的に消滅した債権又は回収不能な債権がある場合、これらについて貸倒損失を計上し債権金額から控除している。 |
| | 取立不能のおそれがある金銭債権がある場合、その取立不能見込額を貸倒引当金として計上している。 |
| | 貸倒損失・貸倒引当金繰入額等がある場合、その発生の態様に応じて損益計算上区分して表示している。 |
| 有価証券 | 有価証券がある場合、売買目的有価証券、満期保有目的の債券、子会社株式及び関連会社株式、その他有価証券に区分して評価している。 |
| | 売買目的有価証券がある場合、時価を貸借対照表価額とし、評価差額は営業外損益としている。 |
| | 市場価格のあるその他有価証券を多額に保有している場合、時価を貸借対照表価額とし、評価差額は洗替方式に基づき、全部純資産直入法又は部分純資産直入法により処理している。 |
| | 時価が取得価額より著しく下落し、かつ、回復の見込みがない市場価格のある有価証券（売買目的有価証券を除く。）を保有する場合、これを時価で評価し、評価差額は特別損失に計上している。 |
| | その発行会社の財政状態が著しく悪化した市場価格のない株式を保有する場合、これについて相当の減額をし、評価差額は当期の損失として処理している。 |
| 棚卸資産 | 原価法を採用している棚卸資産で、時価が取得原価より著しく低く、かつ、将来回復の見込みがないものがある場合、これを時価で評価している。 |

| | |
|---|---|
| 未成工事支出金 | 発注者に生じた特別の事由により施工を中断している工事で代金回収が見込めないものがある場合、この工事に係る原価を損失として計上し、未成工事支出金から控除している。 |
| | 施工に着手したものの、契約上の重要な問題等が発生したため代金回収が見込めない工事がある場合、この工事に係る原価を損失として計上し、未成工事支出金から控除している。 |
| 経過勘定等 | 前払費用と前払金、前受収益と前受金、未払費用と未払金、未収収益と未収金は、それぞれ区別し、適正に処理している。 |
| | 立替金、仮払金、仮受金等の項目のうち、金額の重要なもの又は当期の費用又は収益とすべきものがある場合、適正に処理している。 |
| 固定資産 | 減価償却は経営状況により任意に行うことなく、継続して規則的な償却を行っている。 |
| | 適用した耐用年数等が著しく不合理となった固定資産がある場合、耐用年数又は残存価額を修正し、これに基づいて過年度の減価償却累計額を修正し、修正額を特別損失に計上している。 |
| | 予測することができない減損が生じた固定資産がある場合、相当の減額をしている。 |
| | 使用状況に大幅な変更があった固定資産がある場合、相当の減額の可能性について検討している。 |
| | 研究開発に該当するソフトウェア制作費がある場合、研究開発費として費用処理している。 |
| | 研究開発に該当しない社内利用のソフトウェア制作費がある場合、無形固定資産に計上している。 |
| | 遊休中の固定資産及び投資目的で保有している固定資産で、時価が50％以上下落しているものがある場合、これを時価で評価している。 |
| | 時価のあるゴルフ会員権につき、時価が50％以上下落しているものがある場合、これを時価で評価している。 |
| | 投資目的で保有している固定資産がある場合、これを有形固定資産から控除し、投資その他の資産に計上している。 |
| 繰延資産 | 資産として計上した繰延資産がある場合、当期の償却を適正に行っている。 |
| | 税法固有の繰延資産がある場合、投資その他の資産の部に長期前払費用等として計上し、支出の効果の及ぶ期間で償却を行っている。 |
| 金銭債務 | 金銭債務は網羅的に計上し、債務額を付している。 |
| | 営業上の債務のうち正常営業循環から外れたものがある場合、これを適正な科目で表示している。 |
| | 借入金その他営業上の債務以外の債務でその支払期限が1年以内に到来しないものがある場合、これを固定負債の部に表示している。 |
| 未成工事受入金 | 引渡前の工事に係る前受金を受領している場合、未成工事受入金として処理し、完成工事高を計上していない。ただし、工事進行基準による完成工事高の計上により減額処理されたものを除く。 |
| 引当金 | 将来発生する可能性の高い費用又は損失が特定され、発生原因が当期以前にあり、かつ、設定金額を合理的に見積ることができるものがある場合、これを引当金として計上している。 |
| | 役員賞与を支給する場合、発生した事業年度の費用として処理している。 |

| | |
|---|---|
| | 損失が見込まれる工事がある場合、その損失見込額につき工事損失引当金を計上している。 |
| | 引渡を完了した工事につき瑕疵補償契約を締結している場合、完成工事補償引当金を計上している。 |
| 退職給付債務<br>退職給付引当金 | 確定給付型退職給付制度（退職一時金制度、厚生年金基金、適格退職年金及び確定給付企業年金）を採用している場合、退職給付引当金を計上している。 |
| | 中小企業退職金共済制度、特定退職金共済制度及び確定拠出型年金制度を採用している場合、毎期の掛金を費用処理している。 |
| その他の引当金 | 将来発生する可能性の高い費用又は損失が特定され、発生原因が当期以前にあり、かつ、設定金額を合理的に見積ることができるものがある場合、これを引当金として計上している。 |
| | 役員賞与を支給する場合、発生した事業年度の費用として処理している。 |
| | 損失が見込まれる工事がある場合、その損失見込額につき工事損失引当金を計上している。 |
| | 引渡を完了した工事につき瑕疵補償契約を締結している場合、完成工事補償引当金を計上している。 |
| 法人税等 | 法人税、住民税及び事業税は、発生基準により損益計算書に計上している。 |
| | 法人税等の未払額がある場合、これを流動負債に計上している。 |
| | 期中において中間納付した法人税等がある場合、これを資産から控除し、損益計算書に表示している。 |
| 消費税 | 決算日における未払消費税等（未収消費税等）がある場合、未払金（未収入金）又は未払消費税等（未収消費税等）として表示している。 |
| 税効果会計 | 繰延税金資産を計上している場合、厳格かつ慎重に回収可能性を検討している。 |
| | 繰延税金資産及び繰延税金負債を計上している場合は、その主な内訳等を注記している。 |
| | 過去3年以上連続して欠損金が計上されている場合、繰延税金資産を計上していない。 |
| 純資産 | 純資産の部は株主資本と株主資本以外に区分し、株主資本は、資本金、資本剰余金、利益剰余金に区分し、また、株主資本以外の各項目は、評価・換算差額等及び新株予約権に区分している。 |
| 収益・費用の計上（全般） | 収益及び費用については、一会計期間に属するすべての収益とこれに対応するすべての費用を計上している。 |
| | 原則として、収益については実現主義により、費用については発生主義により認識している。 |
| 工事収益<br>工事原価 | 適正な工事収益計上基準（工事完成基準、工事進行基準、部分完成基準等）に従っており、工事収益を恣意的に計上していない。 |
| | 引渡の日として合理的であると認められる日（作業を結了した日、相手方の受入場所へ搬入した日、相手方が検収を完了した日、相手方において使用収益ができることとなった日等）を設定し、その時点において継続的に工事収益を計上している。 |
| | 建設業に係る収益・費用と建設業以外の兼業事業の収益・費用を区分して計上している。ただし、兼業事業売上高が軽微な場合を除く。 |
| | 工事原価の範囲・内容を明確に規定し、一般管理費や営業外費用と峻別のうえ適正に処理している。 |

| 工事進行基準 | 工事進行基準を適用する工事の範囲（工期、請負金額等）を定め、これに該当する工事については、工事進行基準により継続的に工事収益を計上している。 |
|---|---|
| | 工事進行基準を適用する工事の範囲（工期、請負金額等）を注記している。 |
| | 実行予算等に基づく、適正な見積り工事原価を算定している。 |
| | 工事原価計算の手続きを経た発生工事原価を把握し、これに基づき合理的な工事進捗率を算定している。 |
| | 工事収益に見合う金銭債務「未成工事受入金」を減額し、これと計上した工事収益との減額がある場合、「完成工事未収入金」を計上している。 |
| 受取利息配当金 | 協同組合から支払いを受ける事業分量配当金がある場合、これを受取利息配当金として計上していない。 |
| 支払利息 | 有利子負債が計上されている場合、支払利息を計上している。 |
| JV | 共同施工方式のJVに係る資産・負債・収益・費用につき、自社の出資割合に応じた金額のみを計上し、JV全体の資産・負債・収益・費用等、他の割合による金額を計上していない。 |
| | 分担施工方式のJVに係る収益につき、契約金額等の自社の施工割合に応じた金額を計上し、JV全体の施工金額等、他の金額を計上していない。 |
| | JVを代表して自社が実際に支払った金額と協定原価とが異なることに起因する利益は、当期の収益または未成工事支出金のマイナスとして処理している。 |
| 個別注記表 | 重要な会計方針に係る事項について注記している。<br>　資産の評価基準及び評価方法<br>　固定資産の減価償却の方法<br>　引当金の計上基準<br>　収益及び費用の計上基準 |
| | 会社の財産又は損益の状態を正確に判断するために必要な事項を注記している。 |
| | 当期において会計方針の変更等があった場合、その内容及び影響額を注記している。 |

# 継続雇用制度の適用を受けている技術職員名簿

　建設業法施行規則別記様式第25号の14・別紙２の技術職員名簿に記載した者のうち、下表に掲げる者については、審査基準日において継続雇用制度の適用を受けていることを証明します。

　　　地方整備局長　　　　　　　年　　　月　　　日
　　　北海道開発局長
　　　　　　知事　　殿　　　　　住所
　　　　　　　　　　　　　　　　商号又は名称
　　　　　　　　　　　　　　　　代表者氏名

| 通番 | 氏　名 | 生年月日 |
|---|---|---|
|  |  |  |
|  |  |  |
|  |  |  |
|  |  |  |
|  |  |  |
|  |  |  |
|  |  |  |
|  |  |  |
|  |  |  |
|  |  |  |
|  |  |  |
|  |  |  |
|  |  |  |
|  |  |  |
|  |  |  |
|  |  |  |
|  |  |  |

記載要領
　1　「　　地方整備局長
　　　　　北海道開発局長　については、不要のものを消すこと。
　　　　　　　　　　知事」
　2　規則別記様式第25号の14・別紙２の技術職員名簿に記載した者のうち、審査基準日において継続雇用制度の適用を受けている者（65歳以下の者に限る。）について記載すること。
　3　通番、氏名及び生年月日は、規則別記様式第25号の14・別紙２の記載と統一すること。

# CPD単位を取得した技術者名簿
# （技術職員名簿に記載のある者を除く）

| 通番 | 氏　　名 | 生年月日 | 生年月日 |
|---|---|---|---|
| | | | |
| | | | |
| | | | |
| | | | |
| | | | |
| | | | |
| | | | |
| | | | |
| | | | |
| | | | |
| | | | |
| | | | |
| | | | |
| | | | |
| | | | |
| | | | |
| | | | |
| | | | |
| | | | |
| | | | |
| 上記技術者が取得したCPD単位の合計（①） | | | |
| 技術職員名簿に記載のある技術職員が取得したCPD単位合計（②） | | | |
| CPD単位総計（①＋②） | | | |

記載要領

1　この表は、審査基準日における許可を受けた建設業に従事する職員のうち、建設業法第七条第二号イ、ロ若しくはハ又は同法第十五条第二号イ、ロ若しくはハに該当する者又は一級若しくは二級の第一次検定に合格した者であって、規則別記様式第25号の14・別紙2に記載のない者について作成すること。

2　「CPD単位」の欄には、技術者がCPD認定団体によって修得を認定された単位数を、告示別表第十八の左欄に掲げるCPD認定団体ごとに右欄に掲げる数値で除し、30を乗じた数値を記載すること。なお、小数点以下の端数がある場合は、これを切り捨てる。

様式第5号

（用紙Ａ４）

年　　月　　日

# 技能者名簿

| 通番 | 氏名 | 生年月日 | 評価日 | レベル<br>向上の有無 | 控除対象 |
|---|---|---|---|---|---|
| | | | | | |
| | | | | | |
| | | | | | |
| | | | | | |
| | | | | | |
| | | | | | |
| | | | | | |
| | | | | | |
| | | | | | |
| | | | | | |
| | | | | | |
| | | | | | |
| | | | | | |
| | | | | | |
| | | | | | |
| | | | | | |
| | | | | | |
| 合計 | （人） | | | （人） | （人） |

記載要領

1　この表は、審査基準日における許可を受けた建設業に従事する職員のうち、審査基準日以前三年間に、建設工事の施工に従事した者であって、建設業法施行規則第十四条の二第二号チ又は同条第四号チに規定する建設工事に従事する者に該当する者（ただし、建設工事の施工の管理のみに従事した者は除く。）について作成すること。

2　「評価日」の欄には、技能者が審査基準日以前において認定能力評価基準により評価を受けている場合、その最も新しい評価を受けた日を記載すること。

3　「レベル向上の有無」の欄には、審査基準日以前三年間に、能力評価基準により受けた評価の区分が、審査基準日の三年前の日以前に受けた最新の評価の区分より1以上上位であった者に該当する場合に、○印を記載すること。

4　「控除対象」の欄には、審査基準日の3年前の日以前に能力評価基準により評価が最上位の区分に該当するとされた者の場合に、○印を記載すること。

5　本表の最後の行には、作成対象となる技能者、「レベル向上の有無」の欄に○印が記載された者、「控除対象」の欄に○印が記載された者、それぞれの合計人数を記載すること。

# 建設工事に従事する者の就業履歴を蓄積するために
# 必要な措置を実施した旨の誓約書及び
# 情報共有に関する同意書

　令和　　年　　月　　日から令和　　年　　月　　日までの期間について、建設工事に従事する者の就業履歴を蓄積するために必要な措置を実施したことを誓約します。
　また、建設業法施行規則第27条第26項に定める都道府県知事、国土交通省及び一般財団法人建設業振興基金との間において、上記の内容を確認する目的での情報共有を行うことに同意します。

　　　地方整備局長
　　　北海道開発局長
　　　　　知事　　　殿

　　　　　　　　　　　　　　　　　　　　　　年　　月　　日

　　　　　　　　　　　　　　建設キャリアアップシステム事業者ID

　　　　　　　　　　| | | | | | | | | | | | | | |
　　　　　　　　　　|---|---|---|---|---|---|---|---|---|---|---|---|---|---|---|
　　　　　　　　　　| | | | | | | | | | | | | | | |

　　　　　　　　　住所
　　　　　　　　　商号又は氏名
　　　　　　　　　代表者氏名

申請区分　□　（１．全ての建設工事、２．全ての公共工事）

| 科　　　目 | | 件　　　数 |
|---|---|---|
| 措置実施工事 | | 件 |
| 措置未実施工事 | 軽微な工事 | 件 |
| | 災害応急工事 | 件 |
| 合　　　計 | | 件 |

記載要領

1 「　　　地方整備局長
　　　北海道開発局長　について　は、不要のものを消すこと。
　　　　　　　知事」

2 「申請区分」の欄については、カラム内に該当する数字を記入すること。

3 表には、許可に係る建設工事の種類に関わらず、審査基準日以前1年のうちに発注者から直接請
け負った建設工事のうち、「申請区分」の欄に記入した区分が「1」の場合は日本国内における全
ての建設工事について、「2」の場合は日本国内における全ての公共工事について記載すること。

　　なお、表中に記載する内容が該当しない場合には、「0」を記載又は空欄とすること。

4 「措置実施工事」とは、告示第一の四の1の(ﾄ)に掲げる建設工事に従事する者の就業履歴を蓄積
する為に必要な措置を実施した建設工事又は公共工事をいう。

　　なお、当該措置を実施した建設工事においては、以下に掲げる軽微な工事及び災害応急工事等に
ついても、当該項目に含むものとする。

5 「軽微な工事」とは、建設業法施行令第一条の二第一項に掲げる建設工事をいう。

6 「災害応急対策」とは、防災協定に基づき行う災害応急対策若しくは既に締結されている建設工
事の請負契約において当該請負契約の発注者の指示に基づき行う災害応急対策をいう。

# 建設業法第27条の23第３項の経営事項審査の項目及び基準を定める件

平成６年６月８日　建設省告示第1461号
最終改正　令和４年８月15日　国土交通省告示第827号（この告示は、令和５年１月１日から施行する。）

　建設業法（昭和24年法律第100号）第27条の23第３項の規定により、経営事項審査の項目及び基準を次のとおり定め、平成20年４月１日から適用する。
　なお、平成６年建設省告示第1461号は、平成20年３月31日限り廃止する。

第一　審査の項目は、次の各号に定めるものとする。
　一　経営規模
　　１　建設業法第27条の23第１項の規定により経営事項審査の申請をする日の属する事業年度の開始の日（以下「当期事業年度開始日」という。）の直前２年又は直前３年の各事業年度における完成工事高について算定した許可を受けた建設業に係る建設工事（「土木一式工事」についてはその内訳として「プレストレストコンクリート工事」、「とび・土工・コンクリート工事」についてはその内訳として「法面処理工事」、「鋼構造物工事」についてはその内訳として「鋼橋上部工事」を含む。以下同じ。）の種類別年間平均完成工事高
　　２　審査基準日(経営事項審査の申請をする日の直前の事業年度の終了の日。以下同じ。)の決算（以下「基準決算」という。）における自己資本の額（貸借対照表における純資産合計の額をいう。以下同じ。）又は基準決算及び基準決算の前期決算における自己資本の額の平均の額（以下「平均自己資本額」という。）
　　３　当期事業年度開始日の直前１年（以下「審査対象年」という。）における利払前税引前償却前利益（審査対象年の各事業年度（以下「審査対象事業年度」という。）における営業利益の額に審査対象事業年度における減価償却実施額（審査対象事業年度における未成工事支出金に係る減価償却費、販売費及び一般管理費に係る減価償却費、完成工事原価に係る減価償却費、兼業事業売上原価に係る減価償却費その他減価償却費として費用を計上した額をいう。以下同じ。）を加えた額）及び審査対象年開始日の直前１年（以下「前審査対象年」という。）の利払前税引前償却前利益の平均の額（以下「平均利益額」という。）
　二　経営状況
　　１　審査対象年における純支払利息比率（審査対象事業年度における支払利息から受取利息配当金を控除した額を審査対象事業年度における売上高（完成工事高及び兼業事業売上高の合計の額をいう。以下同じ。）で除して得た数値を百分比で表したものをいう。）
　　２　審査対象年における負債回転期間（基準決算における流動負債と固定負債の合計の額を審査対象事業年度における１月当たり売上高（売上高の額を12で除した額をいう。）で除して得た数値をいう。）
　　３　審査対象年における総資本売上総利益率（審査対象事業年度における売上総利益の額を基準決算及び基準決算の前期決算における総資本の額（貸借対照表における負債

純資産合計の額をいう。以下同じ。）の平均の額で除して得た数値を百分比で表した
ものをいう。）

4　審査対象年における売上高経常利益率（審査対象事業年度における経常利益（個人
である場合においては事業主利益の額とする。）の額を審査対象事業年度における売
上高で除して得た数値を百分比で表したものをいう。）

5　基準決算における自己資本対固定資産比率（基準決算における自己資本の額を固定
資産の額で除して得た数値を百分比で表したものをいう。）

6　基準決算における自己資本比率（基準決算における自己資本の額を総資本の額で除
して得た数値を百分比で表したものをいう。）

7　審査対象年における営業キャッシュ・フローの額（審査対象事業年度における経常
利益の額に減価償却実施額を加え、法人税、住民税及び事業税を控除し、基準決算の
前期決算から基準決算にかけての引当金増減額、売掛債権増減額、仕入債務増減額、
棚卸資産増減額及び受入金増減額を加減したものを1億で除して得た数値をいう。）
及び前審査対象年における営業キャッシュ・フローの額の平均の額

8　基準決算における利益剰余金の額（基準決算における利益剰余金の額を1億で除し
て得た数値をいう。）

三　技術力

1　審査基準日における許可を受けた建設業に従事する職員のうち建設業の種類別の次
に掲げる者（以下「技術職員」という。）の数（ただし、1人の職員につき技術職員
として申請できる建設業の種類の数は2までとする。）

㈠　建設業法第15条第2号イに該当する者（同法第27条の18第1項の規定による監理
技術者資格者証の交付を受けている者であって、同法第26条の4から第26条の6ま
での規定により国土交通大臣の登録を受けた講習を受講した日の属する年の翌年か
ら起算して5年を経過しないものに限る。）

㈡　建設業法第15条第2号イに該当する者であって、㈠に掲げる者以外の者

㈢　建設業法施行令（昭和31年政令第273号）第28条第1号又第2号に掲げる者であ
って、㈠及び㈡に掲げる者以外の者

㈣　登録基幹技能者講習（建設業法施行規則（昭和24年建設令第14号）第18条の3第
2項第2号の登録を受けた講習をいう。）を修了した者及び建設技能者の能力評価
制度に関する告示（平成31年国土交通省告示第460号）第3条第2項の規定により
同項の認定を受けた能力評価基準（以下単に「能力評価基準」という。）により評
価が最上位の区分に該当する者であって㈠から㈢までに掲げる者以外の者

㈤　建設業法第27条第1項の規定による技術検定その他の法令の規定による試験で、
当該試験に合格することによって直ちに同法第7条第二号ハに該当することとなる
ものに合格した者、他の法令の規定による免許若しくは免状の交付（以下「免許等」
という。）で当該免許等を受けることによって直ちに同号ハに該当することとなる
ものを受けた者又は登録基礎ぐい工事試験（建設業法施行規則第7条の3第2号の
表とび・土工工事業の項第5号の登録を受けた試験をいう。）若しくは登録解体工
事試験（同条第2号の表解体工事業の項第4号の登録を受けた試験をいう。）に合
格した者及び能力評価基準により評価が最上位に次ぐ区分に該当する者であって㈠
から㈣までに掲げる者以外の者

㈥　建設業法第7条第二号イ、ロ若しくはハ又は同法第15条第二号ハに該当する者で
　　　㈠から㈤までに掲げる者以外の者
　2　当期事業年度開始日の直前2年又は直前3年の各事業年度における発注者から直接
　　請け負った建設工事に係る完成工事高（以下「元請完成工事高」という。）について
　　算定した許可を受けた建設業に係る建設工事の種類別年間平均元請完成工事高
四　その他の審査項目（社会性等）
　1　次に掲げる建設工事の担い手の育成及び確保に関する取組の状況
　　㈠　審査基準日における雇用保険加入の有無（雇用保険法（昭和49年法律第116号）
　　　第7条の規定による届出を行っているか否かをいう。）
　　㈡　審査基準日における健康保険加入の有無（健康保険法施行規則（大正15年内務省
　　　令第36号）第24条の規定による届出を行っているか否かをいう。）
　　㈢　審査基準日における厚生年金保険加入の有無（厚生年金保険法（昭和29年法律第
　　　115号）第27条に規定する届出を行っているか否かをいう。）
　　㈣　審査基準日における建設業退職金共済制度加入の有無（中小企業退職金共済法（昭
　　　和34年法律第160号）第6章の独立行政法人勤労者退職金共済機構との間で同法第
　　　2条第5項に規定する特定業種退職金共済契約又はこれに準ずる契約の締結を行っ
　　　ているか否かをいう。）
　　㈤　審査基準日における退職一時金制度導入の有無（労働協約において退職手当に関
　　　する定めがあるか否か、労働基準法第89条第1項第三号の二の定めるところにより
　　　就業規則に退職手当の定めがあるか否か、同条第2項の退職手当に関する事項につ
　　　いての規則が定められているか否か、中小企業退職金共済法第2条第3項に規定す
　　　る退職金共済契約を締結しているか否か、又は所得税法施行令（昭和40年政令第96
　　　号）第73条第1項に規定する特定退職金共済団体との間でその行う退職金共済に関
　　　する事業について共済契約を締結しているか否かをいう。）又は審査基準日におけ
　　　る企業年金制度導入の有無（厚生年金保険法第9章第1節の規定に基づき厚生年金
　　　基金を設立しているか否か、法人税法（昭和40年法律第34号）附則第20条に規定す
　　　る適格退職年金契約を締結しているか否か、確定給付企業年金法（平成13年法律第
　　　50号）第2条第1項に規定する確定給付企業年金の導入を行っているか否か、又は
　　　確定拠出年金法（平成13年法律第88号）第2条第2項に規定する企業型年金の導入
　　　を行っているか否かをいう。）
　　㈥　審査基準日における法定外労働災害補償制度加入の有無（公益財団法人建設業福
　　　祉共済団、一般社団法人全国建設業労災互助会、一般社団法人全国労働保険事務組
　　　合連合会、中小企業等協同組合法（昭和24年法律第181号）第27条の2第1項の規
　　　定により設立の認可を受けた者であって、同法第9条の6の2第1項又は同法第9
　　　条の9第5項において準用する第9条の6の2第1項の規定による認可を受けた共
　　　済規程に基づき共済事業を行うもの又は保険会社との間で、労働者災害補償保険法
　　　（昭和22年法律第50号）第3章の規定に基づく保険給付の基因となった業務災害及
　　　び通勤災害（下請負人に係るものを含む。）に関する給付についての契約を締結し
　　　ているか否かをいう。）
　　㈦　次に掲げる審査基準日又は審査対象年における若年の技術者及び技能労働者の育
　　　成及び確保の状況

イ　若年技術職員（満35歳未満の技術職員をいう。以下同じ。）の継続的な育成及び確保の状況（審査基準日において、若年技術職員の人数が技術職員の人数の合計の15パーセント以上であるか否かをいう。）

ロ　新規若年技術職員の育成及び確保の状況（審査基準日において、若年技術職員のうち、審査対象年において新規に技術職員となった人数が技術職員の人数の合計の１パーセント以上であるか否かをいう。）

(八)　次に掲げる審査対象年又は審査基準日以前三年間の知識及び技術又は技能の向上に関する建設工事に従事する者の取組の状況

イ　審査基準日における許可を受けた建設業に従事する職員のうち、審査基準日以前１年間に、建設業法第７条第２号イ、ロ若しくはハ又は同法第十五条第二号イ、ロ若しくはハに該当する者又は１級若しくは２級の第１次検定に合格した者（以下「技術者」という。）が取得したCPD単位（公益社団法人空気調和・衛生工学会、一般財団法人建設業振興基金、一般社団法人建設コンサルタンツ協会、一般社団法人交通工学研究会、公益社団法人地盤工学会、公益社団法人森林・自然環境技術教育研究センター、公益社団法人全国上下水道コンサルタント協会、一般社団法人全国測量設計業協会連合会、一般社団法人全国土木施工管理技士会連合会、一般社団法人全日本建設技術協会、土質・地質技術者生涯学習協議会、公益社団法人土木学会、一般社団法人日本環境アセスメント協会、公益社団法人日本技術士会、公益社団法人日本建築士会連合会、公益社団法人日本コンクリート工学会、公益社団法人日本造園学会、公益社団法人日本都市計画学会、公益社団法人農業農村工学会、一般社団法人日本建築士事務所協会連合会、公益社団法人日本建築家協会、一般社団法人日本建設業連合会、一般社団法人日本建築学会、一般社団法人建築設備技術者協会、一般社団法人電気設備学会、一般社団法人日本設備設計事務所協会連合会、公益財団法人建築技術教育普及センター又は一般社団法人日本建築構造技術者協会（別表第18において「CPD認定団体」という。）によって修得を認定された単位数を、別表18の左欄に掲げるCPD認定団体ごとに右欄に掲げる数値で除し、30を乗じた数値をいう。）の合計数を、技術者の数（付録第３において「技術者数」という。）で除した数値

ロ　審査基準日における許可を受けた建設業に従事する職員のうち、審査基準日以前３年間に、能力評価基準により受けた評価の区分が、審査基準日の３年前の日以前に受けた最新の評価の区分より１以上上位であった者の数を、審査基準日における許可を受けた建設業に従事する職員のうち、審査基準日以前３年間に、建設工事の施工に従事した者であって、建設業法施行規則第14条の２第２号チ又は同条第４号チに規定する建設工事に従事する者に該当する者の数から建設工事の施工の管理のみに従事した者の数を減じて得た数（付録第３において「技能者数」という。）で除した数値

(九)　次に掲げる審査基準日におけるワーク・ライフ・バランスに関する取組の状況

イ　女性の職業生活における活躍の推進に関する法律（平成27年法律第64号に基づくえるぼし認定（第１段階）、えるぼし認定（第２段階）、えるぼし認定（第３段階）、プラチナえるぼし認定の取得状況

ロ　次世代育成支援対策推進法（平成15年法律第120号）に基づくくるみん認定、

　　　　トライくるみん認定又はプラチナくるみん認定の取得状況

　　ハ　青少年の雇用の促進等に関する法律（昭和45年法律第98号）に基づくユースエール認定の取得状況

　㈩　審査基準日における建設工事に従事する者の就業履歴を蓄積するために必要な措置の実施状況（審査基準日（令和５年８月14日以降の審査基準日に限る。）以前１年のうちに発注者から直接請け負った日本国内における建設工事のうち、建設業法施行令第１条の２第１項に定める軽微な工事、防災協定（国、特殊法人等（公共工事の入札及び契約の適正化の促進に関する法律（平成12年法律第127号）第２条第１項に規定する特殊法人等をいう。）又は地方公共団体との間における防災活動に関する協定をいう。）に基づき行う災害応急対策若しくは契約の発注者の指示に基づき行う災害応急対策（以下「軽微な工事等」という。）以外の全ての建設工事又は軽微な工事等以外の全ての公共工事（同法第２条第２項に規定する公共工事をいう。）において、建設工事に従事する者の就業履歴を建設キャリアアップシステム（一般財団法人建設業振興基金が提供するサービスであって、当該サービスを利用する工事現場における建設工事の施工に従事する者や建設業を営む者に関する情報を登録し、又は蓄積し、これらの情報について当該サービスを利用する者の利用に供するものをいう。）上に蓄積するために必要な措置を実施したか否かをいう。）

２　次に掲げる建設業の営業継続の状況

　㈠　審査基準日までの建設業の営業年数（建設業の許可又は登録を受けて営業を行っていた年数をいう。ただし、平成23年４月１日以降の申立てに係る再生手続開始の決定又は更生手続開始の決定を受け、かつ、再生手続終結の決定又は更生手続終結の決定を受けた建設業者は、当該再生手続終結の決定又は更生手続終結の決定を受けてから営業を行つていた年数をいう。）

　㈡　審査基準日における民事再生法又は会社更生法の適用の有無（平成23年４月１日以降の申立てに係る再生手続開始の決定又は更生手続開始の決定を受け、かつ、再生手続終結の決定又は更生手続終結の決定を受けていない建設業者であるか否かをいう。）

３　審査基準日における防災協定締結の有無

４　審査対象年における法令遵守の状況（建設業法第28条の規定により指示をされ、又は営業の全部若しくは一部の停止を命ぜられたことがあるか否かをいう。）

５　次に掲げる審査基準日における建設業の経理に関する状況

　㈠　監査の受審状況（会計監査人若しくは会計参与の設置の有無又は建設業の経理実務の責任者のうち㈡のイに該当する者が経理処理の適正を確認した旨の書類に自らの署名を付したものの提出の有無をいう。）

　㈡　審査基準日における建設業に従事する職員のうち次に掲げるものの数

　　イ　建設業法施行規則第18条の３第３項第２号イに該当する者、登録経理試験（建設業法施行規則第18条の３第３項第２号ロに規定する試験をいう。ロにおいて同じ。）の１級試験に合格した者であって、合格した日の属する年度の翌年度の開始の日から起算して５年を経過しないもの、登録経理講習（建設業法施行規則第18条の３第３項第２号ハに規定する講習をいう。ロにおいて同じ。）の１級講習を受講した者であって、受講した日の属する年度の翌年度の開始の日から起算し

て５年を経過しないもの及び建設業法施行規則第18条の３第３項第２号イからハまでに掲げる者と同等以上の建設業の経理に関する知識を有すると認める者を定める告示（令和２年国土交通省告示第1060号）第１号、第３号又は第５号に掲げる者

ロ　登録経理試験の２級試験に合格した者であって、合格した日の属する年度の翌年度の日から起算して５年を経過しないもの、登録経理講習の２級講習を受講した者であって、受講した日の属する年度の翌年度の開始の日から起算して５年を経過しないもの及び建設業法施行規則第18条の３第３項第２号イからハまでに掲げる者と同等以上の建設業の経理に関する知識を有すると認める者を定める告示（令和２年国土交通省告示第1060号）第２号又は第４号に掲げる者であって、イに掲げる者以外の者

6　審査対象年及び前審査対象年における研究開発費の額の平均の額（以下「平均研究開発費の額」という。ただし、会計監査人設置会社において、一般に公正妥当と認められる企業会計の基準に従って処理されたものに限る。）

7　審査基準日における建設機械の保有状況（自ら所有し、又はリース契約（審査基準日から１年７か月以上の使用期間が定められているものに限る。）により使用する建設機械抵当法施行令（昭和29年政令第294号）別表に規定するショベル系掘削機、ブルドーザー、トラクターショベル及びモーターグレーダー、土砂等を運搬する貨物自動車であって自動車検査証（道路運送車両法（昭和26年法律第185号）第60条第１項の自動車検査証をいう。）において車体の形状欄に「ダンプ」、「ダンプフルトレーラ」又は「ダンプセミトレーラ」と記載があるもの並びに労働安全衛生法施行令（昭和47年政令第318号）第12条第１項第４号に規定するつり上げ荷重が３トン以上の移動式クレーン、同令第13条第３項第34号に規定する作業床の高さが２メートル以上の高所作業車、同令別表７第４号に掲げる締固め用機械及び同表第６号に掲げる解体用機械の合計台数（以下「建設機械の所有及びリース台数」という。）をいう。）

8　次に掲げる審査基準日における国又は国際標準化機構が定めた規格による認証又は登録の状況（認証範囲に建設業が含まれていないもの及び認証範囲が一部の支店等に限られているものは除く。）

(一)　エコアクション21による認証の状況

(二)　国際標準化機構第9001号による登録の状況

(三)　国際標準化機構14001号による登録の状況

第二　審査の基準は、次の各号に定めるとおりとする。

一　経営規模に係る審査の基準

1　第一の一の１に掲げる当期事業年度開始日の直前２年又は直前３年の各事業年度における完成工事高について算定した許可を受けた建設業に係る建設工事の種類別年間平均完成工事高については、そのいずれかの額が、別表第１の区分の欄のいずれに該当するかを、許可を受けた建設業に係る建設工事の種類ごとに審査すること。

2　第一の一の２に掲げる基準決算における自己資本の額又は平均自己資本額については、そのいずれかの額が、別表第２の区分の欄のいずれに該当するかを審査すること。

3　第一の一の３に掲げる平均利益額については、その額が、別表第３の区分の欄のいずれに該当するかを審査すること。

二　経営状況に係る審査の基準

　　第一の二に掲げる比率等については、付録第一に定める算式によって算出した点数を求めること。ただし、国土交通大臣が次に掲げる要件のいずれにも適合するものとして認定した企業集団に属する会社のうち子会社（財務諸表等の用語、様式及び作成方法に関する規則（昭和38年大蔵省令第59号。以下この号において「財務諸表等規則」という。）第８条第３項に規定する子会社をいう。以下この号において同じ。）については、親会社（財務諸表等規則第８条第３項に規定する親会社をいう。以下この号において同じ。）の提出する連結財務諸表（一般に公正妥当と認められる企業会計の基準に準拠して作成された連結貸借対照表、連結損益計算書、連結株主資本等変動計算書及び連結キャッシュ・フロー計算書をいう。以下この号において同じ。）に基づき審査するものとする。

　　㈠　親会社が会計監査人設置会社であり、かつ、次に掲げる要件のいずれかに該当するものであること。

　　　イ　有価証券報告書提出会社である場合においては、子会社との関係において、財務諸表等規則第８条第４項各号に掲げる要件のいずれかを満たすものであること。

　　　ロ　有価証券報告書提出会社以外の場合においては、子会社の議決権の過半数を自己の計算において所有しているものであること。

　　㈡　子会社が次に掲げる要件のいずれにも該当する建設業者であること。

　　　イ　売上高が企業集団の売上高の100分の５以上を占めているものであること。

　　　ロ　単独で審査した場合の経営状況の評点が、親会社の提出する連結財務諸表を用いて審査した場合の経営状況の評点の３分の２以上であるものであること。

三　技術力に係る審査の基準

　１　第一の三の１に掲げる審査基準日における技術職員の数については、審査基準日における許可を受けた建設業の種類別の同号の１の㈠のから㈥に掲げる者の数に、同号の１の㈠に掲げる者の数にあっては６を、同号の１の㈡に掲げる者の数にあっては５を、同号の１の㈢に掲げる者の数にあっては４を、同号の１の㈣に掲げる者の数にあっては３を、同号の１の㈤に掲げる者の数にあっては２を、同号の１の㈥に掲げる者の数にあっては１をそれぞれ乗じて得た数値の合計数値（別表第４において「技術職員数値」という。）を、許可を受けた建設業の種類ごとにそれぞれ求め、これらが別表第４の区分の欄のいずれに該当するかを審査すること。

　２　第一の三の２に掲げる当期事業年度開始日の直前２年又は直前３年の各事業年度における元請完成工事高について算定した許可を受けた建設業に係る建設工事の種類別年間平均元請完成工事高については、そのいずれかの額が、別表第五の区分の欄のいずれに該当するかを、許可を受けた建設業に係る建設工事の種類ごとに審査すること。ただし、第一の一の１において当期事業年度開始日の直前２年又は直前３年の各事業年度における完成工事高について選択した基準と同一の基準とすること。

四　その他の審査項目（社会性等）に係る審査の基準

　１　次に掲げる建設工事の担い手の育成及び確保に関する取組の状況

　　㈠　第一の四の１の㈠から㈥に掲げる雇用保険加入の有無、健康保険加入の有無、厚生年金保険加入の有無、建設業退職金共済制度加入の有無、退職金一時金制度導入の有無及び法定外労働災害補償制度加入の有無については、付録第二に定める算式

によって算出した点数を求めること。

㈡　次に掲げる若年の技術者及び技能労働者の育成及び確保の状況

　　イ　第一の四の１の㈦のイに掲げる若年技術職員の継続的な育成及び確保の状況については、別表第６の区分の欄のいずれに該当するかを審査すること。

　　ロ　第一の四の１の㈦のロに掲げる新規若年技術職員の育成及び確保の状況については、別表第７の区分の欄のいずれに該当するかを審査すること。

㈢　第一の四の１の㈧に掲げる知識及び技術又は技能の向上に関する建設工事に従事する者の取組の状況については、付録第３に定める算式によって算出した数値が、別表第８の区分の欄のいずれに該当するかを審査すること。

㈣　第一の四の１の㈨に掲げるワークライフバランスに関する取組の状況については、別表第９の区分の欄のいずれに該当するかを審査すること。

㈤　第一の四の１の㈩に掲げる建設工事に従事する者の就業履歴を蓄積するために必要な措置の実施状況については、別表第10の区分のいずれに該当するかを審査すること。

２　次に掲げる建設業の営業継続の状況

㈠　第１の四の２の㈠に掲げる営業年数については、当該年数が、別表第11の区分の欄のいずれに該当するかを審査すること。

㈡　第１の四の２の㈡に掲げる民事再生法又は会社更生法の適用の有無については、民事再生法又は会社更生法の適用の有無が、別表第12の区分の欄のいずれに該当するかを審査すること。

３　第一の四の３に掲げる防災協定締結の有無については、防災協定締結の有無が、別表第13の区分の欄のいずれに該当するかを審査すること。

４　第一の四の４に掲げる法令遵守の状況については、建設業法第28条の規定により指示をされ、又は営業の全部若しくは一部の停止を命ぜられたことの有無が、別表第14の区分の欄のいずれに該当するかを審査すること。

５　次に掲げる建設業の経理に関する状況

㈠　第一の四の５の㈠に掲げる監査の受審状況については、会計監査人若しくは会計参与の設置の有無又は建設業の経理実務の責任者のうち第一の四の５の㈡のイに該当する者が経理処理の適正を確認した旨の書類に自らの署名を付したものの提出の有無が、別表第15の区分の欄のいずれに該当するかを審査すること。

㈡　第一の四の５の㈡に掲げる職員の数については、同号の５の㈡のイに掲げる者の数に、同号の５の㈡のロに掲げる者の数に10分の４を乗じて得た数を加えた合計数値（別表第16において「公認会計士等数値」という。）が、年間平均完成工事高に応じて、別表第16の区分の欄のいずれに該当するかを審査すること。

６　第一の四の６に掲げる平均研究開発費の額については、当該金額が、別表第17の区分のいずれに該当するかを審査すること。

７　第１の四の７に掲げる建設機械の保有状況については、建設機械の所有及びリース台数が、別表第18の区分の欄のいずれに該当するかを審査すること。

８　第１の四の８に掲げる国際標準化機構が定めた規格による登録の状況については、エコアクション21による認証又は国際標準化機構第9001号又は第14001号の規格による登録の有無が、別表第19の区分の欄のいずれに該当するかを審査すること。

附則

一　建設業法第15条第2号イに該当する者のうち、当期事業年度開始日の直前5年以内であって平成16年2月29日以前に交付された資格者証を所持しているもの、及び当期事業年度開始日の直前5年以内かつ平成16年2月29日以前に指定講習（平成15年6月18日改正前の建設業法第27条の18第4項の規定により国土交通大臣が指定する講習をいう。）を受講した者であって平成16年3月1日以降に交付された資格者証を所持しているものについては、第一の三の1の㈠に掲げる者に該当するものとみなす。

二　審査の対象とする建設業者が、効力を有する政府調達に関する協定を適用している国又は地域その他我が国に対して建設市場が開放的であると認められる国又は地域（以下「協定適用国等」という。）に主たる営業所を有する建設業者又は我が国に主たる営業所を有する建設業者のうち協定適用国等に主たる営業所を有する者が当該建設業者の資本金の額の2分の1以上を出資しているもの（以下「外国建設業者」という。）である場合における第二の三の1並びに第二の四の1、2、5及び6の規定の適用については、当分の間、当該各規定にかかわらず、それぞれ次に定めるところによる。

　　1　第二の三の1の規定の適用については、同号中「1の㈠に掲げる者の数」とあるのは「1の㈠に掲げる者の数及び当該者と同等以上の潜在的能力があると国土交通大臣が認定した者の数の合計数」と、「1の㈡に掲げる者の数」とあるのは「1の㈡に掲げる者の数及び当該者と同等以上の潜在的能力があると国土交通大臣が認定した者の数の合計数」と、「1の㈢に掲げる者の数」とあるのは「1の㈢に掲げる者の数及び当該者と同等以上の潜在的能力があると国土交通大臣が認定した者の数の合計数」と、「1の㈣に掲げる者の数」とあるのは「1の㈣に掲げる者の数及び当該者と同等以上の潜在的能力があると国土交通大臣が認定した者の数の合計数」と、「1の㈤に掲げる者の数」とあるのは「1の㈤に掲げる者の数及び当該者と同等以上の潜在的能力があると国土交通大臣が認定した者の数の合計数」とする。

　　2　第二の四の1の規定の適用については、付録第2中「しているとされたものの数」とあるのは「しているとされたもの（これらの各項目について加入又は導入をしている場合と同等の場合であると国土交通大臣が認定した場合における当該認定した項目を含む。）の数」とする。

　　3　第二の四の2の規定の適用については、同号の2中「当該年数」とあるのは「当該年数及び協定適用国等において建設業を営んでいた年数で国土交通大臣が認定したものの合計年数」とする。

　　4　第二の四の5の㈠の適用については、第二の四の5の㈠中「会計参与の設置の有無又は」とあるのは「会計参与の設置の有無若しくは」とし、「提出の有無」とあるのは「提出の有無又はこれと同等以上の措置として国土交通大臣が認定した措置の有無」とする。

　　5　第二の四の5の㈡の適用については、第二の四の5の㈡中「同号の5の㈡のイに掲げる者の数」とあるのは「同号の5の㈡のイに掲げる者の数及び当該者と同等以上の潜在的能力があると国土交通大臣が認定した者の数の合計数」と、「同号の5の㈡のロに掲げる者の数」とあるのは「、同号の5の㈡のロに掲げる者の数及び当該者と同等以上の潜在的能力があると国土交通大臣が認定した者の数の合計数」とする。

　　6　第二の四の6の適用については、同号中「当該金額」とあるのは「当該金額及びこれ

と同等のものとして国土交通大臣が認定した額の合計額」とする。

三　国土交通大臣が外国建設業者の属する企業集団について、次に掲げる要件に適合するものとして一体として建設業を営んでいると認定した場合においては、当分の間、第一に掲げる各項目（第一の四の1の㈠から㈢まで、3及び4に掲げる項目を除く。）については、国土交通大臣が当該企業集団について認定した数値をもって当該各項目の数値として審査するものとする。

　㈠　当該外国建設業者の属する企業集団が一体として建設業を営んでいることについて、当該企業集団の中心となる者であって協定適用国等に主たる営業所を有するものによる証明があること。

　㈡　当該外国建設業者の属する企業集団に財務諸表の連結その他の密接な関係があること。

四　企業結合により経営基盤の強化を行おうとする建設業者であって、国土交通大臣が次に掲げる要件のいずれにも適合するものとして認定した企業集団に属するものについては、国土交通大臣が当該企業集団について認定した数値等をもって、第一に掲げる各項目の数値等として審査するものとする。

　㈠　財務諸表等の用語、様式及び作成方法に関する規則第8条第3項に規定する親会社（以下単に「親会社」という。以下同じ。）とその子会社（同項に規定する子会社をいう。）からなる企業集団であること。

　㈡　親会社が金融商品取引法（昭和23年法律第25号）第24条第1項の規定により有価証券報告書を内閣総理大臣に提出しなければならない者であること。

　㈢　企業集団を構成する建設業者が主として営む建設業の種類がそれぞれ異なる等相互の機能分化が相当程度なされていると認められること。

五　一の建設業者の経営事項審査において四の規定により認定した数値等をもって審査が行われた場合にあっては、当該建設業者の属する企業集団に属する他の建設業者は、当該数値等をもって経営事項審査の申請を行うことはできないものとする。

六　企業結合により経営基盤の強化を行おうとする建設業者であって、国土交通大臣が次に掲げる要件のいずれにも適合するものとして認定した企業集団に属するものについては、国土交通大臣が当該企業集団に属する建設業者について認定した数値をもって、第一の三の1に掲げる技術職員数及び第一の四の5の㈡に掲げる職員の数として審査するものとする。

　㈠　親会社とその子会社からなる企業集団であること。

　㈡　親会社が次のいずれにも該当するものであること。

　　イ　親会社が子会社の発行済株式の総数を有する者であること。

　　ロ　金融商品取引法第24条の規定により有価証券報告書を内閣総理大臣に提出しなければならない者であること。

　　ハ　経営事項審査を受けていない者であること。

　　ニ　主として企業集団全体の経営管理を行うものであること。

　㈢　子会社が建設業者であること。

七　我が国に主たる営業所を有する建設業者であって、国土交通大臣が次に掲げる要件のいずれにも適合するものとして認定した子会社を外国に有するものについては、国土交通大臣が当該子会社について認定した数値を当該建設業者の種類別年間平均完成工事高に加え

た数値をもって第一の一の1に掲げる項目の数値として審査し、かつ、国土交通大臣が当該建設業者及び当該子会社について認定した数値をもって同号の2及び同号の3に掲げる項目の数値として審査するものとする。

㈠　経営事項審査を受けていない者であること。

㈡　主たる事業として建設業を営む者であること。

（別表と付録は省略）

# 経営規模等評価の申請及び総合評定値の請求の時期及び方法等を定めた件

平成16年4月19日　国土交通省告示第482号

最終改正　令和4年8月15日　国土交通省告示第827号（この告示は、令和5年1月1日から施行する。）

　　建設業法施行規則（昭和24年建設省令第14号。以下「規則」という。）第19条の6第1項及び第21条の2第1項の規定により、国土交通大臣に対してする経営規模等評価の申請及び総合評定値の請求の時期及び方法等を定めたので公示する。

第1　申請の時期

　　日曜日及び土曜日、国民の祝日に関する法律（昭和23年法律第178号）に規定する休日並びに12月29日から翌年の1月3日までの日（国民の祝日に関する法律に規定する休日を除く。）を除き、申請者の主たる営業所の所在地を管轄する都道府県知事（以下「経由都道府県知事」という。）により公示された日において、経営規模等評価の申請及び総合評定値の請求を受け付けるものとする。

第2　申請の方法

　　一に掲げる書類を二に規定する方法により提出して申請するものとする。

　一　提出書類

　　イ　申請書及び添付書類

　　　　次に掲げる書面とする。但し、規則の規定により提出を要しないものとされた場合にあっては、この限りではない。

　　　1　規則別記様式第25号の11による経営規模等評価申請書及び総合評定値請求書

　　　2　規則別記様式第2号による工事経歴書

　　　3　規則別記様式第25号の10による経営状況分析結果通知書

　　ロ　確認書類

　　　　申請者が次に掲げる書類を有する場合にあっては、次に掲げる書類、これを有しない場合にあっては、これに準ずる書類とする。

　　　1　審査対象営業年度の消費税確定申告書の控え及び添付書類の写し並びに消費税納税証明書の写し

　　　2　工事経歴書に記載されている工事に係る工事請負契約書の写し又は注文書及び請書の写し

　　　3　法人税申告書別表（別表16(1)及び(2)）の写し並びに規則別記様式第15号及び第16号による貸借対照表及び損益計算書の写し

　　　4　健康保険及び厚生年金保険に係る標準報酬の決定を通知する書面又は住民税特別徴収税額を通知する書面の写し

　　　5　規則別記様式第25号の11別紙2による技術職員名簿に記載されている職員に係る次に掲げる書類

　　　　(1)検定若しくは試験の合格証その他の当該職員が有する資格を証明する書面等の写し

　　　　(2)事業所の名称が記載された健康保険被保険者証の写し又は雇用保険被保険者資格取得確認通知書の写し

⑶継続雇用制度の適用を受けている職員についてはそれを証明する書面及び同制度について定めた労働基準監督署長の印のある就業規則又は労働協約の写し

6　労働保険概算・確定保険料申告書の控え及びこれにより申告した保険料の納入に係る領収済通知書の写し

7　健康保険及び厚生年金保険の保険料の納入に係る領収証書の写し又は納入証明書の写し

8　建設業退職金共済事業加入・履行証明書（経営事項審査用）の写し

9　中小企業退職金共済制度若しくは特定退職金共済団体制度への加入を証明する書面、労働基準監督署長の印のある就業規則又は労働協約の写し

10　企業年金制度又は退職一時金制度に係る書類であって、次に掲げるいずれかの書類

⑴厚生年金基金への加入を証明する書面、適格退職金年金契約書、確定拠出年金運営管理機関の発行する確定拠出年金への加入を証明する書面、確定給付企業年金の企業年金基金の発行する企業年金基金への加入を証明する書面又は資産管理運用機関との間の契約書の写し

⑵公益財団法人建設業福祉共済団、一般社団法人全国建設業労災互助会、一般社団法人全国労働保険事務組合連合会又は中小企業等協同組合法（昭和24年法律第181号）第27条の２第１項の規定により設立の認可を受けた者であって、同法第９条の６の２第１項又は同法第９条の９第５項において準用する第９条の６の２第１項の規定による認可を受けた共済規程に基づき共済事業を行うものの労働災害補償制度への加入を証明する書面又は労働災害総合保険若しくは準記名式の普通傷害保険の保険証券の写し

11　建設業法第７条第２号イ、ロ若しくはハ又は同法第15条第２号イ、ロ若しくはハに該当する者又は１級若しくは２級の第１次検定に合格した者が取得したCPD単位数を証する書面等の写し

12　建設技能者の能力評価制度に関する告示（平成31年国土交通省告示第460号）第３条第２項の規定により同項の認定を受けた能力評価基準により、審査基準日における許可を受けた建設業に従事する職員が受けた評価を証する書面等の写し

13　女性の職業生活における活躍の推進に関する法律（平成27年法律第64号）、次世代育成支援対策推進法（平成15年法律第120号）又は青少年の雇用の促進等に関する法律（昭和45年法律第98号）に基づく認定を取得していることを証する書面の写し

14　建設工事に従事する者の就業履歴を蓄積するために必要な措置を実施したことを誓約する書面

15　審査対象営業年度に再生手続開始又は更生手続開始の決定を受けた場合にあってはその決定日を証明する書面の写し

16　審査対象営業年度に再生手続終結又は更生手続終結の決定を受けた場合にあってはその決定日を証明する書面の写し

17　防災協定書の写し（申請者の所属する団体が防災協定を締結している場合にあっては、当該団体への加入を証明する書類及び防災活動に対し一定の役割を果たすことを証明する書類）

18　有価証券報告書若しくは監査証明書の写し、会計参与報告書の写し又は建設業の経理実務の責任者のうち建設業法第27条の23第3項の経営事項審査の項目及び基準を定める件（平成20年国土交通省告示第85号）第一の四の5の㈡のイに掲げる者のいずれかに該当する者が経理処理の適正を確認した旨の書類に自らの署名を付したもの

19　規則別記様式第25号の7の2による登録経理試験の合格証の写し、平成17年度までに実施された建設業経理事務士検定試験の1級試験若しくは2級試験の合格証の写し又は規則別記様式第25号の10による登録経理講習の修了証の写し

20　規則別記様式第17号の2による注記表の写し

21　建設機械の売買契約書の写し又はリース契約書の写し

22　建設機械に係る特定自主検査記録表、自動車検査証又は移動式クレーン検査証の写し

23　エコアクション21により認証されていること又は国際標準化機構第9001号若しくは第14001号の規格により登録されていることを証明する書面の写し

24　申請者が作成建設業者又は下請負人となった建設工事に関する施工体制台帳のうち、申請者に所属する建設工事に従事する者に関する次に掲げる事項が記載された部分

　⑴　氏名、生年月日及び年齢

　⑵　職種

　⑶　健康保険法（大正11年法律第70号）又は国民健康保険法（昭和33年法律第192号）による医療保険、国民年金法（昭和34年法律第141号）又は厚生年金保険法（昭和29年法律第105号）による年金及び雇用保険法（昭和49年法律第116号）による雇用保険の加入等の状況

二　提出の方法

　　経由都道府県知事に提出するものとする。

第3　経営規模等評価の申請及び総合評定値の請求に係る手数料の納付方法

　　経営規模等評価の申請に係る手数料については、8100円に審査対象建設業1種類につき2300円として計算した額を加算した額を、総合評定値の請求に係る手数料については、400円に審査対象建設業一種類につき200円として計算した額を加算した額を収入印紙により納付するものとする。

第4　経営規模等評価の結果及び総合評定値の通知

　　経営規模等評価の結果又は総合評定値の通知は、規則別記様式第25号の15により通知するものとする。

第5　再審査の方法

一　経営規模等評価の結果について異議があるときは、当該経営規模等評価の結果の通知を受けた日から30日以内に限り、次に掲げる書類を国土交通大臣に提出して再審査を申し立てることができる。

　　経営規模等評価の結果及び総合評定値を通知したときは、再審査の申立てについても経営規模等評価の結果及び総合評定値を通知することとし、総合評定値の通知に係る手数料については納付を要しない。

　イ　規則別記様式第25号の14による経営規模等評価再審査申立書

ロ　再審査の申立てに係る経営規模等評価結果通知書及び総合評定値通知書の写し

　　ハ　異議のある審査項目についてその事実の確認に必要な書類

　二　経営事項審査の基準その他の評価方法（経営規模等評価に係るものに限る。）が改正
　　された場合であって、当該改正前の評価方法に基づく経営規模等評価の通知を受けてい
　　るときは、当該改正の日から120日以内に限り、次に掲げる書類を申請者の経由都道府
　　県知事を経由して国土交通大臣に提出して再審査を申し立てることができる。

　　　経営規模等評価の結果及び総合評定値を通知したときは、再審査の申立てについても
　　経営規模等評価の結果及び総合評定値を通知することとし、総合評定値の通知に係る手
　　数料については納付を要しない。

　　イ　規則別記様式第25号の11による経営規模等評価再審査申立書

　　ロ　再審査の申立てに係る経営規模等評価結果通知書及び総合評定値通知書の写し

第6　この公示に関する問合せ先

　　申請者の主たる営業所の所在地を管轄する地方整備局及び北海道開発局建設業担当課

# 行政書士会所在地

（2023年3月現在）

| | | 所在地等 | |
|---|---|---|---|
| 日本行政書士会連合会 | 〒105-0001 | 東京都港区虎ノ門4－1－28 虎ノ門タワーズオフィス10階<br>http://www.gyosei.or.jp/ | ℡03-6435-7330 |
| 北海道 | 〒060-0001 | 北海道札幌市中央区北1条西10－1－6 北海道行政書士会館<br>http://www.do-gyosei.or.jp/ | ℡011-221-1221 |
| 青森県 | 〒030-0966 | 青森県青森市花園1－7－16<br>http://aomori-kai.gyosei.or.jp/ | ℡017-742-1128 |
| 岩手県 | 〒020-0024 | 岩手県盛岡市菜園1－3－6 農林会館5階<br>http://iwate-gyosei.jp/ | ℡019-623-1555 |
| 宮城県 | 〒980-0852 | 宮城県仙台市宮城野区榴岡4－5－22<br>http://www.miyagi-gyosei.or.jp/ | ℡022-261-6768 |
| 秋田県 | 〒010-0951 | 秋田県秋田市山王4－4－14 秋田県教育会館3階<br>http://www.akitaken-gyoseishoshi.or.jp/ | ℡018-864-3098 |
| 山形県 | 〒990-2432 | 山形県山形市荒楯町1－7－8 山形県行政書士会館<br>http://www.y-gyosei.jp/ | ℡023-642-5487 |
| 福島県 | 〒963-8877 | 福島県郡山市堂前町10－10<br>http://www.fukushima-gyosei.jp/ | ℡024-973-7161 |
| 茨城県 | 〒310-0852 | 茨城県水戸市笠原町978－25 茨城県開発公社ビル5階<br>http://www.ibaraki-gyosei.or.jp/ | ℡029-305-3731 |
| 栃木県 | 〒320-0046 | 栃木県宇都宮市西一の沢町1－22 栃木県行政書士会館<br>http://www.gt9.or.jp/gyosei | ℡028-635-1411 |
| 群馬県 | 〒371-0017 | 群馬県前橋市日吉町1－8－1 前橋商工会議所4階<br>http://www.gunma-gyosei.jp/ | ℡027-234-3677 |
| 埼玉県 | 〒330-0062 | 埼玉県さいたま市浦和区仲町3-11-11 埼玉県行政書士会館<br>http://www.sglsa.jp/ | ℡048-833-0900 |
| 千葉県 | 〒260-0013 | 千葉県千葉市中央区中央4－13－10 千葉県教育会館4階<br>http://www.chiba-gyosei.or.jp/ | ℡043-227-8009 |
| 東京都 | 〒150-0045 | 東京都渋谷区神泉町8－16 渋谷ファーストプレイス4階<br>http://www.tokyo-gyosei.or.jp/ | ℡03-3477-2881 |
| 神奈川県 | 〒231-0023 | 神奈川県横浜市中区山下町2 産業貿易センタービル7階<br>http://www.kana-gyosei.or.jp/ | ℡045-641-0739 |
| 山梨県 | 〒400-0031 | 山梨県甲府市丸の内3－27－5 山梨県行政書士会館<br>http://www.y-gyosei.or.jp/ | ℡055-237-2601 |
| 長野県 | 〒380-0836 | 長野県長野市南県町1009－3 長野県行政書士会館<br>http://www.nagano-gyosei.or.jp/ | ℡026-224-1300 |
| 新潟県 | 〒950-0911 | 新潟県新潟市中央区笹口3－4－8 新潟県行政書士会館<br>http://www.niigata-gyousei.or.jp/ | ℡025-255-5225 |
| 富山県 | 〒930-0085 | 富山県富山市丸の内1－8－15 余川ビル2階<br>http://www.toyama-gyosei.or.jp/ | ℡076-431-1526 |

| | | | |
|---|---|---|---|
| 石川県 | 〒920-8203 | 石川県金沢市鞍月２－２ 石川県繊維会館３階<br>http://www.ishikawagyousei.org/ | ℡076-268-9555 |
| 岐阜県 | 〒500-8113 | 岐阜県岐阜市金園町１－16 NCリンクビル３階<br>http://www.gifu-gyosei.or.jp/ | ℡058-263-6580 |
| 静岡県 | 〒420-0856 | 静岡県静岡市葵区駿府町２－113 静岡県行政書士会館<br>http://www.sz-gyosei.jp/ | ℡054-254-3003 |
| 愛知県 | 〒461-0004 | 愛知県名古屋市東区葵１－15－30 愛知県行政書士会館<br>http://www.aichi-gyosei.or.jp/ | ℡052-931-4068 |
| 三重県 | 〒514-0006 | 三重県津市広明町328 津ビル２階<br>http://mie-gyoseisyoshi.jp/ | ℡059-226-3137 |
| 福井県 | 〒910-0005 | 福井県福井市３－４－１ 福井放送会館３階Ｋ室<br>https://fukui-gyousei.org/ | ℡0776-27-7165 |
| 滋賀県 | 〒520-0056 | 滋賀県大津市末広町２－１ 滋賀県行政書士会館<br>http://www.gyosei-shiga.or.jp/ | ℡077-525-0360 |
| 京都府 | 〒601-8034 | 京都府京都市南区東九条南河辺町85－３ 京都府行政書士会館<br>http://www.kyoto-shoshi.jp/ | ℡075-692-2500 |
| 大阪府 | 〒540-0024 | 大阪府大阪市中央区南新町１－３－７<br>http://www.osaka-gyoseishoshi.or.jp/ | ℡06-6943-7501 |
| 兵庫県 | 〒650-0044 | 兵庫県神戸市中央区東川崎町１－１－３ 神戸クリスタルタワー13階<br>http://www.hyogokai.or.jp/ | ℡078-371-6361 |
| 奈良県 | 〒630-8241 | 奈良県奈良市高天町10－１ Ｔ.Ｔビル３階<br>http://www.gyoseinara.or.jp/ | ℡0742-95-5400 |
| 和歌山県 | 〒640-8155 | 和歌山県和歌山市九番丁１ 中谷ビル２階<br>http://www.g-wakayama.org/ | ℡073-432-9775 |
| 鳥取県 | 〒680-0845 | 鳥取県鳥取市富安２－159 久本ビル５階<br>http://tottori-kai.gyosei.or.jp/ | ℡0857-24-2744 |
| 島根県 | 〒690-0888 | 島根県松江市北堀町15 島根県北堀町団体ビル２階<br>http://www.kyoninka.or.jp/ | ℡0852-21-0670 |
| 岡山県 | 〒700-0822 | 岡山県岡山市北区表町３－11－50－501 ハレミライ千日前５階<br>http://www.okayama-gyosei.or.jp/ | ℡086-222-9111 |
| 広島県 | 〒730-0037 | 広島県広島市中区中町８－18 広島クリスタルプラザ10階<br>http://www.hiroshima-kai.or.jp/ | ℡082-249-2480 |
| 山口県 | 〒753-0042 | 山口県山口市惣太夫町２－２ 山口県土地家屋調査士会館３階<br>http://www.yamagyo.com/ | ℡083-924-5059 |
| 徳島県 | 〒770-0873 | 徳島県徳島市東沖洲２－１－８ マリンピア沖洲内<br>http://www.toku-gyosei.org/ | ℡088-679-4440 |
| 香川県 | 〒761-0301 | 香川県高松市林町2217－15 香川産業頭脳化センター４階407号<br>http://www.k-gyosei.net/ | ℡087-866-1121 |
| 愛媛県 | 〒790-0877 | 愛媛県松山市錦町98－１ 愛媛県行政書士会館<br>http://www.e-gyosei.or.jp/ | ℡089-946-1444 |
| 高知県 | 〒780-0935 | 高知県高知市旭町２－59－１ アサヒプラザ２階<br>http://kochi-gyosei.jp/ | ℡088-802-2343 |
| 福岡県 | 〒812-0045 | 福岡県福岡市博多区東公園２－31 福岡県行政書士会館<br>http://www.gyosei-fukuoka.or.jp/ | ℡092-641-2501 |

| | | | |
|---|---|---|---|
| 佐賀県 | 〒849-0937 | 佐賀県佐賀市鍋島３－15－23 佐賀県行政書士会館<br>http://capls.or.jp/ | TEL0952-36-6051 |
| 長崎県 | 〒850-0022 | 長崎県長崎市馬町48－1 長崎県市町村会館馬町別館５階<br>http://www.gyosei-nagasaki.com/ | TEL095-826-5452 |
| 熊本県 | 〒862-0956 | 熊本県熊本市中央区水前寺公園13－36<br>http://www.kumagyou.jp/ | TEL096-385-7300 |
| 大分県 | 〒870-0045 | 大分県大分市舞鶴町１－３－28 ネクスト舞鶴ビル２階<br>https://gyosei-oita.jp/ | TEL097-537-7089 |
| 宮崎県 | 〒880-0812 | 宮崎県宮崎市高千穂通１－５－35 グラン高千穂１階<br>http://mz-gyousei.org/ | TEL0985-24-4356 |
| 鹿児島県 | 〒890-0062 | 鹿児島県鹿児島市与次郎２－４－35 ＫＳＣ鴨池ビル202<br>http://kagyousei.com/ | TEL099-253-6500 |
| 沖縄県 | 〒901-2132 | 沖縄県浦添市伊祖４－６－２ 沖縄県行政書士会館<br>http://okigyo.or.jp/ | TEL098-870-1488 |

# 参考図書

『新しい建設業経営事項審査申請の手引』　建設業許可行政研究会編著（大成出版社刊）

『建設業経営事項審査申請・監理技術者制度の手引き』

建設省建設経済局建設業課監修（大成出版社刊）

『建設業経営事項審査基準の解説』　建設業法研究会監修（大成出版社刊）

『Q＆A　新経営事項審査のすべて』

建設産業システム研究会編著（日本コンサルタントグループ刊）

『中小建設業相談事例集　Q＆A　経営事項審査編』（東日本建設業保証刊）

『経営事項審査申請説明書』　東京都都市計画局建築指導部建政課

『経営事項審査申請に関する説明書』　千葉県・㈶建設業情報管理センター千葉県支部

『Digital Libray　経営事項審査』　中西豊講師（クリックス刊）

『建設業関係法令集』　建設業法研究会編集（大成出版社刊）

『工事契約実務要覧』　国土交通省大臣官房地方課監修（新日本法規出版刊）

『建設業法解説』　建設業法研究会編著（大成出版社刊）

『改正建設業法Q＆A』　清水良章著（同文舘出版刊）

『改正　建設業法の解説』　建設省建設経済局建設業課監修（大成出版社刊）

「経営状況分析申請の手引き」㈶建設業情報管理センター　大阪府・神奈川県・千葉県支部

『建設業会計提要』　建設工業経営研究会編（大成出版社刊）

『建設業会計概説　1級（財務分析)』

建設省建設経済局建設振興課監修　㈶建設業振興基金編集発行（尚友出版刊）

『建設業経理事務士用語事典』

経営総合コンサルタント協会・KSS建設業会計研究会編著（大成出版社刊）

『建設業会計実務ハンドブック』

㈶建設業振興基金建設業経理研究会編著（建設産業経理研究所刊）

『会計制度改革と建設業経理』　飯野利夫監修　東海幹夫編集（建設産業経理研究所刊）

『建設業の許可の手びき』　建設業許可行政研究会編著（大成出版社刊）

『建設業許可Q＆A』　全国建行協編著（日刊建設通信新聞社刊）

『建設業許可の手引き』　東京都・神奈川県

『公共工事契約実務の知識』　公共工事契約実務研究会編著（建設総合サービス刊）

『新しい公共工事入札・契約制度』

建設省建設経済局建設業課監修　㈶建設業振興基金編集発行（尚友出版刊）

『一般競争Q＆A』　産業政策研究会編著（日刊建設通信新聞社刊）

『解説　新しい入札契約制度のすべて』　建設業行政研究会編著（建設行政出版センター刊）

『公共入札・契約制度実務ハンドブック』　入札問題研究会編著（大成出版社刊）

『一括下請負の禁止の徹底運用実務ハンドブック』　清文社東京編集部編（清文社刊）

『建設業法と技術者制度』　建設業技術者制度研究会編著（大成出版社刊）

『建設関係資格取得マニュアル』　㈶地域開発研究所編（㈶地域開発研究所刊）

『建設マンのための資格取得の手引き』『建設実務』編集部編（清文社刊）

『履行ボンドＱ＆Ａ』　産業政策研究会編著（日刊建設通信新聞社刊）

『問答式による　新しい履行保証制度の解説』

　　　　　　　　　　　　　　　　　　公共工事履行保証研究会編著（大成出版社刊）

『国土交通省オンライン申請Ｑ＆Ａ』

　　　　　　　　　　　　　　国土交通省オンライン申請研究会編著（ぎょうせい刊）

『インターネット電子申請』　電子申請推進コンソーシアム編（オーム社刊）

『図解　ISOのしくみ』　岩戸康太郎・河崎義一著（ナツメ社刊）

『対訳　ISO9001品質マネジメントの国際規格』　日本規格協会編（日本規格協会刊）

『私たちの挑戦ISO9001：2000年版マニュアル実例』

　　　　　　　　　　スギモト建設・国益建設・水津敦史著（日刊建設通信新聞社刊）

『全国ゼネコンの経営実態　会計情報による非上場建設企業分析』

　　　　　　　　　　㈶建設業振興基金建設業経理研究会編著（建設産業経理研究所刊）

『中小建設業の経営実務』　糸魚川昭生著（鹿島出版会刊）

『建設業の財務統計指標』　東日本建設業保証・建設経営サービス

『激動期の建設業』　小沢道一著（大成出版社刊）

『建設投資の経済学』　長谷部俊治著（日刊建設通信新聞社刊）

『建設業の新分野進出』　米田雅子編著（東洋経済新報社刊）

『建設人ハンドブック』　日刊建設通信新聞社編（日刊建設通信新聞社刊）

『建設業コスト管理の極意』　中村秀樹・志村満・降籏達生著（日刊建設通信新聞社刊）

『3訂版　建設業許可・経審・入札参加資格ハンドブック』　塩田英治著（日本法令刊）

『中小企業建設業者のための「公共工事」受注の最強ガイド』　小林裕門著（アニモ出版刊）

# 一般社団法人全国建行協会員名簿

（2023年4月現在）

| 氏　　　名 | 住　　　　　所 | |
|---|---|---|
| 板垣　俊夫 | 〒003-0029　北海道札幌市白石区平和通17－北5－7 | ℡011-374-4127 |
| 城戸　隆秀 | 〒030-0843　青森県青森市浜田豊田509 | ℡017-752-1555 |
| 中屋敷　裕 | 〒020-0121　岩手県盛岡市月が丘1－17－7 | ℡019-645-0370 |
| 細川　榮子 | 〒028-3626　岩手県紫波郡矢巾町岩清水11－27－2 | ℡019-697-5770 |
| 辺見　慶一 | 〒981-0504　宮城県東松島市小松字若葉9－4 | ℡0225-82-5933 |
| 山田　敏郎 | 〒986-0011　宮城県石巻市湊字大門崎284－6 | ℡0225-93-8271 |
| 高橋　健之 | 〒987-0621　宮城県登米市中田町宝江黒沼字逢原30－1 | ℡0220-23-7848 |
| 阿部　雅俊 | 〒986-0854　宮城県石巻市大街道北4-7-84　セフィーラタウンB201号 | ℡0225-90-4302 |
| 佐々木信子 | 〒016-0879　秋田県能代市不老岱39－5 | ℡0185-54-6820 |
| 相場　忠義 | 〒010-0921　秋田県秋田市大町2－7－7 | ℡018-864-7259 |
| 川村　良喜 | 〒010-0917　秋田県秋田市泉中央6－5－18　シャロム泉1階 | ℡018-824-8171 |
| 根田　明樹 | 〒010-0951　秋田県秋田市山王5－5－23 | ℡018-863-3223 |
| 今野　信子 | 〒014-0047　秋田県大曲市須和町2－3－21－4 | ℡0187-62-5756 |
| 真田　正明 | 〒011-0924　秋田県秋田市土崎港北1－8－18 | ℡018-847-5085 |
| 堀井　潤 | 〒010-0902　秋田県秋田市保戸野金砂町2－51 | ℡018-863-7300 |
| 岡部　享 | 〒010-0027　秋田県秋田市楢山南新町下丁53－9 | ℡018-838-0710 |
| 草薙　康平 | 〒010-0916　秋田県秋田市泉北1－11－25 | ℡018-864-4555 |
| 柿崎　崇 | 〒018-1401　秋田県潟上市昭和大久保字堤の上45 | ℡018-877-3463 |
| 安達　信子 | 〒990-2483　山形県山形市上町3－4－10 | ℡023-644-4731 |
| 佐藤　智 | 〒997-0044　山形県鶴岡市新海町12－17－1 | ℡0235-33-8868 |
| 菅野　隆 | 〒963-8025　福島県郡山市桑野1－4－7 | ℡024-933-6063 |
| 近藤　博 | 〒960-8163　福島県福島市方木田字前白家5－1 | ℡024-529-7571 |
| 品田　栄治 | 〒963-0205　福島県郡山市堤3－144 | ℡024-961-3578 |
| 鈴木　秀昭 | 〒960-0102　福島県福島市鎌田字町東4－10 | ℡024-554-0863 |
| 根本　重朋 | 〒963-0105　福島県郡山市安積町長久保3－25－1 | ℡024-947-3306 |
| 茅原　三恵 | 〒963-0201　福島県郡山市大槻町字原田北10－1 | ℡024-951-9691 |
| 石井　知行 | 〒963-8024　福島県郡山市朝日1－13－2 | ℡024-931-6987 |
| 長岡　寛道 | 〒965-0042　福島県会津若松市大町2－14－8　鈴幹ビル103 | ℡0242-23-4775 |
| 江黒　弘 | 〒300-1256　茨城県つくば市森の里90－21 | ℡090-3345-5780 |
| 神山　直規 | 〒301-0816　茨城県竜ヶ崎市大徳町224 | ℡0297-64-1626 |
| 栗屋　勲 | 〒302-0024　茨城県取手市新町5－1－12 | ℡0297-74-0947 |
| 鈴木　昌美 | 〒314-0408　茨城県神栖市波崎6512－3 | ℡0479-44-2403 |

| | | | |
|---|---|---|---|
| 二川　逸史 | 〒312-0054 | 茨城県ひたちなか市はしかべ２－10－28 | TEL029-273-9078 |
| 箕輪　勝夫 | 〒311-2432 | 茨城県潮来市茂木208 | TEL0299-64-2215 |
| 村田　実 | 〒311-2425 | 茨城県潮来市あやめ２－27－14 | TEL0299-77-8546 |
| 石井　徹 | 〒301-0032 | 茨城県龍ケ崎市佐貫１－９－８　三栄ビル２階Ｂ号室 | TEL0297-86-7270 |
| 木村　司 | 〒310-0031 | 茨城県水戸市大工町１－３－11　東陽ビル | TEL029-251-3101 |
| 柴田　大 | 〒302-0004 | 茨城県取手市取手２－５－20 | TEL0297-86-6088 |
| 石神　敦子 | 〒300-1211 | 茨城県牛久市柏田町3047－22 | TEL029-896-3417 |
| 手塚　理恵 | 〒320-0811 | 栃木県宇都宮市大通り５－２－９ | TEL028-622-3306 |
| 泉　恵理子 | 〒357-0063 | 埼玉県飯能市大字飯能340－19 | TEL042-971-5766 |
| 赤坂　昌雄 | 〒330-0062 | 埼玉県さいたま市浦和区仲町３－13－13 | TEL048-822-5021 |
| 江川藤太郎 | 〒350-1225 | 埼玉県日高市馬引沢150－１ | TEL042-984-1567 |
| 小栗　重美 | 〒330-0061 | 埼玉県さいたま市浦和区常盤４－15－２ | TEL048-833-1106 |
| 後藤　君代 | 〒343-0813 | 埼玉県越谷市越ケ谷１－３－14　文省堂ビル５階 | TEL048-964-7412 |
| 坂居　花子 | 〒340-0217 | 埼玉県久喜市鷲宮４－10－24 | TEL0480-58-8821 |
| 染谷　明 | 〒359-0026 | 埼玉県所沢市牛沼712－５ | TEL04-2992-0872 |
| 西岡　寛 | 〒350-1306 | 埼玉県狭山市富士見１－30－４ | TEL042-958-3376 |
| 福田　安伸 | 〒331-0811 | 埼玉県さいたま市北区吉野町２－214－５ | TEL048-664-3222 |
| 木村　亜矢 | 〒350-1305 | 埼玉県狭山市入間川３－４－５　ファミールＴ.Ｓ.Ｂ205 | TEL04-2946-9391 |
| 田中　智子 | 〒353-0007 | 埼玉県志木市柏町４－５－１　尾﨑ビル２－Ｃ | TEL048-485-8456 |
| 村野　直美 | 〒359-0001 | 埼玉県所沢市下富1189－30 | TEL04-2943-4761 |
| 鯨井美知子 | 〒355-0028 | 埼玉県東松山市箭弓町２－３－８　Ｍビル３階 | TEL0493-25-2228 |
| 大野月也司 | 〒273-0048 | 千葉県船橋市丸山５－16－10 | TEL047-439-0631 |
| 中村　利雄 | 〒290-0051 | 千葉県市原市君塚３－11－13 | TEL0436-22-5929 |
| 行木　秀雄 | 〒260-0831 | 千葉県千葉市中央区港町13－11 | TEL043-223-1076 |
| 益子　武雄 | 〒262-0012 | 千葉県千葉市花見川区千種町171－１ | TEL043-239-5620 |
| 大楽　大輔 | 〒290-0054 | 千葉県市原市五井中央東２－６－１　相川ビル３階 | TEL0436-20-2411 |
| 今　悦子 | 〒173-0014 | 東京都板橋区大山東町14－１－402 | TEL03-3579-8646 |
| 濱田　みさ | 〒108-0023 | 東京都港区芝浦４－５－11－608 | TEL080-3087-5554 |
| 武藤　嘉宏 | 〒160-0023 | 東京都新宿区西新宿３－７－33－902 | TEL03-6416-8111 |
| 岩戸康太郎 | 〒102-0072 | 東京都千代田区飯田橋３－４－３　坂田ビル６階 | TEL03-5848-8700 |
| 大熊　博 | 〒160-0023 | 東京都新宿区西新宿７－５－６－402 | TEL03-5330-3147 |
| 岡部　正明 | 〒107-0052 | 東京都港区赤坂６－４－15－407 | TEL03-3505-0325 |
| 小林　裕一 | 〒120-0005 | 東京都足立区綾瀬３－14－６－303 | TEL03-5849-5223 |
| 塩田　英治 | 〒101-0046 | 東京都千代田区神田多町２－11　第19岡崎ビル６階 | TEL03-3525-4655 |
| 高野　陽子 | 〒185-0014 | 東京都国分寺市東恋ヶ窪４－25－６　国分寺ビューハイツ411 | TEL042-323-6192 |
| 田中　秀人 | 〒181-0013 | 東京都三鷹市下連雀３－38－４号　三鷹産業プラザ409号室 | TEL0422-76-7000 |
| 中西　豊 | 〒151-0053 | 東京都渋谷区代々木２－23－１　ニューステートメナー1056 | TEL03-3320-4671 |
| 矢島　英夫 | 〒101-0051 | 東京都千代田区神田神保町３－23－３－506 | TEL03-3264-6067 |

| 窪寺　義政 | 〒165-0027 | 東京都中野区野方４－44－10－602 | ℡03-3386-1151 |
|---|---|---|---|
| 三枝　　徹 | 〒151-0071 | 東京都渋谷区本町６－33－３ | ℡03-3370-7466 |
| 星野　　誠 | 〒140-0014 | 東京都品川区大井１－11－１　大井西銀座ビルＡ棟３階 | ℡03-3778-5450 |
| 松野　和樹 | 〒160-0023 | 東京都新宿区西新宿７－19－５　ＫＹＳ西新宿４階 | ℡03-6265-9162 |
| 鈴木　正子 | 〒176-0012 | 東京都練馬区豊玉北６－14－８－602 | ℡03-6326-6550 |
| 小林　裕門 | 〒151-0053 | 東京都渋谷区代々木１－38－２　ミヤタビル２階 | ℡03-6276-4053 |
| 新森　久崇 | 〒169-0074 | 東京都新宿区北新宿４－28－８　Ｙ－Ｔビル２階 | ℡03-6915-3891 |
| 石田　知行 | 〒231-0011 | 神奈川県横浜市中区太田町四－49 | ℡045-222-3818 |
| 大﨑　秀治 | 〒252-0321 | 神奈川県相模原市南区相模台３－８－２ | ℡042-733-8333 |
| 小関　康一 | 〒250-0003 | 神奈川県小田原市東町５－８－７ | ℡0465-34-5995 |
| 小関　典明 | 〒250-0003 | 神奈川県小田原市東町５－８－７ | ℡0465-34-5995 |
| 蒲池　節子 | 〒228-0814 | 神奈川県相模原市南区南台３－８－46　ＧＰビル301 | ℡042-748-3491 |
| 小出　秀人 | 〒231-0023 | 神奈川県横浜市中区山下町73　山下ポートハイツ701号 | ℡045-664-5835 |
| 望月　昭男 | 〒221-0835 | 神奈川県横浜市神奈川区鶴屋町3-29-9　タクエー横浜西口第6ビル6階 | ℡045-313-6188 |
| 望月　亮秀 | 〒221-0835 | 神奈川県横浜市神奈川区鶴屋町3-29-9　タクエー横浜西口第6ビル6階 | ℡045-313-6188 |
| 小田　　靖 | 〒254-0052 | 神奈川県平塚市平塚２－７－10　２階 | ℡0463-34-9008 |
| 駒井　達雄 | 〒224-0032 | 神奈川県横浜市都筑区茅ケ崎中央８－７－311 | ℡045-949-0406 |
| 小川　信正 | 〒956-0847 | 新潟県新潟市秋葉区古津1797－14 | ℡0250-24-0225 |
| 星野　明美 | 〒949-5411 | 新潟県長岡市来迎寺2229 | ℡0258-92-2866 |
| 星野　克己 | 〒930-0039 | 富山県富山市東町２－１－16 | ℡0764-91-7318 |
| 北岸　正彦 | 〒921-8013 | 石川県金沢市新神田４－６－８ | ℡0762-91-4939 |
| 寺田　　隆 | 〒920-0016 | 石川県金沢市諸江町中丁171－１　梅信ビル６階 | ℡076-265-5433 |
| 鈴木恵美子 | 〒914-0811 | 福井県敦賀市中央町２－22－４ | ℡0770-22-7177 |
| 鈴木　竜弥 | 〒910-0142 | 福井県福井市上森田２－805 | ℡0776-56-4480 |
| 田中　直孝 | 〒917-0073 | 福井県小浜市四谷町１－10　ナイスプラザ春松502 | ℡0770-64-5880 |
| 松宮　昌弘 | 〒919-1504 | 福井県三方上中郡若狭町大鳥羽25－７ | ℡0770-47-6815 |
| 三科　　博 | 〒400-0031 | 山梨県甲府市丸の内１－14－３ | ℡055-237-5355 |
| 渡辺　　浩 | 〒403-0016 | 山梨県富士吉田市松山1562－１　五樹ビル３階 | ℡0555-24-4485 |
| 菅沼　和也 | 〒400-0034 | 山梨県甲府市宝１－39－８ | ℡055-233-1261 |
| 金井　春樹 | 〒386-0005 | 長野県上田市古里98－３　古里ビル２階　Ａ | ℡0268-75-0367 |
| 亀井　　保 | 〒505-0006 | 岐阜県美濃加茂市蜂屋町伊瀬535－42 | ℡0574-28-5685 |
| 戸崎伊久男 | 〒500-8388 | 岐阜県岐阜市今嶺１－２－10 | ℡058-276-6630 |
| 岸本　敏和 | 〒432-8065 | 静岡県浜松市高塚町2166 | ℡053-447-5211 |
| 前田　芳秀 | 〒421-0122 | 静岡県静岡市駿河区用宗２－17－５ | ℡054-258-4969 |
| 塩崎　宏晃 | 〒435-0042 | 静岡県浜松市東区篠ケ瀬町1324 | ℡053-545-9171 |
| 采睪　里美 | 〒513-0806 | 三重県鈴鹿市算所４－４－26 | ℡059-370-7172 |
| 小坂　博則 | 〒518-0215 | 三重県伊賀市霧生112 | ℡0595-54-1613 |
| 西原　　博 | 〒515-0118 | 三重県松阪市垣内田町144－１ | ℡0598-59-1046 |

| | | |
|---|---|---|
| 永井　綾子 | 〒524-0031 | 滋賀県守山市立入町364－3 |
| | | TEL0775-82-5398 |
| 山添　稲子 | 〒520-2573 | 滋賀県蒲生郡竜王町鏡1168 |
| | | TEL0748-58-0120 |
| 岩間　脩 | 〒629-2302 | 京都府与謝郡与謝野町下山田683 |
| | | TEL0772-43-1088 |
| 太田光三郎 | 〒624-0833 | 京都府舞鶴市野村寺86－2 |
| | | TEL0773-77-1801 |
| 門田　猛 | 〒624-0913 | 京都府舞鶴市字上安久14－1　相生グリーンビル4階 |
| | | TEL0773-78-1611 |
| 金丸　京子 | 〒601-8034 | 京都府京都市南区東九条南河辺町78-2 セントフローレンスパレス十条905 澤野方 |
| | | TEL075-661-1154 |
| 菊田　学美 | 〒620-0876 | 京都府福知山市水内2100－6 |
| | | TEL0773-23-6979 |
| 寺田　壽子 | 〒602-8375 | 京都府京都市上京区一条通御前通西入上る大上之町55 |
| | | TEL075-463-5441 |
| 松岡　博志 | 〒606-8385 | 京都府京都市左京区孫橋町7－4二条ビル2階 |
| | | TEL075-752-9500 |
| 安澤　英治 | 〒603-8202 | 京都府京都市北区紫竹東桃ノ本町18 |
| | | TEL075-493-4019 |
| 富　之浩 | 〒612-8427 | 京都府京都市伏見区竹田真幡木町181　ＭＴオフィス201号 |
| | | TEL075-623-6788 |
| 松田　正子 | 〒604-0072 | 京都府京都市中京区油小路通竹屋町下ル橋本町487－16 |
| | | TEL075-211-0151 |
| 井畑　幸子 | 〒546-0041 | 大阪府大阪市東住吉区桑津1－6－18 |
| | | TEL06-6719-7897 |
| 高尾　明仁 | 〒544-0015 | 大阪府大阪市生野区巽南5－17－2 |
| | | TEL06-6793-1500 |
| 野村　俊隆 | 〒581-0816 | 大阪府八尾市佐堂町2－1－22 |
| | | TEL072-999-3650 |
| 山田　一嘉 | 〒536-0006 | 大阪府大阪市城東区野江2－3－4 |
| | | TEL06-6786-0008 |
| 北山　孝次 | 〒577-0821 | 大阪府東大阪市吉松2－11－33 |
| | | TEL06-6721-1906 |
| 黒田　淳子 | 〒540-0012 | 大阪府大阪市中央区谷町1－3－1　双馬ビル804号室 |
| | | TEL06-6942-2338 |
| 寺島　由花 | 〒540-0012 | 大阪府大阪市中央区谷町2－1－20　アルス大手前プレミア1006号 |
| | | TEL06-6941-4023 |
| 秦　一夫 | 〒596-0045 | 大阪府岸和田市別所町3－10－4　花田ビル2階 |
| | | TEL0724-23-8222 |
| 藤川　照史 | 〒590-0103 | 大阪府堺市南区深阪南170　藤原ビル201 |
| | | TEL0722-34-3560 |
| 松本　直高 | 〒540-0032 | 大阪府大阪市中央区天満橋京町1－26　尼信天満橋ビル403号室 |
| | | TEL06-6949-3761 |
| 坂本　雅史 | 〒540-0034 | 大阪府大阪市中央区島町1－4－9　パークサイドビル402 |
| | | TEL06-6941-4544 |
| 田村　尚子 | 〒540-0033 | 大阪府大阪市中央区石町1－1－1　天満橋千代田ビル2号館6階C号室 |
| | | TEL06-6948-5811 |
| 奥村　拓樹 | 〒530-0041 | 大阪府大阪市北区天神橋2－5－22　佐藤ビル2階 |
| | | TEL06-6356-0225 |
| 石原　英治 | 〒550-0013 | 大阪府大阪市西区新町1－14－21－4704 |
| | | TEL06-4393-8268 |
| 松本智恵子 | 〒590-0079 | 大阪府堺市堺区新町3－4　アトリエール堺新町1階 |
| | | TEL072-225-1850 |
| 関　亥三郎 | 〒662-0855 | 兵庫県西宮市江上町7－5－201 |
| | | TEL0798-33-4812 |
| 畠田　孝子 | 〒651-0087 | 兵庫県神戸市中央区御幸通6－1－15　御幸ビル508号 |
| | | TEL078-221-6615 |
| 福永　友子 | 〒650-0027 | 兵庫県神戸市中央区中町通2－3－2三共神戸ツインビル5階 |
| | | TEL078-945-7540 |
| 村山　豪彦 | 〒672-8014 | 兵庫県姫路市東山625 |
| | | TEL079-245-4475 |
| 恵須川満延 | 〒666-0121 | 兵庫県川西市平野2－5－12　谷田ビル |
| | | TEL0727-92-8978 |
| 大野　研一 | 〒650-0022 | 兵庫県神戸市中央区元町通3－17－8　ＴＯＷＡ神戸元町ビル |
| | | TEL078-331-5222 |
| 後藤　法義 | 〒675-0105 | 兵庫県加古川市野口町坂井14－1　アメニティ中田III105号 |
| | | TEL0794-22-1753 |
| 笹井　一宏 | 〒671-1257 | 兵庫県姫路市網干区垣内本町2015－3 |
| | | TEL079-271-4877 |
| 高田　勝美 | 〒668-0873 | 兵庫県豊岡市庄境330－5 |
| | | TEL0796-24-2040 |
| 田中　保子 | 〒665-0033 | 兵庫県宝塚市伊子志3－12－5　ジェイミスビルト2階 |
| | | TEL0797-76-5850 |
| 中畑　圭治 | 〒655-0032 | 兵庫県神戸市垂水区星が丘3－2－6 |
| | | TEL078-706-5039 |

| | | | |
|---|---|---|---|
| 橋本　一弘 | 〒675-1335 | 兵庫県小野市片山町1332－1 | TEL0794-62-2377 |
| 牧江　重徳 | 〒662-0855 | 兵庫県西宮市和上町5－9 | TEL0798-36-4313 |
| 三佐藤　忍 | 〒650-0012 | 兵庫県神戸市中央区北長狭通4－3－8　ＮＲビル5階 | TEL078-332-3911 |
| 三村　良三 | 〒677-0016 | 兵庫県西脇市高田井町35－1　サンコンサルタント | TEL0795-23-4522 |
| 山森　司 | 〒653-0856 | 兵庫県神戸市長田区高取山町2－22－6－109 | TEL078-611-1114 |
| 村山　暢将 | 〒672-8014 | 兵庫県姫路市東山625 | TEL079-245-4475 |
| 田中　聡 | 〒634-0042 | 奈良県橿原市菖蒲町4－29－12 | TEL0744-47-3807 |
| 板倉　靖史 | 〒639-0212 | 奈良県北葛城郡上牧町服部台4－1－5　上村ビル3階 | TEL0745-44-8808 |
| 山口　泰樹 | 〒639-2328 | 奈良県御所市大字関屋85 | TEL0745-66-2280 |
| 木下　正美 | 〒649-7122 | 和歌山県伊都郡かつらぎ町新田77 | TEL0736-22-1431 |
| 光吉　直也 | 〒646-0021 | 和歌山県田辺市あけぼの2－22 | TEL0739-24-7448 |
| 和田　敏夫 | 〒644-0011 | 和歌山県御坊市湯川町財部653－2　キムラビル2階 | TEL0738-22-6013 |
| 平田　健 | 〒680-0023 | 鳥取県鳥取市片原3－211 | TEL0857-22-6222 |
| 天野　愿 | 〒693-0011 | 島根県出雲市大津町1117－23 | TEL0853-22-9155 |
| 村本　靜江 | 〒699-5525 | 島根県鹿足郡吉賀町抜月1680 | TEL0856-78-0474 |
| 河村　弘隆 | 〒700-0945 | 岡山県岡山市南区新保1317－13 | TEL086-246-3101 |
| 妹尾　芳徳 | 〒701-0112 | 岡山県倉敷市下庄331－5 | TEL086-463-2293 |
| 石井　誠 | 〒700-0072 | 岡山県岡山市北区万成東町6－36 | TEL086-252-4313 |
| 古川　仁史 | 〒700-0921 | 岡山県岡山市北区東古松3－3－28 | TEL086-221-6802 |
| 近藤　雅文 | 〒708-1124 | 岡山県津山市高野山西855－9 | TEL0868-26-1192 |
| 妹尾　敦 | 〒701-0112 | 岡山県倉敷市下庄331－5 | TEL086-463-2293 |
| 羽野　誠一 | 〒721-0907 | 広島県福山市春日町6－6－13 | TEL084-982-6812 |
| 神田　勉 | 〒721-0975 | 広島県福山市西深津町5－23－40 | TEL0849-21-8740 |
| 福田　義彦 | 〒730-0014 | 広島県広島市中区上幟町2－31－202 | TEL082-223-5015 |
| 吉永　利行 | 〒733-0815 | 広島県広島市西区己斐上3－26－1 | TEL082-273-3790 |
| 三上　順也 | 〒740-0063 | 山口県玖珂郡和木町関ケ浜1－5－5 | TEL090-3574-8724 |
| 平薮　修二 | 〒755-0031 | 山口県宇部市常盤町2－1－28　常盤町ビル4階 | TEL0836-37-6670 |
| 上田　昌志 | 〒754-0002 | 山口県山口市小郡下郷297－4 | TEL083-972-7981 |
| 大村　潤 | 〒770-0866 | 徳島県徳島市末広5－2－18 | TEL088-624-3030 |
| 岡部　五郎 | 〒798-0036 | 愛媛県宇和島市天神町8－23 | TEL0895-25-8711 |
| 岡部　卓郎 | 〒798-0036 | 愛媛県宇和島市天神町8－23 | TEL0895-25-8711 |
| 篠森　和雄 | 〒791-0301 | 愛媛県東温市南方540－1 | TEL089-966-1144 |
| 矢野　浩司 | 〒790-0963 | 愛媛県松山市小坂3－4－22　スペース小倉2階 | TEL089-945-9775 |
| 矢野　耕一 | 〒780-0914 | 高知県高知市宝町27－7 | TEL0888-25-1075 |
| 寺岡　晴美 | 〒800-0353 | 福岡県京都郡苅田町尾倉3－3－3 | TEL093-434-0400 |
| 岡　昭久 | 〒849-1311 | 佐賀県鹿島市大高津原4375　モードＮＥＸＴ21ビル2階－Ａ | TEL0954-62-7980 |
| 遠田　和夫 | 〒845-0014 | 佐賀県小城市小城町大字晴気10－1 | TEL0952-73-4575 |
| 弓削　和徳 | 〒851-0133 | 長崎県長崎市矢上町9－17　テイクオフビル301 | TEL095-837-0904 |

| | | |
|---|---|---|
| 濱田　宗一 | 〒857-0041　長崎県佐世保市木場田町６－33　大津ビル | TEL0956-25-8145 |
| 松岡いずみ | 〒852-8135　長崎県長崎市千歳町６－11　高島第３ビル301 | TEL095-894-5175 |
| 加藤　誠貴 | 〒862-0951　熊本県熊本市中央区上水前寺２－19－21 | TEL096-381-1615 |
| 桑野　良郎 | 〒865-0061　熊本県玉名市立願寺1454－３ | TEL0968-72-4666 |
| 横田　祥一 | 〒861-2118　熊本県熊本市東区花立４－12－11 | TEL096-369-0835 |
| 荒木　雅子 | 〒870-0165　大分県大分市明野北５－10　Ｂ203号 | TEL097-556-4557 |
| 佐藤　将央 | 〒882-0836　宮崎県延岡市恒富町４－123 | TEL0982-34-8163 |
| 寺原二三俊 | 〒883-0041　宮崎県日向市北町１－102 | TEL0982-52-3949 |
| 鹿島　　良 | 〒890-0056　鹿児島県鹿児島市下荒田４－14－33 | TEL099-257-7500 |
| 鶴田　健作 | 〒891-0115　鹿児島県鹿児島市東開町４－112 | TEL099-260-7101 |
| 平良あき子 | 〒900-0025　沖縄県那覇市壺川１－４－15　３階 | TEL098-855-7003 |

# 一般社団法人全国建行協の紹介

本書の編著者である一般社団法人全国建行協は、会員相互の連帯と協調を基本として運営されることにより、建設関係の行政手続に関し、実務的な調査・研究を通じ業務の改善および進捗が図られることを期待し、よって建設行政に寄与し、その成果が社会に還元されることで、広く社会に貢献することを目的とし、これらの目的を達成するため、全国の行政書士有志によって設立された専門的業務研究集団である。

これまでの主な活動は、次のとおり。

1992年9月　創立（兵庫県神戸市）
1993年3月　「建設業許可制度について」意見書発表
　　　　4月　「フォーラムイン東京93」および講演会「許可制度のあり方」開催　講師：東日本建設業保証・専務取締役・髙比良和雄氏
　　　　8月　神戸にて第2回定時総会開催
1994年2月　会報「けんぎょうきょう」創刊
　　　　3月　「建設業許可制度の見直しに関する意見」「建設業許可制度の見直しに関する提言」発表
　　　　4月　「フォーラムイン仙台94」および講演会「これからの建設業の経営事項審査および入札の動向」開催　講師：建設経済研究所常務理事・長谷川徳之輔氏「熊本ミニフォーラム」を開催　講師：建設省九州地方建設局総務部契約課・森田忠和氏
　　　　8月　横浜にて第3回定時総会および講演会「改正建設業法と新経審について」開催　講師：建設省建設経済局建設業課建設事務官・麓裕樹氏
　　　　9月　『新経審Q＆A第1版』発刊（日

刊建設通信新聞社）
10〜11月　「新経審セミナー」開催（全国5カ所、日刊建設通信新聞社と共催）　講師：建設省地方建設局担当官
1995年2月　『新経審Q＆A第2版』発刊（日刊建設通信新聞社）
　　　　4月　「フォーラム in 別府95」および講演会「履行ボンドについて」開催　講師：建設経済研究所常務理事・六波羅昭氏
　　　　6月　「岡山ミニフォーラム」開催
　　　　8月　東京にてシンポジウム「今日の建設業　明日の建設業」開催（日刊建設通信通信新聞社と共催）　パネラー：建設省担当官ほか学識経験者
　　　　　　　東京にて第4回定時総会および講演会「履行ボンド──アドバイスから手続きまで」開催
　　　10月　「建設業経営セミナー」（主催：住友海上火災）協賛
1996年1月　「高知ミニフォーラム」開催
　　　　3月　第1次経審プロジェクト「経営事項審査の改善について」発表（『建設オピニオン』に掲載）
　　　　4月　「フォーラム in 札幌96」および講演会「建設省における建設業の情報化に関する動向──建設業ベンチャー時代の幕開け」開催
　　　　　　　「経営事項審査の改善について」発表（『建設オピニオン』『建産連』に掲載）
　　　　6月　「広島ミニフォーラム」開催
　　　　　　　「各都道府県建設業許可申請手続きの状況について」報告

8月　大阪にてシンポジウム「『大競争時代』の建設市場を生き抜く」開催（日刊建設通信新聞社と共催）　パネラー：大阪府などの行政官、建設業振興基金の学識経験者（日刊建設通信新聞社と共催）
　　　大阪にて第5回定時総会を開催
　　　『建設業許可Q＆A第1版』発刊（日刊建設通信新聞社）
　　　『新経審Q＆A第3版』発刊（日刊建設通信新聞社）
1997年3月　「経営事項審査の改善について（その2）」発表（『建設オピニオン』に掲載）
　　　「フォーラム in 名古屋97」を開催　講師：東日本建設業保証・鳥海剛氏、日刊建設通信新聞社専務取締役・西山英勝氏
6月　「佐賀ミニフォーラム」を開催
8月　東京にてシンポジウム「公共工事コスト縮減の取り組みは」開催（日刊建設通信新聞社と共催）　パネラー：建設省担当官ほか学識経験者
11月　「福島ミニフォーラム」開催
1998年3月　「経営事項審査の改善について（その3）発表（『建設オピニオン』に掲載）
4月　「フォーラム in 広島98」開催　講師：建設業情報管理センターより、パネラー：建設業者など
8月　大阪にてシンポジウム開催（日刊建設通信新聞社と共催）　テーマ「明日の建設市場・建設産業を読む」（日刊建設通信新聞社と共催）
　　　『新経審Q＆A第4版』発刊（日刊建設通信新聞社）
9月　システムズのCNNフォーラムに協賛および講師派遣

1999年1月　インターネットホームページ開設
3月　「建設業許可について」発表（『建設オピニオン』に掲載）
4月　秋田にてフォーラム開催　講師：勤労者退職金共済機構・六波羅昭氏ほか
　　　許可提言プロジェクトチーム「建設業許可制度の見直し」提言書発表（大きな反響があり建設通信新聞ほか各紙が掲載）
6月　「島根ミニフォーラム」開催東京にてフォーラム開催
7月　『建設業許可Q＆A第2版』発刊（日刊建設通信新聞社）
8月　『新経審Q＆A第5版』発刊（日刊建設通信新聞社）
　　　東京にて定時総会および講演会開催　「建設業情報化支援ビジネスへの挑戦」講師：建設業情報コンサルタント・桃知利男氏
12月　新経審マニュアル『Y評点アップの極意』発刊（建通新聞社）
2000年1月　建設経済研究所から「建設業許可業者の増加に係る実態調査」の協力依頼
3月　静岡フォーラム開催　基調講演：建設経済研究所常任理事・小沢道一氏
4月　建設経済研究所の「建設業許可業者の増加に係る調査結果」が発表され、当協議会の協力を紹介
5月　建設省建設振興課・建設業振興基金から「専門工事業者ステップアップ指標」の改訂に関する意見を求められる
6月　「松山ミニフォーラム」開催
9月　福岡にて定時総会および記念講演会開催　「今後の経審の動向について」講師：建設省建設経済

局建設業課・澤邉嘉信氏建設省建設振興課から中小企業庁の中小企業向け専門家登録に登録依頼があり、29名の当協議会会員を登録

10月　「建設業許可制度の見直しについて（その2）」発表

2000年10月～01年6月　建設業経理問題検討会議（建設産業経理研究所主催）に委員を派遣

2000年10月　建設省が行った13・14年度入札参加資格審査申請インターネット一元受付テストランに当協議会からも多数会員が参加

2000年11月～01年5月　経審実務担当者意見交換会（全国建設関係行政書士協議会運営）開催

2000年12月　有識者を交え「年末懇話会」開催
　　　　『建設オピニオン』に「建設業許可制度の見直しについて（その2）」掲載

2001年4月　「金沢フォーラム」を開催　テーマ「中小建設業者が新会計制度を武器にするために」講師：公認会計士・丹羽秀夫氏、パネラー：建設省建設業課課長補佐・坂根工博氏ほか

6月　鹿児島、仙台にて「ミニフォーラム」開催
　　　　入札・契約制度サポート研究会（関東部会共催）の研修会開催　講師：国土交通省建設業課課長補佐・石川卓弥氏

8月　さいたま市で定時総会および記念講演会開催　講師：国土交通省総合政策局建設業課課長補佐・山本博之氏、同課長補佐・西海重和氏

11月　第4次経審提言チーム「21世紀の経営事項審査にむけて」発表

（『建設業しんこう』『建設業の経理』『建設オピニオン』に掲載）

11月　『建設業許可Q＆A第3版』発刊（日刊建設通信新聞社）

2002年5月　「沖縄（那覇）フォーラム」開催　講師：国土交通省総合政策局建設業課経営指導係長・石田諭氏

6月　「和歌山（白浜）ミニフォーラム」開催

8月　10周年記念神戸総会で講演会開催　「建設産業の来るべき未来にむけて」講師：国土交通省大臣官房審議官・竹歳誠氏、パネルディスカッション・パネラー：前掲・竹歳誠氏、勤労者退職金共済機構副理事長・六波羅昭氏、兵庫県建設業協会会長・塩谷宏朗氏、兵庫県建築士会副会長・瀬戸本淳氏、当協議会の代表世話人・岩戸康太郎会員、コーディネーター：日刊建設通信新聞社社長・西山英勝氏

9月　『新経審Q＆A第6版』発刊（日刊建設通信新聞社）

2003年4月　福島フォーラム開催　テーマ「建設業を取り巻く環境と今後の課題」講師：国土交通省総合政策局建設業課課長・川本正一郎氏

6月　「徳島・鳴門ミニフォーラム」開催

8月　横浜総会にて総合特別企画トーク in トーク「みんなが主役の街づくり」開催　講師：作家・浅田次郎氏、評論家・米田雅子氏

11月　有識者を招いて「年末懇話会」開催

2004年4月　新潟フォーラム開催　講師：国土交通省総合政策局建設業課経

営指導係長・小窪健司氏

8月　大阪にて定時総会を開催

11月　有識者を招いて「年末懇話会」開催

2005年2月　『新経審Q＆A第7版』発刊（日刊建設通信新聞社）

4月　長崎フォーラム開催　テーマ「建設業文明開化──経営力が未来を拓く」、講演「最近の建設業行政の動向について」講師：国土交通省総合政策局建設業課課長補佐・平田研氏、「未来を拓く建設業経営設計」講師：地域経済研究所理事長・阿座上洋吉氏

7月　『建設業許可Q＆A第4版』発刊（日刊建設通信新聞社）

9月　東京にて定時総会開催　テーマ「明日へのかけ橋──建行協と建設産業とのコラボレーション」

11月　東京にて「建設業ビジョン懇話会」開催　テーマ「地球を支える建設産業のビジョンを考える」外部委員：建設業情報管理センター理事長・六波羅昭氏、システムズ代表取締役・山崎裕司氏、桃知利男氏、公認会計士・丹羽秀夫氏、工学院大学工学部教授・遠藤和義氏、八伸建設代表取締役・八木沢清隆氏、コメンテーター：国土交通省大臣官房審議官（建設産業担当）・大森雅夫氏、オブザーバー：国土交通省総合政策局建設業課構造改善対策官・長谷川周夫氏、課長補佐・平田研氏、コーディネーター：当協議会の特別代表・小関典明会員

2006年4月　札幌フォーラム開催　テーマ「品確法で入札制度はこう変わ

った──あなたの会社は大丈夫か」、基調講演：国土交通省総合政策局建設業課課長・吉田光市氏、パネルディスカッション・パネラー：北大大学院助教授・高野伸栄氏、北海道建設部課長・上野博氏、伊藤組土建部長・柳町強氏、当協議会の河崎義一会員、コメンテーター：前掲・吉田光市氏、コーディネーター：当協議会の神山直規会員

9月　大阪にて定時総会を開催

11月　東京にて「第2回建設産業ビジョン懇話会開催　テーマ「建設業の紛争!!　予防・解決を考える──行政書士はどこまで支援できるか!!」、講演：国土交通省総合政策局建設業課紛争審議官・加藤秀生氏、討論会：弁護士・水津正臣氏、神奈川大学大学院法学部教授・石川正美氏、当協議会の小川静子会員、中西豊会員

2007年4月　熊本フォーラム開催　テーマ「経審見直しスタート！　今後の建設産業政策のゆくえ」基調講演：国土交通省総合政策局官房審議官・大森雅夫氏、パネルディスカッション　パネラー：建設業情報管理センター理事長・国交省建設産業政策研究会委員・六波羅昭氏、公認会計士・吉永茂氏、坂田建設代表取締役・坂田信介氏、当協議会の世話人・弓削和徳会員、コメンテーター：前掲・大森雅夫氏、コーディネーター：当協議会の渋瀬清治会員

9月　『建設業許可Q＆A第5版』発刊（日刊建設通信新聞社）東京にて15周年記念総会開催

記念講演：国土交通省総合政策局建設業課課長・吉田光市氏

2008年4月　「2008盛岡フォーラム」開催　テーマ「経審大改正と中小建設業者への影響──建設産業政策2007のもたらすもの」、基調講演①テーマ「建設産業2007の現状について」講師：国土交通省総合政策局建設業課課長・吉田光市氏、基調講演②テーマ「経営事項審査の改正について」講師：国土交通省総合政策局建設業課企画専門官・須藤明夫氏、パネルディスカッション「建設産業政策2007及び経審改正について中小建設業者への影響を考える」パネラー：前掲・吉田光市氏、岩手県県土整備部建設技術振興課総括課課長・早野義夫氏、公認会計士・建設産業政策研究会委員・丹羽秀夫氏、岩手県建設業協会青年部連絡協議会常任顧問・刈屋建設代表取締役・向井田岳氏、当協議会の副代表世話人・北山孝次会員、コーディネーター：日刊建設通信新聞社専務取締役兼編集総局長・前田哲治氏

4月　『建設業法キーワード』発刊（建通新聞社）

8月　『新経審Q＆A第8版』発刊（日刊建設通信新聞社）

9月　大阪にて定時総会を開催

11月　東京にて「第3回ビジョン懇話会」開催　テーマ「建設産業のコンプライアンスを考える」参加者：国土交通省建設業課課長・谷脇暁氏、建設業情報管理センター理事長・六波羅昭氏、弁護士・水津正臣氏、建設産業専門団体連合会会長・才賀清二郎氏、

福島県建材・専門工事業協同組合理事長・三浦康克氏、当協議会の代表世話人・亀井保会員

2009年4月　京都フォーラム開催　テーマ「中小建設業支援緊急対策に期待するもの──新たなる建設産業政策とは」、基調講演①テーマ「中小建設業支援緊急対策の概要について」講師：国土交通省建設流通政策審議官・小澤敬市氏、基調講演②テーマ「住宅瑕疵担保履行法について」講師：国土交通省総合政策局建設業課課長補佐・中村朋弘氏、パネルディスカッション「中小建設業者の事業支援を考える」パネラー：国土交通省近畿地方整備局建政部部長・西植博氏、京都府建設交通部指導検査課課長・前林保典氏、工学院大学建築学科教授・遠藤和義氏、京都府建設業協会会長・岡野益巳氏、当協議会の太田光三郎会員、コーディネーター：日刊建設通信新聞社代表取締役・西山英勝氏

9月　広島にて定時総会開催「原点回帰──建行協」討論会

11月　東京にて「第4回建設産業ビジョン懇話会」開催　テーマ「行動支援！　中小建設産業の事業革新」、講演「再編時経審」講師：国土交通省総合政策局建設業課経営指導係長・山田祐己氏、基調講演「建設業の事業再生」講師：弁護士虎ノ門国際法律事務所代表・後藤孝典氏、ディスカッション　委員：前掲・後藤孝典氏、中小企業診断士・行政書士・建設業経営支援アドバイザー・山北浩史氏、税理士・米国公認会計士・当協議会の財務委

員・神山直規会員、進行役：建設業情報管理センター顧問・六波羅昭氏

12月　『建設業許可Ｑ＆Ａ第６版』発刊（日刊建設通信新聞社）

2010年4月　山口にて全国フォーラムを開催　テーマ「建設業法の核心を探る」講師：国士舘大学法学部教授・山口康夫氏、実務者（行政書士）討論会　コーディネーター：当協議会の渋瀬清治会員、討論者：当協議会会員

6～7月　甲府、山形、奈良にて地域フォーラム開催

9月　秋田にて定時総会開催

12月　東京にて「第６次建設業諸制度実務担当者意見交換会」開催　座長：当協議会の大野月也司会員

2011年1月　福岡にてミニフォーラム開催

6月　淡路地域フォーラム開催（以上は、全国建設関係行政書士協議会の活動）

8月　『新経審Ｑ＆Ａ第９版』発刊（日刊建設通信新聞社）　組織を法人化し、一般社団法人全国建行協を設立

11月　東京にて一般社団法人全国建行協法人化記念講演会開催　パネルディスカッション「全国建行協の絆──歴代代表が語る過去・現在・未来」パネラー：全国建行協の三佐藤忍・岩戸康太郎・亀井保・根田明樹歴代代表、記念講演「建設産業の再生と発展のための方策2011」講師：国土交通省建設流通政策審議官・佐々木基氏

2012年3月　高松にてミニフォーラム開催　講演「経営事項審査制度について」講師：国土交通省四国地方整備局建政部計画・建設産業課係長・青地安久氏、「適正な財務諸表作成について、平成23年度改正をふまえて」講師：建設業情報管理センター企画業務部次長・伊藤希男氏

4月　「みやぎ仙台フォーラム」開催「震災と復興──震災現場の最前線から」講師：宮城県建設業協会専務理事・千葉嘉春氏、「震災体験を語る」発表：全国建行協の山田敏郎会員、パネルディスカッション「震災から１年を経て」パネラー：宮城県土木部事業管理課課長補佐（建設業振興・指導班長）・鈴木浩司氏、春山建設・金井正一氏、前掲・千葉嘉春氏、全国建行協の細川榮子会員、辺見慶一会員、三佐藤忍会員、コーディネーター：全国建行協の亀井保会員

6月　金沢にて地域フォーラム開催　テーマ「建設業法と請負」講師：国士舘大学法学部教授・山口康夫氏

8月　東京にて第１回定時社員総会開催　『建設業許可Ｑ＆Ａ第７版』発刊（日刊建設通信新聞社）

12月　東京にて「建設業緊急対策セミナー」開催　テーマ「社会保険未加入問題、金融円滑化法廃止と対策及びBCP(事業継続計画)──あなたのクライアントは大丈夫か？」

2013年2月～5月　東京にて「第７次建設業諸制度実務担当者意見交換会」開催　進行：全国建行協の荒木雅子会員

2月　熊本にて地域フォーラム開催　テーマ「建設業法の今後と民法

改正」講師：国士舘大学法学部教授・山口康夫氏、意見交換会「建設業法・契約法等について」オブザーバー：前掲・山口康夫氏

4月　全国フォーラム in 東京2013開催　基調講演「これからの建設産業について」講師：国土交通省建設流通政策審議官・日原洋文氏　パネルディスカッション　パネラー：常陽建設代表取締役・飯田憲一氏、成蹊大学経済学部教授・井出多加子氏、建設業振興基金理事長・内田俊一氏、横浜建設業協会会長・土志田領司氏、日本建設大工工事業協会会長・三野輪賢二氏、全国建行協の副理事長・弓削和徳会員、コメンテーター：前掲・日原洋文氏、コーディネーター：日刊建設通信新聞社編集総局長・前田哲治氏、講演「これしかない！建設業再生のカギ（経営改善）」講師：全国建行協の北岸正彦会員、討論会「建設関係行政書士事務所の経営について」

6月　岐阜県高山市にて「事務所経営パワーアップセミナー」開催　講師：中小企業診断士・井戸三兼氏、全国建行協の塩田英治会員、意見交換会（司会進行：全国建行協の北岸正彦会員）

3〜6月　地域セミナー in 会津若松（福島県）開催、テーマ「2013年税制改正と事業承継」講師：公認会計士・井村登氏

9月　東京にて第2回定時社員総会開催

11月　第7次建設業諸制度実務担当者意見交換会報告書

12月　東京都新宿にて研修会「入契法

と品確法、これからの建設業と行政書士の関わり方について」講師：全国建行協の小関典明会員

2014年3月〜6月　東京にて「第8次建設業諸制度実務担当者意見交換会」開催　進行：全国建行協の望月亮秀会員

4月　「全国フォーラム in 東京2014」開催、テーマ「変革する新時代の建設産業」、講師：国土交通省建設流通政策審議官・吉田光市氏、パネルディスカッション：「品確法・入契法・建設業法一体改革から考える」、コメンテーター：前掲・吉田光市氏、コーディネーター：日刊建設通信新聞社編集局長・秋山寿徳氏、パネラー：群馬県建設業協会会長・青柳剛氏、建設業振興基金理事長・内田俊一氏、岩浪建設代表取締役・岩浪岳史氏、全国建行協の近藤博会員

6月　大阪にて地域フォーラム開催　講演「建設業法改正と新しい建設産業」、講師：国土交通省近畿地方整備局建政部建設産業課課長・茂原浩氏
鹿児島にて地域フォーラム開催　講演「昨今の税制改正と事業承継」「改正消費税及び経過措置実務の留意点──建設業を中心に」、講師：公認会計士・井村登氏

9月　東京にて第3回定時社員総会開催

2015年1月　大宮にて地域フォーラム開催　テーマ「先取り！　改正建設業法──『建設業法施行規則の一部を改正する省令』に伴う実務の対応について」、講師：国土

交通省土地・建設産業局建設業課建設業適正取引推進指導室課長補佐・髙芝利顕氏、許可係長・片岡信幸氏、経営指導係長・内藤寧俊氏、意見交換会テーマ「改正時の地方事務取扱はどうなる？」、コメンテーター：前掲・国土交通省の３氏、進行：全国建行協の堀井潤会員、登壇行政書士：全国建行協の望月亮秀会員、近藤博会員、泉恵理子会員

３月　東京にて「第９次建設業諸制度実務担当者意見交換会」開催
　　　座長：全国建行協の近藤博会員

４月　『建設業許可Ｑ＆Ａ第８版』発刊（日刊建設通信新聞社）
　　　岡山にて全国フォーラム開催「担い手三法改正と今後の建設業の方向性」講師：国土交通審議官・佐々木基氏、改正実務講演講師：国土交通省土地・建設産業局建設業課課長補佐・木村よし子氏、特別企画鼎談テーマ「地方創生と21世紀の建設産業の役割」、コメンテーター：岡山市長・大森雅夫氏、前掲・佐々木基氏、日刊建設通信新聞社長・西山英勝氏

５月　全国建行協が建設業法第27条の37に規定する建設業者団体に

９月　第４回定時社員総会開催

2016年２月～７月　東京にて「第10次建設業諸制度実務担当者意見交換会」開催
　　　座長：全国建行協の西岡寛会員、委員：根本重朋会員、星野誠会員、田中聡会員、古川仁史会員
　　　第１回「解体工事新設に伴う経審制度上の課題」、国土交通省建設産業局課長補佐・松原寛氏、課長補佐・木村よし子氏、許可係長・鈴木学氏、法規係長・鈴

木圭祐氏、経営指導係長・在間将伍氏
　　　第２回「昨今の建設業法の改正等について」、国土交通省土地・建設産業局建設業政策調整官・西山茂樹氏、許可係長・鈴木学氏、法規係長・鈴木圭祐氏、経営指導係長・在間将伍氏
　　　第３回「執行役員」「実質的に施工に携わらない企業の施工体制からの排除」「企業再編」、国土交通省土地・建設産業局課長補佐・佐々木昇平氏、許可係長・鈴木学氏、法規係長・鈴木圭祐氏、経営指導係長・在間将伍氏

４月　福島にて全国フォーラムを開催
　　　テーマ「地方創生と公共事業──福島の復興について」、基調講演「地方創生と公共事業」講師：国土交通省建設流通政策審議官・海堀安喜氏、建設業法改正実務講演テーマ「平成28年６月施行の解体工事業の業種区分の新設について」、講師：国土交通省土地・建設産業局建設業課建設業政策調整官・西山茂樹氏、パネルディスカッション「福島の復興と建設産業について」、コメンテーター：前掲・海堀安喜氏、コーディネーター：福島建設工業新聞社代表取締役社長・相澤隆氏、パネラー：国土交通省東北地方整備局企画部技術開発調整官・原田吉信氏、福島県建設業協会会長・小野利廣氏、福島県建設産業団体連合会副会長・髙木明義氏、福島大学経済経営学類教授・奥本英樹氏

９月　第５回定時社員総会開催
　　　『建設業許可Ｑ＆Ａ第９版』発

刊（日刊建設通信新聞社）

10月　滋賀県草津にて地域フォーラムを開催　講師：国土交通省近畿地方整備局建政部建設産業第1課課長補佐・西岡宏之氏、建設業係長・中西弘氏

2017年4月　「全国フォーラムin 大分」を開催、基調講演：国土交通省土地・建設産業局建設業政策企画官・菅原晋也氏

2～7月　東京にて「第11次建設業諸制度実務担当者意見交換会」を開催　座長：全国建行協の弓削和徳会員、委員：真田正明会員、石井徹会員、坂本雅史会員、加藤誠貴会員

第1回「解体工事の許可申請及び経審での現状」、国土交通省土地・建設産業局課長補佐・田村圭氏、リサイクル係長・渡邉侑也氏、許可係長・鈴木学氏、法規係長・鈴木圭祐氏、経営指導係長・在間将伍氏

第2回「建設業の実務上の課題及び建設産業の課題」①経管要件について②軽微な工事への対応③個人発注者の保護④申請書類の簡素化　国土交通省土地・建設産業局課長許可係長・佐藤誠氏、法規係長・近本圭祐氏、経営指導係長・在間将伍氏

第3回「建設業法の実務上の課題及び建設産業の課題」①大臣許可業者の許可申請、経審の都道府県経由②申請書類の簡素化③経審の改正(1)防災協定・建設機械に関する評価の見直し・拡充(2)維持・除雪実績の経営規模評価への反映　国土交通省土地・建設産業局許可係長・佐藤誠氏、法規係長・近本圭祐氏、

経営指導係長・在間将伍氏（委員：真田正明会員に代わって近藤博会員）

9月　東京にて第6回定時社員総会を開催

2018年1月　「全国フォーラム in 大宮」を開催　第1部講演：国土交通省土地・建設産業局経営指導係長・田嶋啓人氏、第2部講演：国土交通省関東地方整備局建政部建設産業調整官・髙芝利顕氏

3～6月　東京にて「第12次建設業諸制度実務担当者意見交換会」を開催、座長：全国建行協の弓削和徳会員、委員：近藤博会員、石井徹会員、坂本雅史会員、加藤誠貴会員

第1回①建設業新規許可等の電子申請化と申請書類簡素化②働き方改革の建設業許可及び経審への反映、国土交通省建設産業局許可係長・佐藤誠氏、法規係長・新井大地氏、経営指導係長・田嶋啓人氏

第2回①改正経審運用状況（大型ダンプ等）②維持や除雪実績の経営規模等評価への反映③経管や専技の要件並びに常勤確認資料　国土交通省土地・建設産業局許可係長・佐藤誠氏、経営指導係長・田嶋啓人氏

第3回「建設業許可要件を考える　経管の要件緩和について」①経管の要件緩和について②その他　国土交通省土地・建設産業局許可係長・佐藤誠氏、経営指導係長・田嶋啓人氏

6月　東京にて第7回定時社員総会開催

9月　「全国フォーラム in 水戸」を開催　テーマ「建設産業政策2017

＋10にその後、建設業法大改正を目前にして業界はどう進む」、基調講演：国土交通省土地・建設産業局建設業課長・髙橋謙司氏、パネルディスカッション「建設産業政策2017＋10施策の４本柱に関する課題とは」、コーディネーター：全国建行協の小関典明会員、コメンテーター：前掲・髙橋謙司氏、パネラー：公認会計士・税理士・丹羽秀夫氏、全国建行協の中西豊会員

10月 『建設業許可Ｑ＆Ａ第10版』を発刊（日刊建設通信新聞社）

2019年６月 第８回定時社員総会開催

７月 東京にて講演会を開催（建設業情報管理センターとの共催）「建設産業行政の最近の話題」国土交通省土地・建設産業局建設業課企画専門官・田中圭介氏
大阪にて講演会を開催（建設業情報管理センターとの共催）「建設産業行政の最近の話題」国土交通省土地・建設産業局建設業課建設業政策企画官・平林剛氏

８月 「全国フォーラム 2019大阪」を開催 テーマ「建設業法・働き方改革のゆくえ―建設業者の未来を行政書士と考えてみませんか―」、基調講演「建設産業政策の現状と取組」国土交通省建設流通政策審議官・林俊行氏、パネルディスカッション「建設業法改正・技能労働者をめぐる諸問題を考える」コメンテーター：前掲・林俊行氏、コーディネーター：全国建行協の弓削和徳会員、パネラー：大阪府建団連会長・北浦年一氏、大阪府中小建設業協会副会長日野 一基氏、公認会計士・税理士・丹羽秀夫氏、元日本行政書士会連合会会長・北山孝次氏、会員研修会・意見交換会（第１部）講演「建設キャリアアップシステム～概要と今後の行政施策及び代行申請～」講師：建設業振興基金・今泉登美男氏、（第２部）講演「経営事項審査Ｙ点指標を考える」講師：前掲・丹羽秀夫氏、（第３部）行政書士による意見交換会「経営事項審査Ｙ点指標を考える（講演を受けて）」

2020年９月 第９回定時社員総会開催

2021年６月 第10回定時社員総会開催

2022年６月 第11回定時社員総会開催
総会後に講演「経営事項審査の改正点と電子申請について」講師：国土交通省不動産・建設経済局建設業課経営指導係長・今村隆輔氏、講演後に意見交換会開催

『新経審Q＆A　第10版』編集委員会

編集委員長　渡辺　　浩（山梨県）

編集委員　　泉　恵理子（埼玉県）　望月　亮秀（神奈川県）　石井　　徹（茨城県）

　　　　　　小田　　靖（神奈川県）　木村　亜矢（埼玉県）　小林　裕門（東京都）

＜執筆協力者＞

渡辺　　浩（山梨県）　　泉　恵理子（埼玉県）　　望月　亮秀（神奈川県）　　石井　　徹（茨城県）

小田　　靖（神奈川県）　木村　亜矢（埼玉県）　　小林　裕門（東京都）　　　堀井　　潤（秋田県）

＜『新経審Q＆A　第9版』までの執筆協力者＞

近藤　　博（福島県）　　荒木　雅子（大分県）　　小関　康一（神奈川県）　　神山　直規（茨城県）

弓削　和徳（長崎県）　　橋本　一弘（兵庫県）　　小栗　重美（埼玉県）　　　堀井　　潤（秋田県）

前田　芳秀（静岡県）　　西岡　　寛（埼玉県）　　岩戸康太郎（東京都）　　　渡辺　　浩（山梨県）

大野月也司（千葉県）　　泉　恵理子（埼玉県）　　中屋敷　裕（岩手県）　　　中西　　豊（東京都）

福田　安伸（埼玉県）　　野口　恒男（埼玉県）　　石田　知行（神奈川県）　　大崎　秀治（神奈川県）

望月　昭男（神奈川県）　北山　孝次（大阪府）　　松本　直高（大阪府）　　　恵須川満延（兵庫県）

三佐藤　忍（兵庫県）　　八尾　信一（岡山県）　　對馬　篤司（広島県）　　　板垣　俊夫（北海道）

小川　静子（福島県）　　河崎　義一（千葉県）　　益子　武雄（千葉県）　　　小嶋　直人（東京都）

小関　典明（神奈川県）

一般社団法人全国建行協

　事務局　東京都千代田区神田多町二丁目11番地　第19岡崎ビル6階

　ホームページ　http://kengyokyo.jp/

新経審Q&A　第10版──建設会社の成績表が全てわかる

1994年9月30日　第1版発行
2023年5月31日　第10版発行

編　著　一般社団法人全国建行協
発行者　和田　恵
発行所　株式会社日刊建設通信新聞社
　　　　〒101-0054　東京都千代田区神田錦町3-13-7
　　　　電話03（3259）8719　FAX03（3233）1968
　　　　https://www.kensetsunews.com

印刷所　株式会社シナノパブリッシングプレス

ISBN978-4-902611-93-9　C2034